DUMONT

Ob kilometertief unter dem Meeresboden oder hoch oben in der Troposphäre: Mikroben sind unangefochten die vorherrschende Lebensform auf Erden! Erst in den letzten Jahren erkennen Forscher im Zuge verbesserter DNA-Analysen wie schwindelerregend hoch ihre Zahl und Vielfalt tatsächlich ist und wie eng und vielfältig die Verbindung von Tieren und Pflanzen mit den mikrobiellen Winzlingen wirklich sind.
In »Die Herrscher der Welt« erzählt Bernhard Kegel kenntnisreich und höchst anschaulich von diesen revolutionären Entdeckungen, die die Art, wie wir uns selbst und das Phänomen Leben sehen, vollständig verändern.

Bernhard Kegel, geboren 1953 in Berlin, studierte Chemie und Biologie an der Freien Universität Berlin, danach Forschungstätigkeit, Arbeit als ökologischer Gutachter und Lehrbeauftragter. Seit 1993 veröffentlichte Bernhard Kegel mehrere Romane und Sachbücher, bei DuMont erschienen die Sachbücher ›Epigenetik‹ (2009), ›Tiere in der Stadt‹ und ›Die Ameise als Tramp‹ (beide 2013). Bernhard Kegels Bücher wurden mit mehreren Publizistikpreisen ausgezeichnet. Er lebt als freier Autor und Wissenschaftspublizist in Berlin.

Bernhard Kegel

DIE HERRSCHER DER WELT

Wie Mikroben unser Leben bestimmen

DUMONT

FSC
www.fsc.org
MIX
Papier aus verantwortungsvollen Quellen
FSC® C083411

Dritte Auflage 2020
DuMont Buchverlag, Köln

Umschlaggestaltung: Lübbeke Naumann Thoben, Köln
Umschlagabbildung: © Sebastian Kaulitzki, whitehoune, Irochka/Fotolia.com
Satz: Fagott, Ffm
Gesetzt aus der DTL Documenta und der Gotham
Druck und Verarbeitung: CPI books GmbH, Leck
Gedruckt auf säurefreiem und chlorfrei gebleichtem Papier
Printed in Germany
ISBN 978-3-8321-6361-7

www.dumont-buchverlag.de

We used to think of ourselves
as separate from nature.
Now it's not just us. It's us and them.

Rosamond Rhodes[1]

Mögen deine Symbionten mit dir sein!

Angela E. Douglas[2]

Inhalt

Einführung 9

1. Mikrobenwelt –
In Zeiten großer Entdeckungen 19

2. Von Korallen und Menschen 49
– Akaba – Vorbereitungen 49
– Partner 55
– *A Nugget of Hope* 62
– Akaba – Der Chromatograf 68
– Stickstoff 70
– Akaba – Die Inkubation 76
– Vom Duo zum Trio 78
– Ein Holobiont 81

3. Dreieinhalb Milliarden Jahre unter sich –
Mikroben und die Urerde 91
– Ein fiebriges Planetenkleinkind 93
– Versierte Chemiker 99
– Licht, Wasser und Sauerstoff 101
– Die dritte Domäne 108
– Organellen und Symbiosen 112

4. *With help from our little friends* –
Eine Welt der Holobionten 125
– Schwämme (Porifera) 129

– Leben ohne Mund und Darm 135
– Leuchtende Zwerge 145
– Kleine Beschützer 150
– Die anderen Mikroben 169
– Grüne Kollektive – Die Pflanzen 180
– Hyänen, Menschen und die Macht der Düfte 195

5. Im Darm 207
– (Er-)Kennst du mich? 207
– Der dichtest besiedelte Ort der Welt 212
– Krank – Dysbiosen und das Spiel mit dem antibiotischen Feuer 228

6. Holobionten intern 243
– Wie Holobionten zu ihren Mikroben kommen 245
– Dialoge 252
– *Mom knows best?* – Wie der Mensch zum Holobionten wird 269
– Die Strippenzieher 282
– Das zweite Gehirn 294

7. Evolution und Ontogenese in einer Welt der Holobionten 305

Anmerkungen 329
Literatur 349
Index 373

Danksagung 381

Einführung

Wahrscheinlich mögen Sie keine Bakterien. Niemand mag sie. Bakterien verursachen abscheuliche Krankheiten und gedeihen da, wo Chaos und Verfall regieren, das weiß jedes Kind, spätestens seit es Geschichten über die Zahnzerstörer Karius und Baktus gehört hat. Diese Abneigung sitzt tief und ist wohlbegründet. Ganze Heerscharen von Ärzten verschrieben sich dem Kampf gegen Bakterien, und einige haben dabei sogar ihr Leben verloren. Koch, Pasteur, Virchow, die größten Heroen der Medizingeschichte, gelangten zu Ruhm, weil sie wichtige Erkenntnisse über Bakterien gewinnen und Etappensiege über einzelne Erreger erringen konnten. Dass diese Mikroben auch unsere Abwässer reinigen und unschätzbare ökologische Dienste beim Abbau organischer Substanz leisten, dass es ohne sie weder Harzer Käse noch Joghurt oder Essig gäbe ... geschenkt. Die Vorstellung, Ihre Umgebung, Ihr Badezimmer, Ihre Küche, der Kühlschrank und die Spüle, ja, Sie selbst könnten mit Unmengen von Bakterien und anderen Mikroben kontaminiert sein, ist Ihnen sicher ein Graus, und vermutlich tun Sie das Menschenmögliche, um dieser unsichtbaren Plage Herr zu werden. Alle tun das.

Keine Angst, ich werde im Folgenden nicht versuchen, Ihr Mitleid zu erwecken, werde nicht über arme schutzlose und bedrohte Mikroben lamentieren, die, statt von uns erbittert bekämpft zu werden, im Grunde Mitgefühl und Wertschätzung verdienten. Das haben diese Winzlinge nicht nötig. Sie sind so unfassbar viel älter als alles, was sich je mithilfe von Beinen, Flügeln oder Flossen über diesen Planeten bewegte oder in seinem Boden wurzelte. Gemessen an ihrer Zahl und der Vielfalt ihrer Lebensstrategien sind Mikroben unangefochten die vorherrschende Lebensform auf Erden. Und sie waren es von Anbeginn. Hätte es einige von ihnen nicht gegeben, die Erde wäre für alle Zeiten der lebensfeindliche Planet geblieben, der sie einmal war, und komplexere Lebensformen, wie wir sie kennen – die Pflanzen, Pilze und Tiere –, wären nie entstanden. Auch ein paar Hundertmillionen Jahre Evolution der Vielzeller haben an ihrer herausragenden Position nichts geändert. Wie bizarr und imposant die vermeintlichen Herrschertiere zu Lande und zu Wasser auch gewesen sein mögen, die Dinosaurier und Ammoniten, Trilobiten und Insekten, Säugetiere und Vögel, der Mensch – die Erde ist seit der Entstehung des Lebens ein Planet der Mikroben gewesen und sie ist es bis heute geblieben.

Doch selbst wenn man guten Willens ist: Wie soll man etwas wertschätzen, das man nicht einmal sehen kann? Killer unterhalb der Wahrnehmungsschwelle, die Millionen von Menschen auf dem Gewissen haben? Pest, Typhus, Cholera, Diphtherie, Syphilis, Tuberkulose, um nur einige der Wichtigsten zu nennen. Erst mit der Entdeckung des Penizillins und der Entwicklung von Impfstoffen haben diese und viele andere Krankheiten ihren Schrecken verloren – für Menschen, die das Glück haben, in Ländern mit guter medizinischer Versorgung zu leben, keineswegs für alle. Und Meldungen über die bedrohliche Zunahme multiresistenter Bakterienstämme lassen erahnen, dass dieser Triumph über die Mikroben möglicherweise nicht von Dauer sein könnte. Die wichtigsten Waffen, die wir gegen sie in Stellung gebracht haben, beginnen stumpf zu werden.

Ein Autor, der einen derartigen Unsympathen zum Helden seines Buches machen möchte, hat ein Problem. Auf den folgenden Seiten wird es um revolutionäre neue Erkenntnisse der Biowissenschaften gehen, die uns alle angehen und interessieren sollten. Sie betreffen uns Menschen und wahrscheinlich jeden anderen Organismus auf diesem Planeten und sie werden die Art, wie wir uns selbst und das Phänomen Leben sehen, auf eine Weise verändern, die noch gar nicht abzusehen ist. Sie sollten also versuchen, gegenüber Bakterien und den anderen einzelligen Helden, denen Sie auf den folgenden Seiten begegnen werden, zumindest für die Zeit Ihrer Lektüre eine eher entspannt-gelassene Haltung einzunehmen. Obwohl auf fast jeder Seite von ihnen die Rede sein wird, ist dies kein Buch, das in erster Linie von Bakterien und anderen Mikroben handelt. Im Mittelpunkt steht die Verknüpfung von Mikro- und Makrokosmos, das faszinierende Miteinander von überaus versierten Einzellern und allen anderen Lebewesen einschließlich des Menschen. Mit modernsten Methoden sind Wissenschaftler dabei, den Vorhang vor einem Schauspiel zu lüften, das weniger von Krankheit, Siechtum und Tod als von Gesundheit, Kooperation und Arbeitsteilung handelt. Sie werden eine ganz andere und viel freundlichere Seite dieser kleinsten aller Lebewesen kennenlernen. Außerdem haben wir keine Wahl. Entkommen kann man ihnen nicht.

Menschen sind Teil der Natur, Teil der Ökosysteme dieser Erde – Sätze wie diese sind fast schon zu Binsenwahrheiten verkommen, nicht erst in Zeiten des globalen Wandels. Aber wurden sie konsequent zu Ende gedacht? Unser Tun verändert die Welt, hat Auswirkungen auf zahllose Lebewesen, die den Lebensraum mit uns teilen. Umgekehrt sind wir auf sauberes Wasser und saubere Luft angewiesen, brauchen Sauerstoff und Nahrung. Doch Teil der Natur zu sein bedeutet mehr, und der Satz gilt auch umgekehrt: Die Natur ist Teil des Menschen. Sie ist Teil jedes Lebewesens. Erst in den letzten Jahren haben die Wissenschaftler gelernt, wie wörtlich diese Aussage zu verstehen ist.

• • •

Haben Sie ein Foto von Freunden oder Familienmitgliedern greifbar? Oder vielleicht eine Illustrierte, eine Programmzeitschrift? Was sehen Sie darauf?

Dumme Frage, werden Sie denken, Menschen natürlich. Vermutlich gehören diese Menschen irgendeiner sozialen Gruppe an, einer Familie, einer Peergroup, einem Volk oder einer Ethnie. Es handelt sich jedoch eindeutig um Einzelwesen, um Individuen mit bestimmten Eigenschaften, Kennzeichen und Fähigkeiten, die sie geerbt, gelernt oder auf andere Weise erworben haben.

Aus biologischer Sicht würde man sagen: Es handelt sich um Exemplare der Hominiden-Spezies Mensch (*Homo sapiens sapiens*). Obwohl wir es ohne technische Hilfsmittel nicht sehen können, wissen wir, dass ihre Körper aus Milliarden winziger Zellen bestehen. Diese Zellen können unterschiedlichste Gestalt annehmen und eine Vielzahl an zum Teil hoch spezialisierten Aufgaben erfüllen, sie sind aber ausnahmslos durch Teilung aus einer einzigen hervorgegangen, der befruchteten Eizelle, und daher genetisch identisch. Nach der Teilung bleiben fast alle Zellen miteinander verbunden und ordnen sich gemäß ihrem genetischen Plan und unter Einfluss der Umwelt zu einem vielzelligen, komplexen Ganzen an – dem Wunder Mensch. Alles, was sie zu leisten imstande sind, vom Verdauen der Nahrung bis zur Errichtung gigantischer Bauwerke, alle ihre Merkmale und Eigenschaften schaffen diese

Wesen aus sich selbst heraus, im Zusammenspiel ihrer Zellen und in Kooperation mit anderen Einzelwesen ihrer Art.

In ganz ähnlicher Weise würden wir aber auch Tiere beschreiben, einen Hund, ein Pferd oder einen Elefanten, sogar einen Regenwurm oder einen Schmetterling. Auch sie bewerkstelligen alles, was sie können, aus eigener Kraft oder in Zusammenarbeit mit Artgenossen. Das Gleiche gilt für Pflanzen (obwohl die Verhältnisse hier komplizierter sind). Kurz: Die Tatsache, dass die meisten Organismen einschließlich des Menschen autarke Einzelwesen sind, ist für uns eine Selbstverständlichkeit – und zwar nicht nur für wissenschaftliche Laien. Die Existenz biologischer Individuen bildet die Grundlage vieler Fachdisziplinen, von der Genetik über Anatomie und Physiologie bis zur Evolutionsbiologie.

In letzter Zeit mehren sich jedoch die Zeichen, dass diese unsere Sicht auf die belebte Welt und uns selbst falsch oder zumindest in grober Weise unvollständig ist. Ein wesentlicher, ja entscheidender Teil der Realität ist unserer Aufmerksamkeit entgangen. Wie fundamental dieser Fehler war, lässt sich vielleicht erahnen, wenn man sich folgendes Bild vor Augen führt: Ein Außerirdischer beobachtet ein gähnend leeres Stadion, in dem zwei Mannschaften ein leidenschaftlich geführtes Ballspiel austragen. Nach einer Weile begreift er, worum es dabei geht: Das kleine Runde muss ins Eckige. Offenbar folgt das Ganze bestimmten Regeln, und ein schwarz gekleideter Mann mit Trillerpfeife achtet darauf, dass sie eingehalten werden. Warum wird das Spiel aber in einem riesigen Stadion ausgetragen, auf dessen Sitzreihen sich nur eine Handvoll Zuschauer verlieren, und warum abends, im Dunkeln, sodass man es mit großen Scheinwerfern aufwendig beleuchten muss? Wieso tragen die Spieler bunte Schriftzeichen auf der Brust und warum kämpfen sie bis zum Umfallen? Niemand sieht oder hört zu. Was also sollen die vielen Werbetafeln, die sich dauernd verändern, der riesige Bildschirm, auf dem Spielszenen wiederholt werden, die Lautsprecherdurchsagen, das Feuerwerk, die wehenden Fahnen an den Masten, die Musik, für wen tanzen die jungen Mädchen? Vieles bleibt für den Alien unverständlich, und er sucht nach Erklärungen. Wird das alles veranstaltet, um die Konzentrationsfähigkeit der Spieler auf die Probe zu stellen? Oder damit die, die auf der Ersatzbank sitzen, sich nicht langweilen? Der Außerirdische weiß nicht, dass die gastgebende Mannschaft zu diesem Geisterspiel verdonnert wurde, weil es beim letzten Heimspiel zu schweren Zuschauerausschreitungen gekommen war. Vor allem ahnt er nicht, dass an diesem Spektakel nicht nur die wenigen Menschen beteiligt sind, die sich im Stadion befinden. Für ihn unsichtbar sitzen Millionen von Zuschauern in Kneipen und Wohnzimmern, um das Spiel zur besten Sendezeit an ihren Fernsehschirmen zu verfolgen. Ihnen gilt der ganze Aufwand. Sie sind die eigentlichen Adressaten. Ohne sie würde dieses Spiel so nicht stattfinden.

Bis vor Kurzem befanden sich die Biologen in einer vergleichbaren Situation. Sie sahen die bekannten Akteure auf dem Rasen, die Tiere und Pflanzen, und versuchten, die geltenden Gesetzmäßigkeiten zu verstehen. Sie fanden heraus, dass biologische Individuen in einem komplexen Gewebe ökologischer Wechselwirkungen leben, in einer Welt voller Artgenossen, Fressfeinde, Beutetiere, Nahrungspflanzen, Bestäuber und Parasiten, in der das Klima und die chemische Beschaffenheit von Wasser, Luft und Böden die Rahmenbedingungen setzen. Schon im 17. Jahrhundert entdeckten sie mithilfe neuartiger Mikroskope, dass über die sichtbare Welt hinaus ein Mikrokosmos existiert, in dem es von winzigen Lebewesen, von Bakterien, Algen, Pilzen und tierischen Einzellern nur so wimmelt.

Anders als die Menschen vor den Fernsehern in unserer Geschichte sind diese Mikroben keine passiven Zuschauer, sondern nehmen höchst aktiv am Lebensgeschehen teil. Die Zahl der Akteure auf dem ökologischen Spielfeld wurde immer größer, und die Regeln ihres Zusammenlebens erwiesen sich als derart komplex, dass sie den Forschern erhebliches Kopfzerbrechen bereiteten.

Heute wissen wir jedoch, dass die meisten Akteure trotz immer besserer mikroskopischer Techniken weiterhin im Verborgenen agierten. Erst in den letzten Jahren begannen die Wissenschaftler, sich ihrer tatsächlichen Zahl und Bedeutung bewusst zu werden und zu verstehen, wie eng und vielfältig die Verbindungen von Tieren und Pflanzen mit den mikrobiellen Winzlingen wirklich sind. Was die Forscher zutage befördern, ist derart revolutionär, dass die prominente amerikanische Mikrobiologin Margaret McFall-Ngai bei vielen in ungläubiges Staunen verfallenden Biologen eine Art »Zukunftsschock« diagnostizierte. Der Grund: »Zu viel Veränderung in zu kurzer Zeit.«[1] Den Biologen geht es wie dem Alien, der plötzlich die Kameras entdeckt und erkennt, dass an dem Spektakel im Stadion ein Millionenpublikum teilnimmt. Die neuen Erkenntnisse brächten große Herausforderungen mit sich, betonte jüngst ein internationales Autorenteam namhafter Forscher. Sie seien »ein Aufruf an alle Lebenswissenschaftler, ihre Sicht auf die fundamentale Natur der Biosphäre signifikant zu verändern«.[2]

Als vor etwa 700 bis 800 Millionen Jahren tierisches Leben entstand, hatten Bakterien schon mindestens drei Milliarden Jahre Evolution hinter sich, genug Zeit, um Strategien für die unwirtlichsten Lebensbedingungen zu entwickeln, um vielfältige Formen des Miteinanders auszuprobieren und auf das, was noch kommen sollte, vorbereitet zu sein. Jeder Entwicklungsschritt der vielzelligen Neulinge erfolgte in einer von Bakterien beherrschten Welt, und was immer die Evolution sich für die komplexer werdenden Tiere und Pflanzen ausdachte, Bakterien und andere Mikroben waren dabei: als Nahrung, als Erreger von Krankheiten, aber auch als Partner, Helfer und Impulsgeber. In großer Zahl schlossen sie sich den neuen Wesen an und machten sich im Laufe des folgenden gemeinsamen Evolutionsweges unentbehrlich.

Nimmt man diese Überlegungen und Erkenntnisse ernst – und immer mehr Wissenschaftler tun dies –, dann müssen Genetiker, Evolutionsbiologen, Physiologen, Ökologen, Immunologen, Mediziner und Entwicklungsbiologen umdenken oder besser: noch einmal von vorn denken – und mit ihnen wir alle, ob es uns gefällt oder nicht. Nichts in der Biologie ergibt mehr Sinn ohne Berücksichtigung der Mikroben, könnte man in Abwandlung eines berühmten Zitates des Evolutionsbiologen Theodosius Dobzhansky sagen.[3] Viele Probleme der Lebenswissenschaften müssen neu durchdacht werden, beginnend mit einer einfachen Frage, von der wir glaubten, wir wüssten die Antwort: Was ist das eigentlich, ein Organismus?

Mikroben sind allgegenwärtig, doch lange hat sich die Wissenschaft – aus verständlichen Gründen – vor allem auf ihre Rolle als Krankheitserreger konzentriert. Symbiosen, eine Art Gegenmodell, das nicht für ein feindliches, sondern ein kooperatives Miteinander von Mikroben und anderen Lebewesen steht, galten für die Mehrzahl der Forscher als seltene Ausnahmen, und meist interessierte man sich nur für spektakuläre und ökonomisch wichtige Fälle, etwa für die Knöllchenbakterien einiger Kulturpflanzen, die einzelligen Verdauungshelfer der Kühe oder die Holz zersetzenden Untermieter der Termiten. Heute wissen wir, dass es sich tatsächlich um

Ausnahmen handelt, aber nur, weil sie vergleichsweise einfach sind, mit wenigen beteiligten Organismenarten. Im Normalfall sind es nicht ein oder zwei, sondern Hunderte, Tausende oder gar, wie im Falle des Menschen, Zehntausende von bislang unbekannten Mikrobenarten, und möglicherweise leisten sie alle in einem dynamischen Miteinander einen kleinen oder großen Beitrag zu dem, was uns als scheinbar autarkes Einzelwesen gegenübertritt. Diesen Beitrag zu entschlüsseln wird eine der großen Herausforderungen der Biowissenschaften für die kommenden Jahrzehnte sein. Die Forscher sehen sich mit schwindelerregend komplexen Wechselwirkungen konfrontiert, und die Ausnahmen der Vergangenheit werden unversehens zu Modellsystemen, die Entscheidendes zum Verständnis der Zusammenhänge beitragen können.

Welchen Einfluss haben diese Winzlinge auf die Entwicklungswege der Lebewesen genommen, die nach ihnen entstanden, und welche Wirkung haben sie noch heute? Unglaublich, aber wahr: Ein Drittel der in unserem Blut zirkulierenden Stoffwechselverbindungen ist nicht-menschlichen Ursprungs. Sie stammen zum großen Teil von Körperbakterien, vor allem aus dem Darm, die ihren chemischen Einfluss auf diese Weise bis hin zu weit entfernten Organen ausdehnen, bis in die Schaltzentrale, ins Gehirn. Was bewirken diese Stoffe? Welche Informationen werden hier übermittelt, und wer ist ihr Adressat?

Eines dürfte schon jetzt klar sein: Kein Lebewesen ist mit sich allein. Für jede seiner Lebensäußerungen, jede seiner Eigenschaften und Fähigkeiten muss in Zukunft auch die Frage nach den Mikroben gestellt werden. Was hinter dem von der modernen Forschung gelüfteten Vorhang sichtbar wird, ist nichts Geringeres als ein atemberaubend neues Bild von der Welt, in der wir leben. Es sieht anders aus, als wir gedacht haben. Biologische Individuen existieren nicht und haben nie existiert.[4] Irdische Lebewesen sind in einer Weise miteinander verknüpft und verbunden, von der wir bis vor Kurzem kaum eine Vorstellung hatten. Vielleicht kommt diese Erkenntnis angesichts der enormen Herausforderungen der Zukunft gerade recht, um uns Menschen den Platz im Lebensgeschehen zuzuweisen, der uns zusteht.

1. Mikrobenwelt – In Zeiten großer Entdeckungen

Als Forscher auf der ganzen Welt sich Ende des letzten Jahrtausends daranmachten, das menschliche Genom zu entziffern, versprachen sie bahnbrechende neue Erkenntnisse über uns selbst und vor allem Heilung von den großen Geißeln der Menschheit. Zwar lässt die Einlösung der Heilsversprechen auf sich warten, die Methoden und Verfahren, die im Zuge dieses Menschheitsprojektes zur Anwendung kamen, wurden jedoch immer weiter verbessert und sind aus der biologischen Forschung nicht mehr wegzudenken. Die heute praktizierte DNA-Sequenzierung der nächsten Generation (*next generation sequencing*) ist ungleich leistungsfähiger als das, was den Pionieren des Humangenomprojektes zur Verfügung stand.

Kostete die erste vollständige Entzifferung eines menschlichen Erbguts noch drei Milliarden Dollar, liegt der Preis heute bei nur 5000 Dollar, und das Ganze dauert nicht mehr Jahre, sondern höchstens Wochen. Die Zahl der entzifferten Pflanzen-, Tier- und Bakteriengenome geht mittlerweile in die Tausende. »Für die ersten zwölf Genome haben wir 17 Jahre gebraucht«, sagt Peter Pohl, Geschäftsführer von GATC Biotech, des in Konstanz ansässigen Marktführers unter den Sequenzierdienstleistern in Europa, und für die nächsten 2000 Genome fünf Jahre. Und für die »nächsten 20 000 Genome werden wir keine zwei Jahre mehr brauchen, schätze ich.«[1] Gleichzeitig erarbeitete die Bioinformatik immer bessere Software-Instrumente, um Ordnung in die ungeheuren Datenmengen zu bringen, die mit diesen Methoden produziert werden.

In nahezu allen Bereichen der Lebenswissenschaften haben sich diese Technologien zu unentbehrlichen Hilfsmitteln entwickelt, und nun sorgen sie für bahnbrechende neue Erkenntnisse, mit denen, zumindest in der Öffentlichkeit, niemand gerechnet hat. Der enorme, innerhalb nur weniger Jahre erzielte technische Fortschritt ermöglicht heute Forschungsansätze, die früher unmöglich erschienen, zum Beispiel die Metagenomik. Sie hat nicht mehr nur die Sequenzierung einzelner Genome im Blick, sondern analysiert die DNA ganzer Organismengemeinschaften. Untersucht werden die Genome aller Lebewesen, die in einer bestimmten Umweltprobe enthalten sind, in einem Liter Meereswasser, im Bodensediment eines Sees oder im Stuhl eines Menschen – eine ideale Methode zur Untersuchung von Mikrobengemeinschaften.

Früher musste man Bakterien kultivieren, um ihre Eigenschaften und Fähigkeiten untersuchen zu können. Die Forscher überführten sie aus ihrem natürlichen Lebensraum ins Labor und versuchten, die Zellen auf speziellen Nährmedien am Leben zu erhalten und, wenn möglich, zu vermehren. Mikrobiologen brachten es dabei zu einiger Meisterschaft. Schon bei den ersten metagenomischen Analysen tauchten jedoch viele DNA-Sequenzen auf, die in keiner Datenbank verzeichnet waren. Heute schätzen Experten, dass sich nicht einmal ein Prozent der Mikrobenarten kultivieren lässt.[2] Bei einer metagenomischen Analyse werden möglichst alle Zellen, die sich in einer Umweltprobe befinden, zerstört, ihre frei gewordene DNA wird extrahiert und gereinigt und anschließend analysiert. Ob die Zellen kultivierbar sind oder nicht, spielt dabei keine Rolle. »Die moderne Erforschung der mikrobiellen

Vielfalt«, stellt der amerikanische Botaniker und Pilzexperte Nicholas Money fest, »hat das Mikroskop durch automatische Sequenzierer ersetzt.«[3]

Mit diesen und anderen molekularbiologischen Methoden gelingt es Forschern erstmals, einen Eindruck von der tatsächlichen Vielfalt der Mikroben zu erlangen, von ihrer atemberaubenden Omnipräsenz in Böden, in den Meeren, unter den Eismassen der Antarktis sowie in und an anderen Lebewesen. Im Gestein kilometertief unter dem Meeresboden, dem größten Lebensraum der Erde, werden nach jüngsten Schätzungen zwei Drittel der gesamten Biomasse des Planeten vermutet. Anders als von Jules Verne in seinem Roman *20 000 Meilen unter dem Meer* ausgemalt, wird sie nicht von höhlenlebenden Riesenechsen und anderen Ungetümen gebildet, sondern ausschließlich von winzigen Mikroben. Und während diese »tiefe Biosphäre« die globale Verteilung von Kohlenstoff und Schwefel beeinflusst, betätigen sich Luftbewohner hoch oben in der Troposphäre, wo unsere Flugzeuge ihre Bahnen ziehen, als Klimaköche und tragen zur Wolkenbildung bei. Der Planet Erde, darüber kann kein Zweifel bestehen, ist eine Mikrobenwelt.[4]

•••

Besonders drastisch fällt die Korrektur alter Vorstellungen bezüglich der Ozeane aus, dort, wo mikrobielles Leben vor drei bis vier Milliarden Jahren entstanden sein könnte. Waren vor dem *Census of Marine Life*, einer groß angelegten Bestandsaufnahme ozeanischen Lebens, etwa 20 000 verschiedene marine Mikroorganismen bekannt, schätzt John Barros, Leiter des für Mikroben zuständigen Teilprojektes und Professor an der University of Washington, den Bestand heute auf etwa eine

Milliarde Arten. Allein in den Ozeanen würden damit mindestens zehnmal mehr Mikrobenarten leben als Pflanzen- und Tierspezies auf der ganzen Welt. Zusammen würden sie das Gewicht von etwa 240 Milliarden Afrikanischen Elefanten auf die Waage bringen. Das entspricht 50 bis 90 Prozent der lebenden Biomasse in den Ozeanen. Wer das Erdklima und die globalen Stoffkreisläufe verstehen will, kommt an den kleinsten Lebewesen der Ozeane nicht vorbei.

Antje Boetius, die deutsche Leibniz-Preisträgerin vom Max-Planck-Institut für Marine Mikrobiologie in Bremen, glaubt, dass John Barros mit seiner Schätzung eher noch zu niedrig liegt. »Nehmen Sie irgendwo einen Teelöffel voller Erde. Dann einen Teelöffel voll Schlamm aus dem Meer. Und dann einen Liter Meerwasser. In allen drei Proben werden Sie etwa 20 000 Mikrobenarten finden. Davon überlappen sich jeweils nur zwanzig.«[5]

Pionierarbeit leistete einmal mehr der amerikanische Molekularbiologe Craig Venter, der mit einer innovativen Sequenziermethode, dem sogenannten *»Shotgun Sequencing«*, schon dem öffentlich finanzierten Humangenomprojekt Beine gemacht hatte. Dabei wird ein DNA-Molekül in eine Vielzahl von kurzen Schnipseln zerlegt, deren chemische Buchstabenfolgen mit Sequenzierautomaten bestimmt und dann im Computer mithilfe sich überlappender Sequenzen an ihren Enden wieder zusammengesetzt werden. Die gleiche Methode wendeten er und seine Mitarbeiter im Jahr 2003 in der Nähe der Insel Bermuda an, um eine metagenomische Analyse der Sargassosee durchzuführen. Dieses Meer war bereits gut untersucht. »Es ist«, so die Forscher, »relativ nährstoffarm, und so dachte man, dass mikrobielles Leben nur eine sehr geringe Vielfalt aufweisen würde.«

Doch in den Wasserproben konnte Venters Team mit wenigen Stichproben mindestens 1800 verschiedene Mikrobenarten nachweisen und DNA-Sequenzen von mehr als einer Milliarde Basenpaaren Länge gewinnen, was etwa einem Drittel des menschlichen Genoms entspricht. Über 1,2 Millionen bislang unbekannte Gene wurden identifiziert. Noch wesentlich umfangreicher fielen die Erträge der Global Ocean Sampling Expedition aus, für die die Probennahme in der Sargassosee als Pilotprojekt diente. 2004 stach die *Sorcerer II*, Craig Venters private 30-Meter-Jacht, in Halifax, Kanada, in See und umrundete im Verlauf von zwei Jahren die Erde. 2007/2008 folgte eine weitere Expedition, die die *Sorcerer II* entlang der amerikanischen Westküste nach Norden führte, 2009/2010 waren die Ostsee, das Mittelmeer und das Schwarze Meer an der Reihe. Wo das Schiff haltmachte, wurden einige Hundert Liter Oberflächenwasser entnommen, durch Filter unterschiedlicher Porengröße gesaugt und die Filter mitsamt ihrer Mikrobenladung für die spätere Analyse eingefroren. Zusammen haben alle diese Forschungsfahrten die umfangreichste Sammlung mikrobieller Metagenome geliefert, die je erhoben wurde.[6]

Damit kein Missverständnis entsteht: Kein Mensch hat irgendeine dieser neu entdeckten Mikroben gesehen, und möglicherweise wird dies auch in Zukunft niemandem gelingen. Es wurde gar nicht der Versuch unternommen, sie zu kultivieren. Das Einzige, was wir von ihnen kennen, sind die Sequenzen einiger Fragmente ihrer Erbsubstanz. In vielen Fällen reicht das aber, um sie einer bestimmten Verwandtschaftsgruppe zuzuordnen, und wenn die Forscher Glück haben und Gene bekannter Funktion finden, können sie daraus noch viel mehr ableiten, Aussagen über die bevorzugten Lebensumstände der Mikroben zum Beispiel, über spezielle Stoffwechselwege, die wiederum Informationen über deren Ernährungsweise und ökologische Bedeutung liefern.

Mithilfe der DNA-Sequenzen, die während der *Global Ocean Sampling Expedition* gewonnen wurden, konnten die Forscher die Existenz von Millionen unterschiedlicher mikrobieller Proteinmoleküle belegen, viele davon bislang unbekannt – eine wahre Schatzkammer.[7] Um nur ein Beispiel zu nennen: Allein in der Sargassosee fanden die Forscher nicht weniger als 782 verschiedene bakterielle Varianten eines extrem lichtempfindlichen Proteins namens Rhodopsin. Dieser auch »Sehpurpur« genannte Stoff findet sich als Fotopigment in der Retina von Wirbeltieren, doch schon im Jahr 2000 konnten amerikanische Forscher in einer metagenomischen Analyse nachweisen, dass ähnliche Proteine auch unter marinen Bakterien weit verbreitet sind.[8] Die Mikroben können mithilfe dieses Stoffes zwar nicht sehen, aber aus Licht Energie gewinnen, was mindestens genauso bemerkenswert ist. Die besonderen Eigenschaften dieses Moleküls prädestinieren es für eine ganze Reihe technischer Anwendungen.[9]

Metagenomische Untersuchungen haben auch zur Entdeckung neuer Antibiotika und biotechnologisch interessanter Enzyme geführt.[10] Gerade auf diesem Gebiet birgt die nun aufgespürte Mikrobenvielfalt viel Potenzial. Doch die Auswertung und Analyse solcher metagenomischer DNA-Schnipselgemische stellt Bioinformatiker vor enorme Probleme, die trotz großer Fortschritte längst nicht gelöst sind.[11] Noch vor wenigen Jahren war die Sequenzierung eines einzelnen Genoms eine Herkulesaufgabe, die enorme Rechnerkapazitäten verschlang; immerhin konnte man sich wenigstens sicher sein, dass alles irgendwie zu einem Ganzen zusammengehörte. Bei metagenomischen Untersuchungen stammen die Schnipsel jedoch von vielen unterschiedlichen Organismen, deren Gensequenzen natürlich nicht durcheinandergeraten sollen. Diese Fragmente wieder korrekt zu vollständigen Genomen oder auch nur größeren Teilen davon zusammenzusetzen kommt der Aufgabe gleich, eine in unzählige Papierschnipsel zerlegte Bibliothek aus mehreren Tausend Bänden anhand sich überschneidender Buchstabenfolgen wieder zu lesbaren Büchern zu montieren, ohne dass sich dabei Passagen des *Zauberbergs* in den *Buddenbrooks* wiederfinden und umgekehrt. Die Aufgabe der Biologen ist sogar noch weit schwieriger, denn in den Sammlungen der Bibliotheken ist jedes Buch in der Regel nur mit einem Exemplar vertreten. Organismen treten aber grundsätzlich in sehr unterschiedlichen Häufigkeiten auf. Manche sind in einem Lebensraum und damit auch in einer repräsentativen Stichprobe extrem häufig, die überwiegende Mehrzahl aber, möglicherweise sogar die interessantesten, in jedem Fall aber die, die am meisten zur natürlichen Vielfalt beitragen, sind selten oder sehr selten. Manche Sequenzen werden in einem metagenomischen DNA-Fragmentgemisch also tausend- oder gar millionenfach vertreten sein, andere dagegen nur in wenigen Exemplaren. Auch die sollen aber erfasst werden und nicht im Einheitsbrei der dominanten Sequenzen untergehen.

Dazu kommt ein weiteres Problem: Eine rekonstruierte Fassung der Bibel kann man lesen und verstehen; was aber haben die DNA-Sequenzen unbekannter Meeresmikroben zu bedeuten, die von den Computerprogrammen rekonstruiert wurden? Welche biologische Funktion haben sie und wozu dienen die darin codierten Proteine?

Aus diesen Fragen wird deutlich, dass der klassische Ansatz der Mikrobiologie, möglichst viele Bakterien und Mikroben zu kultivieren, im Detail zu studieren und ihr Genom vollständig zu entschlüsseln, weiterhin unverzichtbar ist. Denn nur durch Vergleich mit solchen Referenzgenomen kann die Ein- und Zuordnung unbekannter Sequenzen überhaupt gelingen. Nur weil die Sequenz eines Bakterienrhodopsin-Gens bekannt war, konnten die Forscher (oder ihre Computer) die neuen Varianten im Dateneinerlei ihrer Metagenome erkennen.

Die Sequenzierung chaotischer DNA-Gemische fällt mit den neuen Methoden relativ leicht, und schon heute sind die einschlägigen metagenomischen Datenbanken mit ungeheuren Mengen von mikrobiellen Erbsequenz-Fragmenten aus den unterschiedlichsten Lebensräumen gefüllt. Das Problem besteht darin, sie in den richtigen Kontext zu stellen und ihnen Bedeutung und Funktion zuzuweisen. Je mehr Gene und Genome die Wissenschaftler kennenlernen – und Tausende von Forschern in der ganzen Welt arbeiten daran –, desto leichter wird ihnen diese Aufgabe fallen.

Deshalb ist es so wichtig, dass nicht nur die von Craig Venters Team gesammelten, sondern alle in Labors oder im Freiland gewonnenen DNA-Sequenzen in Datenbanken gespeichert werden, die zu Vergleichszwecken jederzeit zugänglich sind. Weltweit versuchen Forscher ein gigantisches Puzzle zusammenzusetzen, eine Aufgabe, die nur mit vereinten Kräften zu bewältigen sein wird. Denn eines ist schon jetzt überdeutlich geworden: Die Vielfalt der kleinen und kleinsten Lebensformen in den Ozeanen der Erde ist überwältigend.

•••

Das Gleiche kann man ohne Zweifel auch von den ganz anders gearteten und viel kleineren Biotopen sagen, die uns hier im Besonderen interessieren: von den Körpern vielzelliger Lebewesen, ob Pflanze, Tier oder Mensch. Zusammengenommen sind sie einer der größten Lebensräume auf diesem Planeten und wegen ihres üppigen Nährstoffangebots und der bei Warmblütern konstant hohen Körpertemperatur für Mikroben überaus interessant.

Dass auch der Mensch von Mikroben bewohnt wird, wissen wir seit den Kindertagen der Mikrobiologie. Der im niederländischen Delft lebende Tuchhändler Antoni van Leeuwenhoek (1632–1723) hatte genug Muße, sich neben seinen Handelsgeschäften und der Tätigkeit als Kammerherr am städtischen Gerichtshof auch dem Bau von neuartigen Mikroskopen zu widmen. Sie hatten kaum Ähnlichkeit mit den heute gebräuchlichen Geräten, und ein Mensch des 21. Jahrhunderts, dem ein solches wie eine Verbindung aus Lupe und Türschloss aussehendes Gebilde in die Hand fiele, wüsste vermutlich kaum etwas damit anzufangen. Van Leeuwenhoek hatte einen Weg gefunden, winzige perfekte Linsen herzustellen, mit denen er eine bis zu 270-fache Vergrößerung erreichte. Wie er diese Linsen anfertigte, hat der Tuchhändler auf Abwegen nie verraten, seine Entdeckungen und Beobachtungen schrieben jedoch Wissenschaftsgeschichte. Die Qualität seiner Mikroskope sprach sich bis zur damals noch jungen Royal Society nach London herum, die bald Übersetzungen seiner in Niederländisch geschriebenen Briefe in ihrer berühmten Zeitschrift *Philosophical Transactions* veröffentlichte.

Was für ein unvergleichlicher Moment, die Entdeckung eines von unbekannten lebenden Wesen wimmelnden Mikrokosmos! Eine neue Welt tat sich auf. Van Leeuwenhoek nannte diese Wesen *»animalcules«* (Tierchen). Er war der erste Mensch, der tierische Einzeller beobachtete, und von ihm stammt auch eine der ersten Beschreibungen lebender Bakterien, die er in einem Abstrich seines Zahnbelages aufspürte. In einem auf den 17. September 1683 datierten Brief an die Royal Society heißt es: »Ich sah dann immer, mit großem Erstaunen, dass in dem besagten Material viele sehr kleine lebende animalcules waren, die sich sehr hübsch bewegten. Die größte Sorte zeigte eine starke und flinke Bewegung und schoss durch das Wasser (oder den Speichel) wie ein Hecht durchs Wasser.« Auch als er den Zahnbelag zweier Frauen untersuchte, vermutlich seiner Gattin und seiner Tochter, wurde van Leeuwenhoek fündig. Im Zahnbelag eines alten Mannes, der im Leben noch nie seine Zähne gereinigt hatte, stieß er »auf eine unglaublich große Gesellschaft lebender animalcules, die wendiger schwammen, als ich es bis zu diesem Zeitpunkt je gesehen habe. [...] Andere animalcules traten in so großer Zahl auf, dass das ganze Wasser [...] lebendig erschien.«[12]

Möglicherweise war die zur damaligen Zeit übliche – oder besser: unübliche – Zahnreinigung an dem Gewimmel schuld, das van Leeuwenhoek so beeindruckte. Doch auch im Mund heutiger Menschen herrscht ein reges Mikrobenleben. Wie lebendig es in unseren bestens gepflegten Mundhöhlen zugeht, kann man zum Beispiel der *Human Oral Microbiome Database* entnehmen.[13] Etwa 280 mundbewohnende Bakterienarten wurden bisher kultiviert, nach allen Regeln der mikrobiologischen Kunst untersucht und mit einem wissenschaftlichen Namen versehen. Sie heißen *Streptococcus*, *Leptotrichia*, *Mycoplasma*, *Gemella* oder schlicht *Bacillus*, um nur einige Beispiele zu nennen. Die Hälfte der etwa 700 Arten, die in der Datenbank geführt werden, ist aber noch namenlos, und ein Drittel erwies sich gegenüber allen Kultivierungsversuchen als widerborstig und kann bislang nur anhand der vollständigen Sequenz eines bestimmten bakterienspezifischen Gens[14] charakterisiert werden. Doch das sind nur die häufigen Arten.

Als niederländische Wissenschaftler den Lebensraum Mundhöhle im Jahr 2008 erstmals mit modernen Sequenzierungsverfahren untersuchten, stießen sie auf eine Bakteriengesellschaft, die um Größenordnungen artenreicher ist als bisher gedacht.[15] Ihre »radikal neue Einsicht in die Vielfalt der menschlichen oralen Mikroflora« verdanken die Forscher dem Speichel und Zahnbelag von etwa einhundert gesunden Menschen, die zum Zeitpunkt der Probennahme noch nicht gefrühstückt und seit mindestens drei Monaten keine Antibiotika eingenommen hatten. Nicht einige Hundert, sondern einige Tausend verschiedene Bakterien lebten in ihren Mündern. Mit 7000 bis 10 000 Arten war das Mikrobengewimmel im Zahnbelag, der sogenannten »Plaque«, wesentlich größer als in den Speichelproben, die durch eine Mundspülung gewonnen wurden. Da die Zahl der unterschiedlichen Bakterien mit der Anzahl der untersuchten Sequenzen steil anstieg und kein Plateau erreichte, gehen die Experten davon aus, dass die in der menschlichen Mundhöhle lebenden Mikroben, das orale Mikrobiom[16], auch mit dieser Studie noch nicht vollständig erfasst wurden. Dazu müsste man noch mehr Menschen möglichst unterschiedlicher Herkunft untersuchen. Am Ende, so die Hochrechnung der Forscher, dürfte man bei etwa 25 000 Arten ankommen.

25 000 verschiedene Bakterienarten in einem Raum, der gerade groß genug ist, um darin kleine Kartoffeln zu zermalmen oder ein Bonbon zu lutschen. Dazu kämen noch Protisten, also tierische und pflanzliche Einzeller, sowie Pilze, die gar nicht erfasst wurden. Im Mund eines einzelnen Menschen findet sich natürlich nur ein Teil davon, so wie in einem bestimmten See nur ein Bruchteil aller seebewohnenden Fisch- oder Krebsarten der Erde leben.

Vergleicht man die Mundflora des Menschen mit der von Hunden, so stimmen beide nur zu gut 16 Prozent überein, ein überraschend niedriger Wert, hatte man doch bislang bei Tieren gefundene Bakterien, die den vom Menschen bekannten Formen ähnelten, mit dem gleichen Namen belegt. Die Erbgutanalyse zeigte nun, dass es sich in vielen Fällen und aller

Ähnlichkeit zum Trotz um eigenständige Spezies handelt.[17] Nur jede fünfte Bakterienart des Hundemauls findet sich auch beim *Homo sapiens* wieder. Jede Säugetierart scheint demnach eine eigene charakteristische Zusammensetzung der Bakterienflora aufzuweisen. Und da auch Vögel, Frösche, Echsen, Schlangen, Krebse oder Insekten Nahrung aufnehmen müssen und zu diesem Zweck Mäuler, Schnauzen, Schnäbel oder Kieferzangen mit dem entsprechenden anatomischen Drumherum besitzen, ist die Zahl verschiedenartiger Bakterien, die sich daraus allein für die Mundhöhle von Tieren ergibt, schwindelerregend hoch. Weder van Leeuwenhoek noch Generationen von Mikrobiologen, die ihm folgten, hätten sich eine solche Fülle an Lebensformen auch nur vorstellen können. Zum Vergleich: Auf der Erde leben nur etwa 5500 Säugetierarten.

Zweifellos ist der Mundraum ein mikrobieller Hotspot im Ökosystem Mensch und er ist für die Forscher von besonderem Interesse, weil durch ihn der wichtigste Zugang ins Körperinnere führt. Doch mit der Mundflora ist nur ein kleiner Teil des gesamten Mikrobioms eines Säugetierkörpers erfasst. In uns gibt es Regionen und Schlupfwinkel, die eine noch größere Vielfalt beherbergen. Zahlreiche wissenschaftliche Untersuchungen der letzten Jahre zeigen, dass jede mit der Außenwelt in Kontakt stehende Oberfläche unseres Körpers von Bakterien und anderen Mikroben besiedelt ist. Sogar in Regionen, die lange Zeit als steril galten, in den Lungen oder im ungeborenen Fötus, leben Bakterien.

Keine einzige Art ist überall auf und im menschlichen Körper zu finden, obwohl es, wie in der großen Natur, durchaus anspruchslose Generalisten gibt, die sich in mehreren Körperregionen niederlassen können. Typischer ist jedoch eine extrem kleinräumige Differenzierung, gerade im Mund.[18] Nicht nur »jeder Zahn«, sondern »jede Seite jedes Zahns hat eine eigene

Kombination von Spezies«, staunte die *New York Times*[19], und Gaumen und Zunge sind Mikrobenwelten für sich. So wie auf einer Lichtung andere Pflanzenarten wachsen als im Wald, gedeihen in der dunklen, feuchten Achselhöhle andere Hautbewohner als nur Millimeter entfernt auf dem Oberarm. Könnten wir die verschiedenen Bakteriengruppen, die auf den 1,8 Quadratmetern unserer Hautoberfläche siedeln, farbig markieren, würden wir als bunt gescheckte Paradiesvögel durch die Welt laufen, mit unterschiedlichen Farbmustern auf nahezu jeder Körperregion.[20]

Der Mensch entpuppt sich als hochdiverses Ökosystem, in dem sich je nach den lokal herrschenden Bedingungen spezielle Interessenten einfinden. Ändern sich die Verhältnisse, etwa durch eine Beschneidung des Penis, hat das auf der Ebene der Mikroben dramatische Konsequenzen. Anaerobe Bakterien, die sich unter der Vorhaut wohlfühlen, sind nach deren Entfernung kaum noch zu finden und werden durch aerobe Arten ersetzt, also durch Bakterien, die Sauerstoff benötigen.[21] Am größten ist das Gewimmel dort, wo die meiste Nahrung zu finden ist: im Darm. Und auch hier, in diesem meterlangen Schlauch, wechselt die Mikrobengemeinschaft quasi im Zentimetertakt, wie in einem Fluss, dessen Quellen, Stromschnellen, Ufer, Sedimente und Mündungsgebiet von jeweils anderen typischen Lebensgemeinschaften bewohnt wird.

An sich ist das keine neue Erkenntnis. Dass der Mensch eine Darmflora besitzt, wussten wahrscheinlich schon unsere Großeltern, und Mikrobiologen sind unseren Körpermikroben seit Jahrzehnten auf der Spur. Hätten sie einige davon nicht genauestens unter die Lupe genommen, säßen die Forscher jetzt vor ihren Metagenomen wie die Archäologen seinerzeit vor den Hieroglyphen altägyptischer Artefakte. Da man aber nur einen Teil kultivieren konnte, blieb lange Zeit unklar, wie groß die Zahl und Vielfalt unserer mikrobiellen Untermieter wirklich ist. Um dies zu ändern, riefen die US-amerikanischen National Institutes of Health im Jahr 2007 ein mehrjähriges Forschungsprojekt ins Leben, das mit über hundert Millionen Dollar finanziert wurde und 2012 in einer Reihe von Veröffentlichungen erste Ergebnisse präsentierte: das *Human Microbiome Project.*[22] Die Ähnlichkeit in der Namensgebung zum *Human Genome Project* ist nicht zufällig. Die Initiatoren sahen darin dessen logische Fortsetzung. »Um die Bandbreite der genetischen und physiologischen Diversität des Menschen zu verstehen«, betonten sie, »müssen die Mikrobiome und die Faktoren charakterisiert werden, die die Verteilung und Evolution der Mikroorganismen beeinflussen, aus denen sie bestehen.«[23]

In zwei klinischen Zentren, dem Baylor College of Medicine im texanischen Houston und der Washington University School of Medicine in St. Louis, wurden 300 auf Herz und Nieren geprüfte gesunde Erwachsene ausgewählt, die anschließend 15 Proben ihrer Körperbesiedlung ablieferten: neun aus dem Mundraum (zum Beispiel Speichel, Zahnbelag oberhalb und unterhalb des Zahnfleischrandes, Wange, Zunge etc.), eine aus der Nase, vier verschiedene Hautpartien (hinter beiden Ohren und in beiden Ellenbeugen) und eine Stuhlprobe, die den unteren Verdauungstrakt repräsentierte. Bei Frauen wurden zusätzlich drei verschiedene Stellen der Vagina untersucht. Um auch einen Eindruck von den zeitlichen Veränderungen der Mikroflora zu erhalten, wurde die Probennahme bei einem Teil der Versuchspersonen zwei Mal im Abstand von einigen Monaten wiederholt.

Doch dies war nur ein Standbein des Projektes. Um die Unmengen an metagenomischen Daten auch zuordnen und interpretieren zu können, sollte gleichzeitig der Fundus an bekannten Referenzsequenzen verbreitert werden. Deshalb planten die Forscher zusätzlich, das Erbgut von bis zu 3000 Mikrobenarten vollständig zu sequenzieren.

Das *Human Microbiome Project* ist das bislang größte Vorhaben dieser Art, aber keineswegs das einzige. Dutzende von Arbeitsgruppen in der ganzen Welt arbeiten an ähnlichen Fragestellungen. Unter Beteiligung Chinas startete auch die Europäische Gemeinschaft ein solches Vorhaben, das sich aber auf die Untersuchung der menschlichen Darmflora konzentriert: *Metagenomics of the Human Intestinal Tract*, kurz MetaHIT. Gegenstand der Forschung waren Stuhlproben von 124 Europäern, darunter auch übergewichtige und fettleibige Probanden sowie Menschen, die unter chronischen Darmentzündungen[24] litten, um gegebenenfalls Unterschiede in der Darmflora gesunder und kranker Menschen erkennen zu können. Auch dieses Großvorhaben, an dem dreizehn wissenschaftliche Einrichtungen in acht Ländern beteiligt sind, hat mittlerweile erste Ergebnisse präsentiert.[25]

Es ist kein Vergnügen, sich durch diese langen, mit Fachausdrücken, Abkürzungen und kryptischen lateinischen Namen gespickten Aufsätze zu kämpfen. Für Laien ist es nahezu unmöglich. Kein Wunder, dass daraus nur einige wenige Zahlen den Weg in die Öffentlichkeit gefunden haben, vor allem eine mit sehr vielen Nullen, die in kaum einem Pressebeitrag zum Thema fehlen durfte – eine Zahl, wie man sie bislang nur von Astronomen kannte, die sich mit den unvorstellbaren Dimensionen des Universums abmühen. Wenn es um die kleinen Mikroben geht, ist das Hantieren mit großen Zahlen unvermeidlich.

Auf unserer Haut sind es »nur« ein paar Milliarden, eine Zahl, die ungefähr der menschlichen Weltbevölkerung entspricht. Auf einem Quadratzentimeter können sich bis zu zehn Millionen der Winzlinge tummeln, doch ein einziges Gramm Darminhalt enthält bis zu einer Billion Bakterien. Noch hundertmal mehr, nämlich hundert Billionen (10^{14}) Mikroben sollen sich nach Erkenntnissen der Forscher an und in einem einzigen menschlichen Körper befinden. Möglich ist diese unsichtbare Existenz, weil Bakterienzellen um das 100- bis 10 000-Fache kleiner sind als die Bausteine unseres Körpers.

Hundert Billionen – das sind zweifellos exorbitant viele Zellen. Unsere Heimatgalaxie enthält mindestens 100 Milliarden oder 10^{11} Sonnen. Auch das sind sehr viele, aber die Zahl der Mikroben, die jeder von uns mit sich herumträgt, übertrifft die der Sonnen in der Milchstraße noch um das Tausendfache.

Bemerkenswert ist diese Zahl vor allem deshalb, weil sie zehnmal größer sein soll als die Zahl der menschlichen Körperzellen, so steht es zumindest in nahezu jeder Veröffentlichung zum Thema. Eine solche Aussage setzt natürlich voraus, dass man die Zahl unserer Zellen kennt. Doch woher weiß man, aus wie vielen Zellen ein Mensch besteht? Nachgezählt hat mit Sicherheit niemand, denn das würde, wie der bekannte amerikanische Wissenschaftsjournalist Carl Zimmer erst kürzlich in einem lesenswerten Beitrag seines Blogs *»The Loom«* vorrechnete, selbst bei optimistischen Annahmen einige Zehntausend Jahre dauern, von unüberwindlichen methodischen Problemen ganz zu schweigen.

Es muss sich also um eine Schätzung handeln, und Schätzungen sind nur so gut wie die Annahmen, auf denen sie beruhen. Macht man sich die Mühe, nach bisher veröffentlichten Angaben zur Zellzahl eines Menschen zu suchen, findet man Werte, die erheblich voneinander abweichen. Sogar in seriösen Quellen schwanken die Angaben immerhin um den Faktor zehntausend, von einer Billion (10^{12}) bis zehn Billiarden (10^{16}), wobei die Autoren meistens nicht näher begründen, wie sie auf diese Zahlen gekommen sind. Eine Gruppe südeuropäischer Wissenschaftler[26] wollte es nun genauer wissen, und ihr Vorhaben war mehr als nur Spielerei, denn für moderne Computermodelle von Körperprozessen oder Organen sind möglichst realistische Größenangaben erforderlich. Die Forscher gingen deshalb sehr gründlich vor und legten ihrer Abschätzung nicht einfach nur Durchschnittswerte zugrunde. Sie nahmen sich stattdessen jedes einzelne Organ und Gewebe vor, berücksichtigten die Größe und Dichte der dort vorkommenden Zellen und kamen in der Addition schließlich auf gut 37 Billionen oder $3{,}72 \times 10^{13}$ Zellen.

Na bitte. Wenn ein Mensch von 100 Billionen Mikroben bewohnt wird, wären das demnach nicht zehn-, sondern nur knapp dreimal so viele wie Körperzellen, und sage niemand, dieser Unterschied sei bedeutungslos. Die Aussage, nur jede zehnte Zelle in unserem Körper sei menschlich, rüttelt doch erheblich an unserem Selbstverständnis. Wer will schon eine Minderheit im eigenen Körper sein? Es liest und lebt sich doch wesentlich angenehmer, wenn wir wenigstens von ungefähr gleichgroßen Zellpopulationen oder, besser noch, von einer geringen zahlenmäßigen Überlegenheit ausgehen könnten. Natürlich stellen auch die Angaben zum Umfang unserer Mikrobenlast nur eine Schätzung dar, die auf der Dichte beruht, in der die Winzlinge die verschiedenen Körperregionen besiedeln. Wenn wir Glück haben und die Mikrobenzahl etwas kleiner ausfällt als geschätzt, würden wir sogar weiterhin Herr im eigenen Körper bleiben. Lassen wir uns also von den Zahlenspielereien der Mikrobiologen nicht verrückt machen.

Im Ernst, ob wir nun zehn- oder dreimal so viele Bakterien in und an uns tragen wie Körperzellen oder ob es am Ende sogar ein paar weniger sind, an der Tatsache, dass wir in unseren

Körpern alles andere als einsam und allein sind, ändert das nichts. Die Mikroben, die uns bevölkern, sind so klein, dass beim Blick in den Spiegel nichts auf ihre Anwesenheit hindeutet. Wir sehen sie nicht, könnten sie aber wiegen, denn in derart großen Mengen haben selbst unsichtbare Winzlinge ein beachtliches Gewicht. Gäbe es sie nicht, wären wir um einige Hundert Gramm leichter, manche sagen sogar, dass ein bis anderthalb Kilo unseres Körpergewichts auf das Konto des Mikrobioms gehen.

Was Sie im Spiegel, auf Familienfotos, den Titelbildern der Illustrierten oder auf der Straße sehen, sind also nicht einfach nur Menschen. Jeder von uns ist nicht einer, sondern sehr, sehr viele. Sie sehen Superorganismen, jeweils bestehend aus einem Menschen und, so eine Schätzung des *Human Microbiome Consortium*, mindestens 10 000 verschiedenen Bakterienarten, von Pilzen und Protisten gar nicht zu reden.

•••

Eine der wichtigsten Fragen, die sich die Forscher stellen, zielt auf die Zusammensetzung dieser Körpermikrobengesellschaft. Ist sie zufällig oder bei allen Menschen gleich? Der *Homo sapiens* rühmt sich einer beispiellosen Anpassungsfähigkeit. Menschen leben unter unterschiedlichsten klimatischen Bedingungen, in den verschiedenartigsten Ökosystemen und sie bevorzugen regional sehr unterschiedliche Kost. Das sollte eigentlich für die Besiedlung durch die sensiblen Winzlinge nicht ohne Folgen sein. Gibt es also geografische Unterschiede unseres Mikrobioms oder existiert zumindest eine Kerngemeinschaft, die sich in ähnlicher Form bei allen gesunden Menschen findet? Was passiert, wenn sich ein Paar aus Leipzig und, sagen wir, Buenos Aires, Schanghai oder Surigao, Philippinen, zu einem innigen Kuss zusammenfindet? Seit 2014 wissen wir es dank einer Arbeit niederländischer Wissenschaftler ziemlich genau: Während eines zehn Sekunden langen Zungenspiels werden etwa 80 Millionen Bakterien übertragen. Nachhaltige Veränderungen im Mund des Kusspartners hat das aber nur zur Folge, wenn regelmäßig und sehr häufig geküsst wird.[27]

Die genannten Orte sind nur vier von zwölf auf der ganzen Welt, an denen Forscher des Max-Planck-Instituts für Evolutionäre Anthropologie in Leipzig zusammen mit chinesischen Kollegen Speichelproben von insgesamt 120 Personen zusammengetragen haben, die erste Studie, die die globale Vielfalt eines menschlichen Mikrobioms zum Gegenstand hatte.[28] Von den verschiedenen Habitaten im Mundraum ist der Speichel der mit Abstand artenärmste. Anhand einer kurzen Gensequenz, die sich bei allen Bakterien findet, konnten Mark Stoneking und seine Mitarbeiter dennoch 165 verschiedene Gattungen nachweisen, von denen 39 bislang noch nie in der Mundhöhle gefunden worden und 64 der Wissenschaft bis dato gänzlich unbekannt waren. Als die Forscher die Zusammensetzung dieser Bakteriengesellschaften verglichen, fielen zwar einige Gattungen auf, die nur in bestimmten Weltgegenden zu finden waren, insgesamt ergab sich aber ein überraschend homogenes Bild. Fast überall traten die gleichen Bakteriengruppen in ähnlicher Häufigkeit auf, und mehr als 70 Prozent aller untersuchten DNA-Sequenzen ließen sich nur acht Gattungen zuordnen. Wenn man bedenkt, dass die Speichelspender aus den unterschiedlichsten Kulturkreisen stammten und der Speiseplan eines Leipziger Büroangestellten nur wenig Gemeinsamkeiten mit dem eines Fischers aus dem philippinischen Surigao aufweisen dürfte, ist das Fehlen geografischer Unterschiede überaus erstaunlich.

Nur in den Mündern der Kongolesen herrschten andere Verhältnisse. Die Unterschiede des Speichelmikrobioms waren hier zwischen den Versuchspersonen am größten, und die bei den Afrikanern mit Abstand häufigste Bakteriengattung *Enterobacter* fanden die Forscher weder im Speichel deutscher Spender wieder noch in kalifornischen, chinesischen, polnischen oder türkischen Mündern. Noch exotischer ging es im Speichel der Batwa-Pygmäen zu, die das Forscherteam zwei Jahre später untersuchte.[29] Die Batwa leben zumeist in kleinen Gruppen an den Rändern der verbliebenen Waldgebiete Ruandas, Burundis, Ugandas und ebenfalls in Teilen der Demokratischen Republik Kongo, wo sie sich als Jäger und Sammler in hohem Maße von Fleisch ernähren, was möglicherweise erklären könnte, warum sie kaum unter Karies leiden. Die Bakterienvielfalt war bei ihnen wesentlich größer als bei anderen afrikanischen Bevölkerungsgruppen, die Landwirtschaft betreiben, und ein Drittel aller in ihrem Speichel lebenden Bakteriengattungen wurde vorher noch nie in einer menschlichen Mundhöhle gefunden.[30]

Offenbar können mehr Bakterienarten in menschlichem Speichel leben, als die weltweite Untersuchung vermuten ließ, und es ist sehr wahrscheinlich, dass ihre Zahl mit der Analyse weiterer Speichelproben noch zunehmen wird. Die Forscher räumen selbst ein, dass sich bei näherer Betrachtung auch die auf Gattungsniveau festgestellte Gleichförmigkeit der Speichelflora außerhalb Afrikas als Illusion erweisen könnte. Bakteriengattungen können viele unterschiedliche Arten umfassen, und was auf Gattungsniveau relativ gleichförmig erscheint, könnte bei der Betrachtung der Arten »sehr wohl ein geografisches Muster zeigen«.[31] Ein paar Etagen tiefer, im Enddarm, zeigen die Mikrobengemeinschaften von Koreanern und US-Amerikanern deutliche Unterschiede.[32]

Damit wäre man dann auf einer Linie mit vielen anderen Studien, die bei allen Gemeinsamkeiten vor allem eine extreme Variabilität der betrachteten Mikrobiome offenbarten. Vergleicht man zwei Proben ein und derselben Person, sind diese sich ähnlicher als jede der beiden verglichen mit der irgendeiner anderen Person.[33] Das erscheint banal, ist aber eine der wenigen tröstlichen Gewissheiten, auf die die Forscher sich verlassen können. Ansonsten geht es zwischen den Menschen, mikrobiell gesehen, drunter und drüber. Laut Anthony Fodor, einem an der University of North Carolina tätigen Wissenschaftler des *Human Microbiome Project*, kann ein Bakterium, das bei einem Menschen knapp über der Nachweisschwelle liegt, beim nächsten 95 Prozent aller Darmmikroben stellen, ohne dass dies für die beiden irgendwelche erkennbaren Konsequenzen hätte.[34] Dabei ist die Zusammensetzung des Darmmikrobioms noch vergleichsweise konstant. Es variiert zwar stärker als Mund- und Vaginalflora, im Vergleich zum Bakterienbewuchs unserer Haut ist es aber ein Hort an Stabilität.[35]

Die Handflächenbakterien zweier Menschen stimmen nur zu 13 Prozent überein, ja, bei ein und derselben Person liegen die Übereinstimmungen zwischen rechter und linker Hand mit 17 Prozent nur unwesentlich höher. Von über 4700 Spezies, die auf den Handflächen von 51 Studenten der University of Colorado in Boulder gefunden wurden, gab es ganze fünf, die auf allen Händen lebten.

Kein Wunder, dass die tatsächliche Bakterienvielfalt unserer Greiforgane mit dieser Stichprobe noch lange nicht erfasst wurde. Immerhin wissen wir jetzt, dass es ausgerechnet auf den zarten und gepflegten Händen der Frauen wesentlich diverser zugeht als auf groben Männerpranken, was möglicherweise mit dem beim starken Geschlecht generell niedrigeren Haut-pH-Wert zusammenhängt. In saurem Milieu, das weiß man aus anderen Lebensräumen, müssen viele Bakterien kapitulieren.[36]

Falls Sie nun den unwiderstehlichen Impuls verspüren, sich die Hände zu waschen, können Sie das natürlich gerne tun, Sie sollten sich nur keine Illusionen machen. Wenn die Gemeinschaft Ihrer winzigen Bewohner nicht mit einer simplen Handwäsche fertigwerden würde, wäre sie schon lange dahingeschieden. Natürlich wird der Waschvorgang sie ordentlich durcheinanderbringen, Arten der *Propionibacteria* und der *Burkholderiales* werden für eine Weile zu kämpfen haben, andere, die *Staphylococcaceae* und die *Streptococcaceae* zum Beispiel, vorübergehend sogar zunehmen. Es wird aber nicht lange dauern, bis sich die alten Verhältnisse wieder einstellen, ganz gleich, wie lange Sie geschrubbt haben. Seifen und Cremes und all die anderen Dinge, mit denen wir unsere Hände im Laufe eines Tages traktieren, können die darauf lebenden Bakterien nicht nachhaltig beeindrucken.[37]

Ihre Zusammensetzung ist so individuell spezifisch, dass man sie sogar für forensische Untersuchungen nutzen könnte.[38] Wundern Sie sich also nicht, wenn in Krimis statt Fingerabdrücken und DNA-Proben bald Mikrobenabstriche genommen werden. In Zukunft könnten Fernsehkommissare Sätze sagen wie: »Leugnen ist zwecklos. Wir haben Ihre Mikroben auf dem Messer gefunden.« In Situationen, in denen die bewährten Methoden versagen oder Täter nicht eindeutig überführt werden können, dürfte das mit den Spuren unseres Handmikrobioms, die wir bei jeder Berührung hinterlassen, bald ein molekularbiologisches Kinderspiel sein – eine Methode, die zweifellos ethische und juristische Fragen aufwerfen wird. Auf Computermäusen oder einzelnen Buchstabentasten hinterlassene Bakterien verrieten den Forschern mit großer Sicherheit, wer die Gegenstände zuletzt berührt hatte, und das sogar noch zwei Wochen nach der Tat und ohne dass die Tastatur, wie bei mikrobiologischen Untersuchungen üblich, bei -20 Grad gelagert wurde. Natürlich ändert sich die individuelle Zusammensetzung von Körperbakteriengesellschaften mit der Zeit; diese Veränderung ist aber, auch nach Monaten, deutlich geringer als es die interpersonellen Unterschiede sind.[39]

Liest man in der Arbeit über mögliche forensische Anwendungen den letzten Satz der Forscher aus Boulder, schnappt man unwillkürlich nach Luft. »Die kollektiven Genome unserer mikrobiellen Bewohner«, schreiben Noah Fierer und seine Kollegen, »könnten eine sicherere persönliche Identifizierung ermöglichen als unser eigenes menschliches Genom.«[40]

Wie kann das Metagenom unserer Körpermikroben persönlicher sein als unser eigenes Erbgut? Der Satz spielt auf Fälle an wie den, der sich vor einigen Jahren in Berlin zugetragen hat.[41] Im Jahr 2009 musste ein einschlägig bekanntes Räuberbrüderpaar wieder auf freien Fuß gesetzt werden, weil die am Tatort, die Schmuckabteilung des Berliner KaDeWe, gefundenen Spuren ihrer DNA nicht eindeutig einem der beiden Geschwister zugeordnet werden konnten. Es handelte sich um eineiige Zwillinge. Eine Untersuchung ihres Mikrobioms hätte den Fall möglicherweise klären können. Eineiige Zwillinge sind zwar genetisch identisch, ihre mikrobiellen »Fingerabdrücke« unterscheiden sich aber erheblich.[42]

Zugegeben, ein Vergleich der Hautmikroben eineiiger Zwillinge steht noch aus. Die bisherigen Untersuchungen wurden an Stuhlproben[43] durchgeführt, die von Tätern in der Regel nicht am Tatort zurückgelassen werden. Fest steht aber, dass unser Mikrobiom eine Signatur enthält, die mindestens so charakteristisch für uns ist wie unser eigenes Genom.

Wenn wir umziehen, bewegen sich nicht nur wir selbst, unsere Familie, unsere Haustiere und unser gesamtes Hab und

Gut von einem Ort zum anderen, sondern auch eine Zehntausende von Arten umfassende Mikrobengemeinschaft, die charakteristisch für genau diese Gruppe von Menschen und Tieren ist. Wer in einem gemeinsamen Haushalt lebt, ob verwandt oder nicht, gleicht sich auch mikrobiologisch an, ohne allerdings seine unverwechselbare individuelle Note zu verlieren. Verlässt eine Person einen Haushalt, und sei es nur für wenige Tage, verblasst ihr Beitrag zum häuslichen Mikrobiom wie ein geisterhaftes Nachbild ihrer früheren Anwesenheit, um nach der Rückkehr schnell wieder aufzublühen. Diese und andere Erkenntnisse verdanken wir dem von Jack A. Gilbert und Kollegen an der University of Chicago initiierten *Home Microbiome Project,* bei dem sieben Familien, darunter Gilberts eigene, und deren alte und neue Behausungen über sechs Wochen mikrobiologisch genauestens unter die Lupe genommen wurden. Gilbert war selbst überrascht und beeindruckt, wie schnell das Familien-Mikrobiom ein neues Zuhause in Besitz nimmt. Eine Familie zog im Untersuchungszeitraum aus einem Hotel in ein Haus. Schon 24 Stunden später waren alte und neue Behausung mikrobiologisch nicht mehr zu unterscheiden. »Die Oberflächen, der Staub, das Badezimmer sind ratzfatz mit unseren Bakterien bevölkert«, sagt Jack Gilbert. »So nehmen wir jeden Raum ein, in dem wir uns länger als nur ein paar Stunden aufhalten.«[44]

Was immer für die genaue Zusammensetzung der Körpermikroben verantwortlich ist, die spezifische genetische Ausstattung eines Menschen scheint darauf nur geringen Einfluss zu haben. Die Unterschiede zwischen eineiigen Zwillingspaaren sind nämlich nicht größer oder kleiner als bei zweieiigen.[45]

In Stuhlproben eines stark übergewichtigen eineiigen Zwillingspaars stießen amerikanische Wissenschaftler bei einem der Brüder auf 42 Mikroben-Gene, die für den Abbau bestimmter Kohlenhydrate erforderlich sind. Dem erbgleichen Bruder fehlten diese Gene und damit sowohl die Mikroben, denen diese Gene gehören, als auch der Stoffwechselweg, zu dem diese Mikroben fähig sind. »Die Vielfalt, die sogar zwischen genetisch identischen Individuen zu beobachten ist, weitet uns den Blick auf unsere interpersonelle genetische Variation«, resümieren die Forscher.[46] Sie wird nicht zuletzt von den in und an uns lebenden Mikroben verursacht.

Auch wenn es hier nur um den Abbau von Makromolekülen geht, drängen sich doch unwillkürlich einige Fragen auf: Woher beziehen wir eigentlich unsere Fähigkeiten? Wirklich nur aus uns selbst? Wie setzt sich dieses Selbst zusammen? Oder, um den Bestseller des Philosophen Richard David Precht zu zitieren: *Wer bin ich – und wenn ja, wie viele?*

»Ziemlich viele« ist schon im Jahr 2000 die Antwort von Jörg Blech gewesen, bis heute Wissenschaftsredakteur des *Spiegel.* Das *Human Microbiome Project* war noch nicht einmal auf den Weg gebracht. Blech gebührt das Verdienst, das Thema mit seinem Buch *Leben auf dem Menschen* als Erster für eine größere Öffentlichkeit aufbereitet zu haben. Ich gehörte damals zu seinen begeisterten Lesern und sein zentraler Satz gilt natürlich heute umso mehr und nicht nur für uns: »Wir sind besiedelt.«[47] Er konnte damals noch gar nicht wissen, wie recht er hatte.

•••

Der Faszination großer Zahlen scheinen mitunter selbst Wissenschaftler zu erliegen. Oder sie bedienen sich ihrer, um in der Öffentlichkeit Eindruck zu schinden – ein wenig nüchterne Skepsis ist manchmal durchaus angebracht.

Die Forscher des europäischen *Meta*HIT-Projektes konnten in ihren aus Stuhlproben stammenden metagenomischen DNA-Gemischen nicht weniger als 3,3 Millionen verschiedene Gene aufspüren, war zu lesen. Sie sind nahezu ausschließlich bakteriellen Ursprungs und stammen von etwa 1150 Arten.[48] Zusammen verfügen also allein die häufigen Bakterien des Enddarms über mehr als das 150-Fache unserer kümmerlichen 20 000 Gene – eine Zahl, die von den Medien gerne aufgegriffen wurde. Das Geninventar aller Körpermikroben umfasst nach Angaben des *Human Microbiome Consortium* sogar neun Millionen Erbanlagen. Von vielen Fach- und Pressepublikationen wurden diese Angaben kommentarlos übernommen. Doch was sagen uns diese Zahlen? Dass die Forscher und ihre Sequenzierroboter fleißig waren und die Computer über reichlich Speicherplatz verfügen? Dass das mit dem Superorganismus ganz wörtlich zu nehmen ist, da wir dank unserer Winzlinge um Millionen Gene reicher werden? Wird das Spektrum unserer Möglichkeiten durch Bakterien-Gene tatsächlich um ein Vielfaches erweitert?

Die nackten Zahlen suggerieren, es handele sich dabei um Millionen von unterschiedlichen Genen. Doch das ist mitnichten so. Man erhält diese Werte, wenn man die Zahl der Gene aller Mikroben, die in und an unserem Körper vermutet werden, addiert. Jede Bakterienart besitzt aber einen umfangreichen Satz *Housekeeping*-Gene, die die elementaren Lebensprozesse steuern, etwa die Verdopplung des genetischen Materials, das Ablesen und Übersetzen der darin enthaltenen Information, die Zellteilung, bestimmte elementare Stoffwechselprozesse. Die dafür zuständigen DNA-Abschnitte unterscheiden sich von Art zu Art nur wenig und sind in ähnlicher Form auch in jeder unserer Körperzellen enthalten. Die Millionen Gene unseres Mikrobioms bestehen daher zu einem erheblichen Teil aus tausendfachen Varianten der immer gleichen Gene. Darunter sind genauso viele Gene für DNA-Polymerasen, wie es in uns Bakterienarten gibt, und das Gleiche gilt für Dutzende, wenn nicht Hunderte von weiteren Genen. Welchen Nutzen die Wirte aus diesem Variantenreichtum ziehen sollen, ist nicht zu erkennen. Andere Erbanlagen ermöglichen den Winzlingen die Existenz in ihrem jeweiligen Körperhabitat. Bedauerlicherweise verleihen uns die bakteriellen Gene also keine Flügel, und obwohl viele der Darmbakterien in sauerstofffreier Umgebung existieren können oder sogar müssen, gilt das für uns, ihre Wirte, nicht. Es sind und bleiben ihre Gene, nicht unsere.

Darüber hinaus verfügen Körpermikroben aber auch über spezifische Fähigkeiten, von denen wir und andere Wirte profitieren, und um die geht es. Sie helfen uns zum Beispiel, unverdauliche Nahrungsbestandteile zu verwerten, und unterstützen den Aufbau des Immunsystems. Dieses Buch handelt in großen Teilen von den Vorteilen, die Wirte genießen, die sich mit Bakterien und anderen Einzellern zusammentun, nur lässt sich deren Bedeutung sicher nicht an der Summe ihrer Gene festmachen, und sei diese Zahl noch so imposant. Hier geht es um Qualität, nicht um Quantität.

Die Frage, was alle diese Winzlinge tun, wie sie mit uns, ihren Wirten, ihrer Umwelt und untereinander interagieren, ist ohnehin viel interessanter als die genauen Individuen- und Artenzahlen, die uns die Studien der Wissenschaftler liefern. Ihre Arbeit befindet sich noch in einem Stadium, das vielleicht mit dem der großen Naturforscher früherer Jahrhunderte vergleichbar ist. Wo immer die hinreisten, stießen sie auf unbekannte Tier- und Pflanzenarten, mit dem Unterschied allerdings, dass die Körpermikrobenjäger von heute sich fast immer mit DNA-Sequenzen zufriedengeben müssen. Die dazugehörigen Organismen bekommen sie gar nicht zu Gesicht. Die Zahlen, die Mikrobiologen aus ihren metagenomischen Analysen ermitteln, erscheinen dem Laien nicht selten widersprüchlich. Oft wurden sie mit unterschiedlichen Methoden gewonnen und sind nur eingeschränkt miteinander vergleichbar. Je mehr Menschen untersucht werden, je empfindlicher die Nachweisverfahren, desto mehr Mikroben werden entdeckt. Einige Spielverderber geben sogar zu bedenken, dass nicht wenige der zahllosen neuen, eben noch bestaunten Winzlinge sich als Artefakte der hochkomplexen Methoden und Computeranwendungen herausstellen könnten.[49] Nicht, dass die Mikrobiologen eine Wahl hätten – aber das kommt davon, wenn man gezwungen ist, sich auf Roboter zu verlassen, und nicht auf die eigenen Sinne vertrauen kann.

Vor allem bei Bakterien ist das mit den Arten so eine Sache. Man kann sie, zumal die vielen neuen, die bei modernen metagenomischen Untersuchungen anhand ihrer DNA entdeckt und beschrieben werden, nur genetisch definieren. Die Forscher sagen, bei so und so viel Übereinstimmung der DNA-Sequenzen zweier Bakterien, meist 95, 97 oder 99 Prozent, sprechen wir von einer Spezies. Deshalb differieren die ermittelten Artenzahlen je nach den verwendeten Schwellenwerten. Oder umgekehrt: Bei Unterschieden von drei oder fünf Prozent rechnen wir die jeweiligen Bakterien unterschiedlichen Arten zu. Mit dem Artbegriff, wie wir ihn von Pflanzen und Tieren kennen, hat das wenig zu tun. Die Fachleute sprechen denn auch lieber von »OTUs«, von »*Operational Taxonomic Units*«.[50]

Noch etwas anderes unterscheidet Bakterien von komplexeren Lebensformen. Bei letzteren können wir uns sicher sein, dass es nur einen Weg gibt, auf dem genetische Information übermittelt wird: von den Eltern. Sie fließt über die Keimzellen von den Eltern zu den Kindern, dann weiter zu Enkeln, wird ausschließlich von Generation zu Generation weitergegeben. Nur weil die einzelnen Entwicklungslinien strikt getrennt sind, kann man aus Merkmalskombinationen oder DNA-Sequenzen überhaupt widerspruchsfreie Stammbäume konstruieren. Bei Bakterien ist das oftmals unmöglich. Oder man erhält statt Bäumen komplizierte Netzgebilde, bei denen es zwischen vielen Ästen Querverbindungen gibt.

Bakterien erhalten genetisches Material nicht nur vertikal, von ihrer Mutterzelle, sondern auf verschiedene Weise auch horizontal, aus der Umwelt, von anderen Bakterien oder von Viren, die DNA-Abschnitte von einem Bakterium auf das nächste übertragen. So kann genetische Information zwischen Arten ausgetauscht werden, die nur entfernt miteinander verwandt sind. Ein bekanntes Beispiel für genetische Information, die per horizontalem Gentransfer verbreitet wurde und wird, ist die bakterielle Antibiotika-Resistenz.[51]

•••

Sollen sich die Fachleute mit diesen Problemen herumschlagen. Uns reicht es zu wissen, dass es sehr, sehr viele Mikroben sind, wohin die Forscher auch blicken, viel mehr als noch vor wenigen Jahren vermutet. Wenden wir uns stattdessen lieber der Frage zu, was eine derart massive Präsenz fremder Organismen bedeutet, für ihre Träger und für einige grundlegende Fragen der Biologie. Warum sollten wir, wie eingangs zitiert, aufgrund dieser neuen Erkenntnisse unsere »Sicht auf die fundamentale Natur der Biosphäre signifikant verändern«? Haben es Mikroben vor allem auf uns Menschen abgesehen? Wie ist es zu dieser seltsamen Allianz gekommen?

Trotz des geballten Sachverstandes Hunderter Wissenschaftler, trotz ungeheurer Datenmengen, die in den Computerspeichern angehäuft werden, konnte einem bemerkenswert hohen Anteil der vom *Human Microbiome Project* aufgespürten Gene keine Funktion zugewiesen werden. Manche sehen in dem Darmgewimmel ein Organ unseres Körpers, zusammengesetzt aus Billionen von Fremdorganismen. Was leistet dieses Organ im Organ, und wie ist es zu erklären, dass es in jedem Menschen anders aussieht? Was tun die vielen mikrobiellen Gene unbekannter Funktion?[52] Welcher Preis ist für eine derart massive Mikrobenbesiedlung zu bezahlen? Wovon und wie leben Körpermikroben? Auf Kosten der Lebewesen, die sie beherbergen? Auf unsere Kosten?

Der Mensch und sein Mikrobiom sind ein schwindelerregend komplexes System, denkbar ungeeignet, um hier mit Fragen nach dem Verhältnis und Miteinander von Wirten und Mikroben zu beginnen. Wer darauf Antworten sucht, muss sich nach einfacheren und überschaubareren Modellen umsehen, wie so oft in den Lebenswissenschaften. Zum Glück ist die Natur voll davon.

Am besten, wir reisen an die See, um dort einigen Korallenforschern über die Schulter zu schauen. Zwischen diesen Nesseltieren und dem *Homo sapiens* liegen zwar zoologische Welten, aber das, was man über die Riffbaumeister zu wissen glaubte, ist wie bei den Menschen durch neue Erkenntnisse der Mikrobiologen gehörig in Bewegung geraten. Wirte und ihre Mikroben – im Falle der Korallen können sie zusammen wirklich Großes zustande bringen. Sie schaffen Oasen in der Wüste und versetzen buchstäblich Berge.

2. Von Korallen und Menschen

Akaba – Vorbereitungen

Sicher haben Sie sich unser Reiseziel anders vorgestellt. Schön ist es hier nicht, jedenfalls nicht über Wasser. Und ruhig schon gar nicht. Unterbrochen von den Gesängen der Muezzins, schallen bis tief in die Nacht die Lautsprecherdurchsagen des benachbarten Fährhafens über das Gelände. Ein Lastwagen nach dem anderen fährt aus dem Bauch der *Queen Nefertini* und donnert über metallene Brücken an Land. Und als wäre das nicht genug, ist nun noch ein Monstrum von Maschine in Aktion getreten, das in einem schweren, nervtötenden Rhythmus haushohe Stahlrohre in den Meeresboden rammt, um die Hafenanlagen zu erweitern, ein Geräusch, dem auch die Taucher unter Wasser nicht entkommen können.

Während sich im Landesinneren, auf der anderen Seite der Küstenstraße, kahle braune Bergrücken erheben, ist hier unten in Wassernähe für ein wenig Grün gesorgt. Palmen wurden gepflanzt, von denen einige in zehn Jahren vielleicht einmal Schatten spenden werden, dazwischen wellblechüberdachte Picknickquadrate, viel Sand und ein Parkplatz für die Besucher des Aquariums. »*We allow the people to come in*«, hatte mir ein junger einheimischer Wissenschaftler bei meiner Ankunft erklärt. Im Augenblick machen davon etwa dreißig kleine Kinder mit ihren Betreuerinnen Gebrauch. Die Aqaba Marine Science Station hat sich akustisch in einen Spielplatz verwandelt.

Im Hintergrund liegen ein Dutzend einstöckige, weiß getünchte Gebäude, die durch gepflasterte Wege miteinander verbunden sind. Dass das Haschemitische Königreich Jordanien, in dem zum größten Teil trockenes Wüstenklima herrscht, überhaupt eine solche Forschungsstation errichten konnte, verdankt es dem Roten Meer, das zwischen Sinai und Arabischer Halbinsel einen schmalen, fast 180 Kilometer langen Arm weit nach Norden ausstreckt, als habe es sich zum Ziel gesetzt, unbedingt jordanisches (und israelisches) Territorium zu erreichen. Der bis zu 1800 Meter tiefe Trog ist die Fortsetzung des Großen Afrikanischen Grabenbruchs, der weiter durch das Tote Meer, das Jordantal und den See Genezareth nach Norden verläuft. Irgendwann in ferner Zukunft wird das Land entlang dieser geologischen Naht auseinanderbrechen.

In dem nach der Hafenstadt Akaba benannten Golf nimmt Jordaniens Meeresküste nur die letzten 27 Kilometer ein, und nachdem sich schon König Hussein I. für den Schutz seiner Korallen stark machte, wurde im Jahr 1997 ein Viertel davon zum Marinen Nationalpark erklärt. Er beginnt unmittelbar neben dem dröhnenden Fährterminal und zieht sich dann als für das Rote Meer typisches Saumriff von der meeresbiologischen Station die Küste entlang nach Süden.

Von den Kindern abgesehen wirkt das Stationsgelände heute verlassen. Das beliebte Aquarium ist zwar geöffnet, die jordanischen Wissenschaftler sind aber nach Hause zu ihren Familien gefahren. Es ist Feiertag. Jordanien wählt ein neues Parlament. Zwischen den um eine kleine Freifläche angeordneten Wohnbungalows der Forscher treibt der Wind einen raschelnden Plastiktütenkreisel an, der sich schon seit Stunden dreht, ohne dass sich jemand darum kümmert.

Nur fünf junge Wissenschaftler vom Bremer Leibniz-Zentrum für Marine Tropenökologie halten die Stellung. Von Mitteleuropa aus gesehen beherbergt das Rote Meer die nächstgelegenen subtropischen Korallenriffe, und die Forscher sind gekommen, weil die Aqaba Marine Science Station ideale Möglichkeiten bietet, sie zu studieren. Nie würde ihnen ein Wort der Klage über das kahle Ambiente oder den lauten Fährhafen über die Lippen kommen. Nur wenige Meter trennen ihre Labors hier vom bunten Unterwasserleben, und geschlafen und gekocht wird gleich nebenan. Im Jahr 2012 hat das Leibniz-Zentrum einen Kooperationsvertrag mit der University of Jordan unterzeichnet, zu der die Station gehört. Eine schon früher bestehende Zusammenarbeit wurde damit wieder aufgenommen.

Während die Kinder in ihrem Bus verschwinden und weit draußen im Golf ein Containerriese vorbeizieht, sitzt Dr. Malik Naumann auf einem ausgedienten Bürostuhl unmittelbar vor dem seeseitigen Ausgang der stationseigenen Tauchbasis, tippt auf seinen Laptop ein und behält zwei orange-rote Bojen im Auge, die etwa hundert Meter entfernt auf dem Wasser schwimmen. Sie markieren die Position von jeweils zwei Tauchern, die zehn bis zwanzig Meter unter den Bojen damit beschäftigt sind, die Organismenverteilung im Riff zu kartieren und Tiere für spätere Laboruntersuchungen einzusammeln.

Professor Christian Wild, Malik Naumann und die vier Mitglieder ihrer Arbeitsgruppe »Korallenriffökologie« sind erst vor wenigen Tagen mit jeder Menge Übergepäck in Akaba eingetroffen. Sie hatten eine komplette Laboreinrichtung für vier Doktoranden dabei, die jeweils eigene Projekte verfolgen. Damit deren Arbeit nicht stockt, weil irgendeine Chemikalie oder dringend benötigte Probengefäße fehlen, die in Jordanien nur schwer oder gar nicht erhältlich sind, waren der Anreise wie immer bei solchen Expeditionen Wochen minutiöser Planung vorausgegangen.

Die ersten Tage vor Ort waren eine harte Nervenprobe, vor allem für den Chef, der nur begrenzt Zeit hatte, weil zu Hause in Bremen andere Verpflichtungen warteten. Nichts funktionierte. Viele Stunden vergingen mit Klempnerarbeiten, um im erst 2004 errichteten Nasslabor die Behältnisse für die Versuchstiere vorzubereiten und ihre Zu- und Abflüsse dicht zu bekommen. Jetzt sprudelt endlich das aus dem Meer angepumpte Wasser durch die Anlage, und ein Dutzend blitzsaubere Aquarien warten auf ihre ersten Insassen. Die vielen Koffer sind ausgepackt, die Laborausrüstung ist verstaut und einsatzbereit. Vieles wurde im Bremer Leibniz-Zentrum bereits ausprobiert und getestet, doch vor Ort muss immer auch improvisiert werden, und noch sind längst nicht alle Schwierigkeiten aus dem Weg geräumt.

»Das ist normal«, kommentiert Malik achselzuckend, als ich ihn auf die vielen Probleme anspreche, die zu bewältigen sind, bevor die eigentliche Arbeit beginnen kann. Christian Wild ist mittlerweile abgereist und wird regelmäßig über die erzielten Fortschritte informiert, Malik Naumann wird aber noch einige Tage länger bleiben, um den geplanten Forschungsprojekten auf die Beine zu helfen. Wenn auch er Akaba verlässt, werden die vier Doktoranden für Wochen auf sich allein gestellt sein. Die Arbeitstage sind lang, die Stimmung ist gut, und an Einsatzwillen mangelt es nicht. Doch die Zeit drängt, und daher lässt es sich kaum vermeiden, dass Malik bei der morgendlichen Teambesprechung ab und an energischer auftritt, um den Eifer der jungen Leute in der Spur zu halten und auf strikte Einhaltung der Prioritäten zu drängen.

In der Zwischenzeit haben sich die beiden Bojen der Tauchbasis genähert, im flachen Wasser sind die schwarzen Neoprenanzüge der Taucher zu erkennen. Schwer beladen mit einer weißen Plastikwanne, Messinstrumenten, den Bojen, verschließbaren Plastiktüten und Klemmbrettern für Notizen und die schriftliche Kommunikation unter Wasser sind sie abgetaucht, noch schwerer beladen kehren sie zurück, eine Deutsche, eine Kanadierin, ein Holländer und ein Italiener. Sie wollen sich hier mit anspruchsvollen Projekten wissenschaftliche Meriten verdienen, auch wenn sie alle keine Anfänger mehr sind. Wer sich wie sie erfolgreich auf eine der international ausgeschriebenen Promotionsstellen des Leibniz-Zentrums beworben hat, muss bereits über einschlägige Erfahrungen verfügen.

Als sie die schwere Plastikwanne mit den Tieren aus dem Wasser heben, strahlen sie über das ganze Gesicht. Die Tauchgänge, die sie beinahe täglich in das im Februar noch 22 Grad warme Wasser führen, gehören ohnehin zu den Höhepunkten ihrer Arbeit, und das quirlige Leben der Korallenriffe wirkt auf Menschen zuverlässig euphorisierend. Biologie dreht sich eben um Organismen und nur am Rande um Silikon, Dichtungsringe und Abflussrohre, mit denen sie sich zuvor abgeplagt haben. Außerdem soll es jetzt endlich losgehen, die Zeit der Vorbereitungen ist vorbei. Sie haben die Protagonisten geholt, mit deren Hilfe sie in den kommenden Wochen einigen Geheimnissen des Riffs auf die Spur zu kommen hoffen, Geheimnisse, die die nun geborgenen Tiere des Riffs hoffentlich in sich tragen und von deren Existenz man bis vor wenigen Jahren noch gar nichts wusste.

Wir beugen uns über das, was sie mitgebracht haben: Schwämme in verschiedenen Farben, die meist als dicke Polster auf abgestorbenen Korallenbruchstücken herangewachsen sind, *Cassiopea*, eine Qualle, die nicht im Wasserkörper schwimmt, sondern »rücklings« auf dem Boden liegt, sodass ihre blumenkohlartigen Tentakel nach oben ins Wasser zeigen. Und natürlich Korallen, genauer gesagt: Steinkorallen. Anders als Weichkorallen, die sich mit Wasser aufpumpen, sind Steinkorallen in der Lage, ein Kalkskelett abzuscheiden. Die meisten sind bräunlich und bäumchenartig verzweigt mit winzigen Polypen, andere fast tellergroß und schwer. Letztere, keine Kolonien, sondern Einzeltiere, sehen aus wie die Unterseite eines Lamellenpilzes. Daher auch ihr Name: *Fungia* oder Pilzkoralle.

Vorsichtig wird die Ausbeute zum Nasslabor getragen und in die vorbereiteten Aquarien umgesetzt, wo diese Repräsentanten des großen Riffs sich von den Strapazen ihres unfreiwilligen Transfers erholen und mögliche Verletzungen auskurieren sollen. In einigen Tagen geht es dann im Dienste der Wissenschaft an die Arbeit.

Natürlich verläuft auch die Eingewöhnung nicht ohne Komplikationen. Zwei Tage später sehe ich Laura, die Kanadierin, mit besorgtem Gesicht vor den Aquarien mit ihren Schützlingen hocken. Einigen der Schwämme scheint es in ihrem neuen Zuhause gar nicht zu gefallen. Sie haben im wahrsten Sinne des Wortes dichtgemacht und die vielen kleinen Öffnungen geschlossen, durch die Meerwasser ein- und ausströmen kann. Das sieht nicht gut aus. Eines Morgens hat es auch die Schwämme erwischt, denen es bisher gut ging. Aus irgendeinem Grund, der nicht zu ermitteln ist, enthielt das aus dem Meer angesaugte Wasser plötzlich zahllose winzige Luftbläschen, die sich als silbriger Überzug an den Aquarienscheiben abgesetzt haben. Die mit dem einströmenden Wasser aufgenommene Luft ist Gift für die Tiere, und einige haben nun Auftrieb und schwimmen oder kleben an der Wasseroberfläche, anstatt auf dem Boden zu liegen. Wissenschaft ist eine einzige nicht endende Kette von Problemen und Lösungsversuchen, das führen mir diese Tage in Akaba nachdrücklich vor Augen. Dieses Auf und Ab, diesen dauernden Wechsel von Rückschlägen und Erfolgen auszuhalten, ohne dabei Lust und Laune zu verlieren, ist nicht jedem gegeben.

Partner

Wenn man als Taucher, Schnorchler oder auch nur als Fernsehzuschauer die bunte Vielfalt eines lebenden Korallenriffs vor Augen hat, fällt es schwer zu glauben, dass diese Pracht unter Mangelbedingungen entstanden sein soll. Doch tropische Korallenriffe gedeihen tatsächlich in extrem nährstoffarmen Gewässern. Es sind Oasen in einer Wasserwüste, gleichzeitig gehören sie zu den produktivsten Ökosystemen der Erde. Dieses Korallenriff-Paradoxon beschäftigt die Forscher schon seit Langem und es beschäftigt auch Christian Wild und seine Gruppe. Möglich wird diese faszinierend üppige Entfaltung des Lebens durch effektive Recycling-Prozesse, die Wild seit Jahren untersucht, vor allem im nördlichen Roten Meer. Sie gewährleisten, dass organische Substanz und andere von den Lebewesen benötigte Stoffe im System, sprich: im Riff, verbleiben und nicht an das umgebende Wasser verloren gehen.

Doch Korallenriffe können riesige Ausmaße erreichen. Es sind die größten von Lebewesen geschaffenen Strukturen auf der Erde. Um wachsen zu können – das australische Great Barrier Reef hat heute eine Ausdehnung von 2300 Kilometern –, muss organische Substanz aufgebaut und Kalk abgeschieden werden. Mit Recycling allein ist das nicht zu schaffen. Wo kommt der Kohlenstoff, Hauptbestandteil aller organischen Moleküle, her, wenn Nahrung für die Korallen knapp ist? Anorganischer Kohlenstoff, in Gestalt des berühmt-berüchtigten Kohlenstoffdioxids (CO_2), ist im Meerwasser zwar reichlich vorhanden, doch wie alle Tiere können Korallenpolypen nichts damit anfangen. Glücklicherweise sind sie nicht allein. In ihren Zellen lebt ein Organismus, der diese Defizite ausgleicht.

Irgendwann im Erdmittelalter, als an Land das goldene Zeitalter der Reptilien anbrach und alle Erdteile in einem einzigen Kontinent vereint waren, muss es irgendwo in den Weiten des Ozeans zu einer schicksalhaften Begegnung zwischen diesen beiden sehr unterschiedlichen Lebewesen gekommen sein: zwischen Korallen und winzigen, zur Fotosynthese fähigen Einzellern mit Namen »*Symbiodinium*«. Die beiden gründeten ein organismisches Joint Venture und markierten damit den Beginn einer viele Millionen Jahre andauernden Erfolgsstory, *das* Lehrbuchbeispiel für eine zum gegenseitigen Vorteil eingegangene Symbiose. Nur zusammen sind sie in der Lage, inmitten mariner Nährstoffwüsten die Basis für einen der artenreichsten und buntesten Lebensräume zu schaffen, die dieser Planet zu bieten hat.[1]

Die zu den Hohltieren gehörenden Korallen sind sehr einfach aufgebaut. Ein Polyp besteht aus nur zwei Zellschichten, einer äußeren Epidermis und einer inneren Gastrodermis. Getrennt werden sie von einer gallertigen Zwischenschicht, die zum größten Teil aus Wasser besteht und dem Ganzen eine elastische Stabilität verleiht. Durch eine Art Knospenbildung können Polypen auf ungeschlechtlichem Wege Tochterpolypen bilden, die mit den Muttertieren verbunden bleiben. Einzeltiere wachsen auf diese Weise zu großen Kolonien heran.

Die Gastrodermis, die bei Korallen in komplizierter Weise gefaltet sein kann, kleidet den inneren Hohlraum aus. Er besitzt nur eine Öffnung zwischen dem Tentakelkranz, der die Beute fängt und das eine Ende des zylindrischen Polypen markiert. Hier wird die Nahrung verdaut – sofern es welche gibt –, und da die Gastralräume aller Polypen einer Kolonie miteinander verbunden sind, kommt der Jagderfolg eines Tieres auch dem großen Ganzen zugute. Das andere Ende der Polypen, die Fußscheibe, sitzt dem selbst produzierten Kalkskelett auf.

In der Gastrodermis hat sich auch der Algenpartner der Korallen niedergelassen. *Symbiodinium* sitzt aber nicht zwischen den Zellen der Polypen, sondern ist in sie eingedrungen oder von ihnen verschluckt worden, je nach Sichtweise. In den Wirtszellen vermehren sich die Symbionten durch einfache Zellteilung, sodass ihre Zahl pro Quadratzentimeter Kolonieoberfläche in die Millionen gehen kann. Sie sind es, die lebenden Korallen durch ihre Fotosynthesepigmente die bräunliche Farbe verleihen. Die Polypen sind dem Vermehrungsdrang ihrer Endosymbionten aber nicht hilflos ausgeliefert. Sie können deren Zahl regulieren, indem sie die Algenzellen einfach wieder hinausschleusen.[2]

Wenn Zellen sich einen Fremdkörper einverleiben, umschließen sie ihn mit ihrer feinen Zellmembran und befördern ihn dann ins Innere, ein Prozess, der »Phagozytose« genannt wird. Die kleinen, kugeligen Zellen des Symbionten liegen also nicht nackt im Plasma ihrer Wirtszellen, sondern sind von einem feinen Häutchen umgeben, das einmal Teil der Zellmembran war.[3] Normalerweise fusioniert ein solches Gebilde mit anderen Bläschen voller Verdauungsenzyme, um die Partikel, die die Zelle sich einverleibt hat, aufzulösen.

Mit *Symbiodinium* geschieht das nicht. Irgendetwas muss den Zellen der Korallenpolypen signalisieren, dass es sich hier nicht um Nahrung, sondern um einen lebenswichtigen Partner handelt. Elektronenmikroskopische Aufnahmen zeigen, dass die gern gesehenen Zellgäste nicht nur von einer, sondern gleich von einem ganzen Bündel Membranen umgeben sind. Die inneren werden von *Symbiodinium* selbst gebildet, nur die äußerste stammt von der Wirtszelle, und chinesische

Wissenschaftler konnten jüngst zeigen, dass sie gegenüber dem Original verändert wurde und nun mit einem ganzen Arsenal spezieller Proteinmoleküle gespickt ist, die der Zellerkennung, dem Stofftransport, der Reaktion auf Stress und anderen wichtigen Aufgaben dienen. Die Membranen zwischen Korallen- und *Symbiodinium*-Zelle »sind das Interface für die Interaktion zwischen Wirt und Symbiont«.[4]

Heute kann man bestenfalls erahnen, welche Kommunikationsprobleme Koralle und Alge anfangs zu überwinden hatten, bevor es zu der für beide Seiten fruchtbaren Zusammenarbeit kam. In Abwesenheit umweltbedingter Stressfaktoren funktioniert das Miteinander der beiden ungleichen Partner jedenfalls reibungslos[5], und die Membranen haben einen regen Stoffaustausch in beide Richtungen zu bewältigen. *Symbiodinium* fixiert den im Meerwasser enthaltenen und für seinen Wirt nicht verwertbaren Kohlenstoff, produziert daraus Zuckermoleküle und liefert sie zu über 90 Prozent durch die Membranen an ihre Wirte. Die Polypen, die auch den bei der Fotosynthese entstehenden Sauerstoff nutzen, revanchieren sich, indem sie einen geschützten Raum, Nährstoffe und das bei ihrer Atmung anfallende CO_2 zur Verfügung stellen. Der einzellige Symbiont deckt auf diese Weise einen Großteil des Energiebedarfs der Korallen, die deshalb über längere Zeit sogar ganz ohne Nahrung auskommen. Gleichzeitig liefert er die chemische Energie, die für die Abscheidung eines Kalkskeletts erforderlich ist.

Da für die Fotosynthese Licht benötigt wird, funktioniert dieses Geben und Nehmen aber nur in den oberen Wasserschichten, in die genug Sonnenlicht fällt. Korallenarten, die in größeren Tiefen leben, müssen auf die Unterstützung durch fotosynthetisch aktive Symbiosepartner verzichten und wachsen daher viel langsamer.

•••

Obwohl der deutsche Meeresbiologe Karl Brandt schon 1883 in den Zellen von Steinkorallen mikroskopisch kleine Algen entdeckt hatte, die kurz darauf als Dinoflagellaten identifiziert wurden[6], dauerte es siebzig Jahre, bis es gelang, diese Zellen außerhalb ihrer Wirte zu kultivieren und näher zu untersuchen. Bei den Mikroben verschwimmen die vertrauten Kategorien des Makrokosmos. Etwa die Hälfte der bekannten Dinoflagellaten ist den tierischen Einzellern zuzurechnen, die andere Hälfte ist zur Fotosynthese fähig, führt ein Leben als einzellige Pflanze und stellt in den Ozeanen einen bedeutenden Anteil des pflanzlichen Planktons. Ihr Name hat nichts mit den gigantischen Echsen des Erdmittelalters zu tun, den Dinosauriern, sondern leitet sich von dem griechischen Wort *dinos* (rotieren, wirbeln) und dem lateinischen *flagellum* für Peitsche ab. Dank zweier in der Zellmitte ansetzender Geißelfäden zeigen frei lebende Dinoflagellaten eine charakteristische Fortbewegungsweise.

Bei den Korallenpartnern ist jedoch nichts dergleichen zu sehen. Ihre Zellen sind kugelig und unbeweglich und zu einer Art Fotosynthesemaschine degradiert worden, die viel langsamer wächst, aber um den Faktor zehn produktiver ist als frei lebende Dinoflagellaten.[7] Die Vermutung liegt nahe, dass dafür Einflüsse der Wirtszellen verantwortlich sind – als hätten die Polypen die quirligen Dinoflagellaten eingefangen, gezähmt oder versklavt und in eine extrem leistungsfähige Nutzpflanze verwandelt. In Laborkulturen des Symbionten tauchen aber innerhalb kurzer Zeit Zellformen auf, die zwei Geißeln besitzen und damit ihre Beweglichkeit zurückgewinnen. Wahrscheinlich gibt es auch in der Natur frei im Wasser schwimmende *Symbiodinium*-Zellen; wie sie leben und wo sie zu finden sind, ist bis heute unbekannt.

Da die Algenpartner verschiedener Wirtsarten sich sehr ähnlich sehen, ging man lange Zeit davon aus, dass es sich um eine einzige weltweit verbreitete Art handelte, der man den komplizierten Namen »*Symbiodinium microadriaticum*« gab. Mittlerweile bedienen sich aber auch die Korallenforscher moderner molekularbiologischer Methoden, und was sie mit deren Hilfe herausfanden, hat die vertrauten Verhältnisse binnen weniger Jahre auf den Kopf gestellt. *Symbiodinium* entpuppte sich als genetisch derart vielgestaltig, dass man heute von mindestens neun verschiedenen Gruppen (*clades*) ausgeht, zu denen jeweils viele Spezies gehören.[8] Über 400 genetisch unterscheidbare Typen sind bisher beschrieben worden, noch ist allerdings nicht klar, ob es sich dabei in allen Fällen um getrennte Arten handelt. Erstaunlich ist diese Vielfalt allemal, denn an den kugeligen Symbiontenzellen findet man kaum Merkmale, anhand derer sie zu unterscheiden wären. Die meisten *Symbiodinium*-Varianten werden daher ausschließlich genetisch charakterisiert und praktischerweise einfach mit den Buchstaben A bis I gekennzeichnet.[9]

Die an sich schon faszinierende Beschäftigung mit Korallen und ihren Algenpartnern bekam durch diese Erkenntnisse eine neue Dimension. Die Symbiose, ursprünglich quasi als Paarbindung zweier Organismen angesehen, stellt sich heute als promiskuitive Beziehung mit mehreren und wechselnden Algenpartnern dar. Sogar in den Steinkorallen, die als Spezialisten galten, weil man in ihren Zellen nur einen Algentyp gefunden hatte, wurden kürzlich weitere entdeckt.[10] Wir kennen dieses Problem ja schon vom Mikrobiom des Menschen. Die Schwierigkeit besteht darin, die seltenen Formen aufzuspüren. Obwohl in der Regel ein *Symbiodinium*-Typ deutlich dominiert, sind die meisten Korallenarten und fast jede einzelne ihrer Kolonien mit mehr als einer Variante vergesellschaftet.

In Hawaii wurden in einer einzigen Koralle sechs häufige und elf seltene Symbiontentypen gefunden.[11]

Manche *Symbiodinium*-Varianten scheinen spezifisch an bestimmte Korallenarten gebunden zu sein, andere sind bei der Wahl ihrer Partner deutlich anspruchsloser.[12] Spannend wurde es, als die Forscher in der Verteilung dieser ungeahnten *Symbiodinium*-Vielfalt ausgeprägte Muster entdeckten, die mit der geografischen Verbreitung der Korallen und den Verhältnissen vor Ort zu tun hatten. Ein und dieselbe Korallenart kann in verschiedenen Regionen ihres Verbreitungsgebietes ganz unterschiedliche Algen enthalten.[13] Obwohl sicher auch der Zufall eine Rolle dabei spielt, welche Partner sich zusammenfinden, bezweifelt heute keiner der damit befassten Wissenschaftler, dass die konkrete Ausgestaltung der Symbiose eine Anpassung an die jeweils vor Ort herrschenden ökologischen Bedingungen darstellt. Dabei spielen die verschiedensten Umweltparameter eine Rolle: Strömungsverhältnisse, Wassertrübung, Verschmutzung, Temperatur und Lichtintensität.[14] Die überraschende genetische Vielfalt der Symbionten spiegelt die Vielfalt der Lebensumstände wider, unter denen diese Algen existieren können. Sie unterscheiden sich in ihren Eigenschaften, und als Partner der Korallen kommen jeweils die *Symbiodinium*-Typen zum Zuge, die an die gegebenen Verhältnisse am besten angepasst sind.

Es ist erstaunlich genug, dass ein Verbund aus kleinen Korallenpolypen und einzelligen Algen Strukturen von den Ausmaßen eines Gebirges in die Welt setzen kann. Die Möglichkeiten dieser Symbiose gehen aber darüber hinaus. Nicht nur, dass die in ihr verbundenen Partner nährstoffarme Lebensräume besiedeln, in denen sich keiner der beiden allein derart hätte entfalten können; durch Auswahl geeigneter Algenzellen stellt sie sich auch auf eine Vielzahl unterschiedlicher Standortbedingungen ein und sichert so das gemeinsame Überleben.

Um noch einmal ein Bild aus der Welt des Fußballs zu bemühen: Das Ganze wirkt wie ein Team, dessen Mannschaftsaufstellung sich stets am Gegner ausrichtet, sprich: an den lokalen Erfordernissen. Auf die interessante Frage, ob es jemanden gibt, der die Mannschaft aufstellt, oder ob sich die Akteure quasi selbst einwechseln, werden wir noch zurückkommen.

A Nugget of Hope

Wer über Korallen spricht, kann nicht darüber hinwegsehen, dass seit einigen Jahren ein Damoklesschwert über den Riffen schwebt. Eigentlich sind es sogar mehrere, denn auch Wasserverschmutzung und Überfischung machen ihnen zu schaffen. Die von Klimaforschern gemessene und für die Zukunft prognostizierte Erderwärmung ist aber die bei Weitem größere Gefahr. Jede Untersuchung von Korallenriffen muss sich heute mit dieser Bedrohung auseinandersetzen. Denn die Riffe sind nicht nur unersetzbare biologische Kleinodien. Sie schützen die Küsten vor der Kraft der Wellen, produzieren Nahrung für viele Menschen und locken zahlungskräftige Touristen an, sodass sie auch einen immensen ökonomischen Nutzen bringen. Was noch vor wenigen Jahren reine Grundlagenforschung war, muss heute immer auch die drängende Frage beantworten, ob und wie die jeweils betrachteten biologischen Phänomene sich unter den Bedingungen des globalen Wandels verändern werden. Wird es in einer wärmeren Welt und in saureren Ozeanen noch Korallenriffe geben? Das Schicksal einer der produktivsten und faszinierendsten Lebensgemeinschaften der Erde hängt davon ab, wie ein Wirt und seine Mikroben die Herausforderungen der Zukunft meistern werden. Die Beziehung dieser ungleichen Partner ist deshalb nicht nur für Spezialisten von Interesse. Sie geht uns alle an.

Ohne uns hier in die Debatte um die Ursachen dieser Entwicklung einzumischen, steht eines zweifelsfrei fest: Die Entwicklung, um die es geht, die Erwärmung des Erdklimas, ist bereits in vollem Gange. Die Durchschnittstemperatur des Meerwassers liegt heute um 0,7 Grad Celsius höher als zu irgendeinem Zeitpunkt innerhalb der letzten 420 000 Jahre.[15] Korallen und ihre Symbionten können aber nur in einem relativ engen Temperaturbereich existieren. Wird dieser Bereich für längere Zeit über- oder unterschritten, besteht die Gefahr, dass die Tiere ausbleichen und großflächig absterben. In den letzten Jahren sind weltweit vermehrt Fälle dieser gefürchteten Korallenbleiche registriert worden. Auch eine Häufung anderer Krankheitsbilder wurde beschrieben. Beides wird als Zeichen dafür gewertet, dass riffbildende Korallen zunehmend unter Stress stehen.

Eine Korallenbleiche ist die sichtbare Folge des Zusammenbruchs der Symbiose von Polypen und Algen. Die Symbionten oder ihre Fotosynthese-Organe werden abgestoßen, die Korallen verlieren ihre Farbe, und durch das nun transparente Gewebe wird das darunterliegende weiße Kalkskelett sichtbar. Glücklicherweise handelt es sich bei extremen Warmwasserphasen in der Regel (noch) um vorübergehende Ereignisse, etwa die im Abstand einiger Jahre im Pazifik auftretenden El Niños. Doch sowohl die Intensität als auch die Dauer dieser Ereignisse werden in einer wärmeren Welt zunehmen. Was das bedeutet, kann man den Daten entnehmen, die für ein 2,5 Hektar großes Riff vor Uva Island an der pazifischen Küste Panamas gewonnen wurden. Vor dem El Niño der Jahre 1982/83 fügten die Korallen ihren Skeletten jährlich 8600 Kilogramm Kalk hinzu. Das Riff wuchs. Dann kam das warme Wasser des El Niños, und die Hälfte seiner Korallen starb. Statt zuzulegen, verlor das Riff nun Kalk, Jahr für Jahr fünf Tonnen. Fehlt der Schutz durch das lebende Gewebe der Korallen, beginnt die Erosion. Fünfzehn Jahre später folgte das stärkste jemals registrierte El-Niño-Ereignis, das Erhöhungen der Wassertemperatur von bis zu vier Grad mit sich brachte und erstmals in der Geschichte in nahezu jedem Korallenriff der Erde Spuren hinterließ.[16]

•••

Apokalyptische Prognosen, die von einem weitgehenden Verlust der Korallenriffe innerhalb der nächsten dreißig bis fünfzig Jahre ausgehen, setzen voraus, dass es den Tieren nicht möglich ist, sich an eine dauerhaft erhöhte Wassertemperatur anzupassen. Aber ist das wirklich so? An vielen Orten der Welt ist beobachtet worden, dass Riffe sich von einer Bleiche wieder erholen. Die Symbiontenzusammensetzung einer Koralle kann sich verändern. Versetzt man eine Kolonie aus einem schattigen Plätzchen ins helle Sonnenlicht, reagiert sie zunächst geschockt und bleicht teilweise aus, um sich dann Monate später aber mit veränderter *Symbiodinium*-Mannschaft wieder bei bester Gesundheit zu präsentieren. Schattenangepasste Symbionten wurden durch solche ersetzt, die es lieber hell und warm mögen.[17]

Im Jahr 2004 veröffentlichten Wissenschaftler aus New York und Florida in der Zeitschrift *Science* eine Studie, die schon in der Überschrift Hoffnung verbreitete: »Die adaptive Antwort der Korallen auf den Klimawandel«.[18] Andrew Baker, Peter Glynn und ihre Kollegen untersuchten darin am Beispiel der panamesischen Pazifikküste, welche Symbiontentypen in den dort lebenden Korallen vor und nach einer Bleiche zu finden waren. Ihr überraschendes Ergebnis: Eine *Symbiodinium*-Variante, die vorher zwar in den Polypen weit verbreitet, aber klar in der Minderheit war, stellte danach die überwiegende Mehrzahl der Symbionten. Während der Bleiche im Jahr 1997 waren Kolonien, die diesen Typ nicht enthielten, schwer betroffen, während andere, die mit dem neuen Hoffnungsträger liiert waren, trotz des warmen Wassers kaum beeinträchtigt wurden. Ähnliche Entwicklungen konnten die Forscher im Persischen Golf und an der afrikanischen Ostküste beobachten.

Heute weiß man, dass die schlicht mit »D« bezeichneten *Symbiodinium*-Zellen tatsächlich überall dort gehäuft als Symbionten auftreten, wo das Meerwasser besonders warm ist oder wo in der Vergangenheit wiederholt ungewöhnlich hohe Wassertemperaturen registriert wurden.[19] In Amerikanisch-Samoa – Korallenforscher sind um ihre Arbeitseinsätze wirklich zu beneiden – wurden zum Beispiel die Korallensymbionten einiger benachbarter Rifflagunen untersucht. In dem flachen Wasser steigen die Temperaturen zeitweilig auf über 35 Grad Celsius. Acht der neun untersuchten Korallenarten waren Träger des wärmetoleranten Symbiontentyps D. In den aufgeheizten Lagunenpools stets häufiger als in den kühleren, war er bei fünf der Korallenarten sogar der einzige Algenpartner, der den Polypen unter diesen extremen Bedingungen noch zur Seite stand.

Könnte es sein, dass die gefürchtete Bleiche der Korallen falsch interpretiert wurde? Ist der Zusammenbruch der Symbiose und die knochenbleiche Farbe der betroffenen Kolonien kein Vorbote des nahen Polypentodes, sondern, wie Andrew Baker und Kollegen es in ihrer Überschrift andeuten, nur der

Beginn eines Anpassungsvorganges, ein Übergangszustand, der nötig ist, um sich ungeeigneter Symbionten zu entledigen und sich mit neuen auszustatten, die mit den veränderten Bedingungen besser zurechtkommen? Seit der Kanadier Robert Buddemeier und seine amerikanische Kollegin Daphne Fautin 1993 erstmals Überlegungen dieser Art veröffentlicht hatten[20], waren sie Gegenstand hitziger Debatten, und die Untersuchungen von Baker und Glynn gaben ihnen neue Nahrung. Werden sich Korallen also doch an eine wärmere Welt anpassen können?

Noch ist darüber nicht das letzte Wort gesprochen. Tatsächlich sehen sich manche Forscher in ihrer Befürchtung bestätigt, dass der Untergang der Riffe verfrüht in die Welt hinausposaunt worden sei – Kassandra lässt grüßen. Man habe die Anpassungsfähigkeit der Korallen unterschätzt.[21] Die meisten Experten äußern sich aber eher skeptisch.[22] Sie nennen die Dinoflagellaten vom Stamm D etwas despektierlich einen »Opportunisten«, eine Lebensform, die sich mit allen Verhältnissen arrangieren kann und dort in den Vordergrund drängt, wo die Verhältnisse aus dem Gleichgewicht geraten, wo vor allem in Küstennähe Massen an Schwebstoffen das Wasser trüben oder eben außergewöhnliche Wassertemperaturen herrschen. Normalisieren sich die äußeren Bedingungen, kehrt der Symbiontenbestand vieler Kolonien in den Ausgangszustand zurück. D dominiert nur eine Phase des Übergangs, um dann wieder ins zweite Glied zurückzutreten. Er profitiert von der angeschlagenen Gesundheit der Korallen, von der Störung und dem Durcheinander danach.

In solchen Zeiten existenzieller Bedrohung wirkt die Mannschaftsaufstellung der Symbiose tatsächlich ein wenig wie aus der Not geboren, als ob zusammenfindet, was sich gerade begegnet. Auch der Typ A ist in dieser Phase erfolgreich, ein Symbiont, der diesen Namen kaum verdient. Er scheint seinem Wirt so wenig Zucker zu liefern, dass Korallenforscher an einem Ort mit dem schönen Namen Papahanaumokuakea, Hawaii, auffällige Krankheitsbilder an den betroffenen Kolonien vorfanden, die sie als Mangelerscheinungen deuteten. Ein Beinahe- oder besser: ein Immer-noch-Parasit, denn manche Fachleute gehen davon aus, dass einer funktionierenden Symbiose stets eine Phase des Parasitismus vorausgeht. Symbionten des Typs A wären ihrem Wirt demnach noch nicht nah genug gekommen, um mit ihm zu harmonieren.[23]

Aus diesem Grund glaubt etwa die australische Korallenexpertin Madeleine van Oppen vom Australian Institute of Marine Science nicht an eine Rettung der Korallen durch *Symbiodinium* D. Sie hat das größte Korallenriff der Welt, das Great Barrier Reef, quasi direkt vor der Haustür und folgert aus ihren Untersuchungen, dass der vermeintliche Hoffnungsbringer bestenfalls 1 bis 1,5 Grad Temperaturerhöhung abfedern könne. Das wird nicht reichen. Es könnte deutlich schlimmer kommen. Van Oppen und viele ihrer Kollegen sehen im Erfolg dieses Typs ein Zeichen, einen Indikator, der Auskunft über die ökologische Vorgeschichte eines Gebietes und aktuelle Störungen gibt.[24]

Was also ist *Symbiodinium* D? »Ein Körnchen Hoffnung, ein selbstsüchtiger Opportunist, ein unheilvolles Zeichen?«, fragen Michael Stat und Ruth Gates, die in der beneidenswerten Situation sind, die Korallenwelten Hawaiis erforschen zu können. Leider ist auch ihre Antwort mit einem Fragezeichen versehen: »Alles zusammen?«[25] Um das System Korallenriff zu verstehen, ist noch viel Arbeit nötig. Einen Mosaikstein will die Bremer Forschergruppe mit ihrer Arbeit in Akaba beitragen.

Akaba – Der Chromatograf

Am Freitagmorgen um kurz nach neun ist es so weit. Vanessa Bednarz und Ulisse Cardini wuchten einen großen Pappkarton auf den Labortisch, eines der vielen Gepäckstücke, die die Bremer Forschergruppe mit nach Akaba gebracht hat. Wichtig waren sie alle, aber dieser Karton hat es in sich, denn für eines der Projekte, die Christian Wild und seine Mitarbeiter sich vorgenommen haben, ist er von zentraler Bedeutung. Deshalb liegt Spannung in der Luft. Hat der wertvolle Inhalt den Transport schadlos überstanden? Gut verpackt ist er, mit Warnhinweisen versehen und Metern von Klebeband umwickelt. Als der Deckel aufgeklappt wird, quillt Füllmaterial aus Styropor heraus. Weitere Schichten aus Klebeband werden sichtbar.

Eine halbe Stunde später steht ein unscheinbarer rechteckiger Kasten auf dem Labortisch, deutlich größer als ein Hi-Fi-Verstärker. Er ist in mattem Türkis gehalten. Vorne sind nur vier Anschlüsse und ein Display zu erkennen, darunter die Aufschrift »*Peak Performer 1*« – ein transportabler Gaschromatograf, ein Gerät, das ein kleines Vermögen gekostet hat. Etwas Vergleichbares hat es in der Marine Research Station noch nie gegeben. Während nur 200 Meter entfernt im Fährhafen Tonnengewichte bewegt werden, soll dieser Kasten *ppm* messen, *parts per million*, winzigste Gasmengen, die von Ästchen der aus dem Riff geholten Korallenkolonien verbraucht werden. Ohne dieses Gerät müssten Vanessa und Ulisse ihre Gasproben in kleinen, verschlossenen Röhrchen lagern und nach Bremen transportieren, um sie dann erst Wochen später, nach ihrer Rückkehr, bearbeiten zu können, was kaum ohne Verluste und Komplikationen abgehen würde. Nur dieses Gerät erlaubt es, Gasproben hier vor Ort zu jeder Tages- und Nachtzeit zu analysieren, unmittelbar nach Beendigung der Versuche. Ulisse hatte für diese Maschine gekämpft. Nun steht sie da, wird angeschlossen und ... das Display bleibt grau.

Es dauert ein paar Minuten, bis die Ursache gefunden ist. Die Steckdose liefert keinen Strom. Der ganze Aufbau funktioniert so nicht. Wohin damit in diesem Raum, der aussieht, als sei er in den letzten Wochen kaum benutzt worden? Leere Regale, ein paar alte Aktenordner, hier und da Stapel von Ausdrucken und vergilbten Kopien. Auf einem Schreibtisch vor der gegenüberliegenden Wand steht ein alter Computer, und eine intakte Steckdose gibt es dort auch. Vorsichtig wird der Chromatograf neben den Monitor gestellt.

Nun muss noch die schwere, zwei Meter lange Stahlflasche umziehen und neu an der Wand fixiert werden. Sie enthält das Trägergas, das die Probe in das eigentliche Messgefäß im Inneren des Kastens befördert und nach der Messung wieder hinausspült. Handgeschriebene Warnungen werden angebracht: »*Please, don't move!*« Nach dem Anschalten meldet sich das Gerät endlich betriebsbereit.

Doch das vergleichsweise leicht zu lösende Steckdosenproblem ist nur der Anfang. Noch am gleichen Tag wird ein Leck am Ventil der Trägergasflasche entdeckt. Bevor deren Inhalt sich über Nacht vollständig in den Nachthimmel von Akaba verabschiedet und Messungen unmöglich werden, muss die undichte Stelle lokalisiert und gestopft werden. Dann gibt der Chromatograf drei, vier Tage lang Peaks aus, wo keine sein sollten, registriert nichts, wo heftige Ausschläge zu sehen sein müssten, und produziert statt einer Eichgeraden eine unschön gekrümmte Kurve. Während Laura im Nasslabor um das Wohl ihrer Schwämme bangt, bringt Ulisse Tag für Tag Stunden damit zu, auf einen postkartengroßen Bildschirm zu starren, Gasproben definierten Inhalts zu injizieren, in den Geräteunterlagen zu blättern und sich den Kopf zu zerbrechen, was genau falsch läuft. Um keine Zeit zu verlieren, bereitet Vanessa unterdessen in einem anderen Labor die Versuchsgefäße vor, beschriftet unzählige kleine Probenröhrchen und kommt immer wieder vorbei, um sich mit Ulisse auszutauschen. Mails fliegen um die halbe Welt, nach Bremen ins Leibniz-Zentrum und zum Hersteller nach Mountain View, Kalifornien. Die Antworten lassen wegen der Zeitverschiebung auf sich warten. Ängstlichen Gemütern könnte unter solchen Umständen schon mal der Schweiß ausbrechen. Doch Bedenken, Befürchtungen, Nervosität oder Ungeduld sind zu keinem Zeitpunkt spürbar. Wissenschaft heißt Probleme lösen, Schritt für Schritt, eines nach dem anderen, so lange, bis Routine einkehrt. Das ist normal. Und ein hochempfindlicher Gaschromatograf ist schließlich kein Kassettenrekorder.

Als ich Akaba verlasse, haben Ulisse und Vanessa in der dritten Woche ihrer Expedition ans Rote Meer noch keine einzige Messung durchgeführt.

Stickstoff

Um zu verstehen, was die Bremer Forscher mithilfe ihres Gaschromatografen zu finden hoffen, muss man sich klar machen, dass Kohlenstoff nicht das einzige chemische Element ist, das Organismen brauchen, um am Leben zu bleiben, zu wachsen und sich zu vermehren. Von entscheidender Bedeutung ist auch Stickstoff, der in allen Aminosäuren enthalten ist und damit auch in den Makromolekülen, die aus ihnen aufgebaut sind, den Proteinen. Stickstoff ist zudem Bestandteil der Nukleinsäuren, also auch der DNA, des Chlorophylls und vieler anderer lebenswichtiger Moleküle. Ohne Stickstoff gäbe es kein Leben, wie wir es kennen.

CO_2, die Kohlenstoffquelle für alle Fotosynthese treibenden Pflanzen der Erde, vom Baumriesen bis zur einzelligen Alge, macht nur 0,040 Volumenprozente der Luft aus, wobei ein Drittel davon auf das Konto der Menschen geht und ein Produkt der letzten hundertfünfzig Jahre ist. Könnte man die verschiedenen Gasatome und -moleküle in einem Kubikmeter Luft sortieren, würde reines Kohlendioxid darin nur einen Würfel von etwa 7,4 Zentimeter Kantenlänge füllen, ein Spurengas, das für das Leben auf der Erde von enormer Bedeutung ist. Sogar das Edelgas Argon ist um ein Vielfaches häufiger.

Ganz anders der Stickstoff. In mineralischer Form, als Bestandteil von Gesteinen der Erdkruste, ist Stickstoff selten, trotzdem ist dieses Element überreichlich vorhanden, denn mit 78 Prozent ist das farb- und geruchlose, feuererstickende Gas Hauptbestandteil der Luft, die uns umgibt. Alles, was auf der Erde lebt, badet gewissermaßen in einem See aus Stickstoff. Die Versorgung dürfte also eigentlich kein Problem sein. Ein Atemzug sollte genügen.

Luftstickstoff liegt allerdings in molekularer Form vor, als Verbindung zweier Stickstoffatome, N_2, und diese beiden Atome klammern sich (mit drei kovalenten Bindungen) derart fest aneinander, dass weder Pflanzen noch Pilze oder Tiere in der Lage sind, diese nahezu unangreifbare Verbindung zu knacken, um an atomaren Stickstoff zu kommen und ihn in körpereigene Substanzen einzubauen. Zu dieser sogenannten »Stickstofffixierung« sind nur wenige Lebensformen befähigt und im Gegensatz zu den Menschen benötigen sie nicht die brachialen Bedingungen des berühmten nobelpreisgekrönten Haber-Bosch-Verfahrens, das einen speziellen Katalysator, Temperaturen von 450 Grad und einen Druck von 300 Bar braucht, um die Atome voneinander zu trennen. Leicht fällt diese Aufgabe auch den Lebewesen nicht. Um den Luftstickstoff in eine verwertbare Form umzuwandeln, müssen sie viel Energie aufwenden und einen Enzymkomplex an den Start bringen, der »Nitrogenase« heißt und in seinem Zentrum eine hochsymmetrische Anordnung von einem Eisen- und acht Molybdänatomen besitzt, in die das N_2-Molekül perfekt hineinpasst. Der Göttinger Strukturbiologe Oliver Einsle nennt es voller Respekt »das komplizierteste biologische Metallzentrum, das wir heute kennen, eine Nanomaschine, ein miniaturisierter Bioreaktor, in dem Geometrien, Bindungslängen und -winkel um ein Vielfaches feiner abgestimmt sind, als dies in einem industriellen Prozess mit unserer heutigen Technologie möglich wäre.«[26]

Sicher ahnen Sie bereits, welche Lebewesen diese kleinen Wunderwerke entwickelt haben. Natürlich … Bakterien. Auf dem Land haben sich viele Pflanzenarten mit stickstofffixierenden Mikroben zu Symbiosen zusammengetan, vor allem solche, die als Pionierarten auf nährstoffarmen Böden ohne dicke Humusschicht wachsen. Sie liefern ihnen energiereiche Fotosyntheseprodukte und erhalten von den Bakterien im Gegenzug stickstoffhaltiges Ammonium (NH_4+), aus dem sie ihre Aminosäuren synthetisieren können. Mithilfe ihrer Symbionten können diese Pflanzen an Standorten gedeihen, die kaum ein anderes Gewächs zu besiedeln vermag. So gedeiht die Grün-Erle auf rutschungsgefährdeten Hängen europäischer Gebirge und Lawinengeröll, Schwarz-Erlen-Wälder säumen feuchte Gewässerränder, tropische Dünen werden von Kasuarinen besiedelt, in Europa breitet sich an solchen Standorten der Sanddorn aus. Meist sind sie die einzigen Baum- und Straucharten, die an diesen Standorten wachsen können, und bilden daher reine Bestände. Nebenbei sorgen sie für Erosions- und Küstenschutz. Sie alle verdanken diese Vormachtstellung einer Symbiose mit dem stickstofffixierenden Bakterium *Frankia*.

Eine ganze Pflanzenfamilie, die Leguminosen oder Hülsenfrüchtler, hat sich mit Rhizobien oder Knöllchenbakterien zusammengetan, so genannt nach den charakteristischen Wurzelwucherungen, in denen sie leben. Auch Rhizobien können Luftstickstoff verwerten, eine Fähigkeit, die sich auch die Menschen zunutze machen, indem sie Leguminosen wie Erbsen, Wicken oder Lupinen als Gründüngung anbauen und den Boden dadurch für die nächstfolgende Feldfrucht mit Stickstoffverbindungen anreichern. Anders als *Frankia*, die mit vielen verschiedenen pflanzlichen Partnern Symbiosen eingeht, können sich bestimmte *Rhizobium*-Stämme immer nur mit einem Partner zusammentun. Wer also mit der Sojabohne oder der Robinie harmoniert, kommt für Klee oder Ackerbohne als Symbiont nicht infrage. Um sicherzustellen, dass die Pflanzenwurzeln im Boden schnell mit den richtigen Partnern Kontakt aufnehmen, können Landwirte heute auf spezielle Bakterienpräparate zurückgreifen und diese schon vor der Saat mit dem Samen mischen.

Um sich die Fähigkeiten stickstofffixierender Mikroben zunutze zu machen, müssen Pflanzen sie nicht unbedingt zu einem Teil des eigenen Organismus machen. Sie können sie auch anlocken. Bei manchen Gräsern, etwa dem Zuckerrohr, leben die winzigen Stickstofflieferanten nicht in den Wurzelzellen, sondern in deren unmittelbarer Umgebung im Boden, der sogenannten »Rhizosphäre«. Durch Ausscheidung energiereicher Verbindungen sorgen die Pflanzen dafür, dass frei lebende stickstofffixierende Bakterien in der Umgebung ihrer Wurzeln optimale Bedingungen vorfinden und sie selbst von deren Entfaltung profitieren können.

•••

Eine Nährstoffwüste, in der mithilfe symbiontischer Bakterien üppiges Wachstum möglich wird – was Pionierpflanzen fertigbringen, erinnert an die Korallen, auch wenn *Symbiodinium*, der Partner der marinen Baumeister, Fotosynthese betreibt und keine Stickstoffverbindungen liefert. Doch auch die werden dringend benötigt. Man könnte denken, dass die Polypen für den nötigen Nachschub sorgen, indem sie sich aus der Körpersubstanz ihrer Beute bedienen, so wie es alle anderen Tiere tun, ob als Pflanzenfresser, Parasit oder Räuber. Ein Teil der so gewonnenen Stickstoffverbindungen könnten sie dann an ihre Algenzellen weitergeben, um auch deren Bedarf zu decken.

Doch mit der Freigiebigkeit der Korallenpolypen scheint es nicht weit her zu sein. Was davon zu halten ist, kann man Studien entnehmen, die schon in den 80er-Jahren auf der anderen Seite des Golfs von Akaba quasi in Sichtweite der Bremer Forscher durchgeführt wurden. Vor dem Bergpanorama der südlichen Negev-Wüste ist von der jordanischen Forschungsstation aus die israelische Stadt Eilat zu erkennen. Israels Küstenstreifen am Roten Meer ist mit zwölf Kilometern noch kürzer als der seines Nachbarlandes, aber auch dort hat man eine marine Forschungsstation samt Aquarium errichtet.

In Eilat untersuchten amerikanische und israelische Wissenschaftler, was mit *Symbiodinium* geschieht, wenn man die Polypen mit kleinen Krebsen füttert. Die Antwort: nichts. Die Polypen scheinen den Ertrag ihrer Nahrungsaufnahme ganz für sich zu behalten und in das eigene Wachstum zu investieren. Heute geht man davon aus, dass sie ihre Symbionten »hungern« lassen, damit diese in ihren Zellen nicht überhandnehmen. Offenbar handelt es sich bei der Symbiose um einen heiklen Zustand, der fein austariert werden muss, weil Schaden und Nutzen für den Wirt eng beieinande liegen. Der Stickstoffmangel ihres Lebensraumes stellt beide, Polypen und Algen, vor ein Problem, er bietet den Polypen aber gleichzeitig die Möglichkeit, den Bestand ihrer Symbionten zu regulieren. Denn was geschieht, wenn die Forscher dem Wasser Ammonium zufügen und die Algen auf diese Weise direkt mit Stickstoff versorgen, ohne den Umweg über den Wirt? Die Zahl der Symbionten explodiert und verdoppelt sich innerhalb weniger Tage.[27]

Diese und andere Untersuchungen zeigen, dass die Entfaltung des Lebens im Riff vor allem durch den geringen Gehalt des Wassers an Stickstoffverbindungen begrenzt wird. Verwertbarer Stickstoff ist in den Ozeanen generell Mangelware, vor allem in den oberen Wasserschichten, wo fotosynthetisch aktive Organismen gedeihen und mit ihrer Körpersubstanz die Grundlage allen ozeanischen Lebens produzieren. Organisch gebundener Stickstoff geht hier permanent verloren, weil abgestorbene Lebewesen absinken und in den dunklen Tiefen der Meere verschwinden. Erst vor wenigen Jahren hat die Wissenschaft erkannt, dass frei im Wasser lebende Bakterien derart viel Luftstickstoff fixieren, dass dieser Verlust annähernd ausgeglichen wird.[28] Doch reicht das auch, um Korallenriffe zu unterhalten, in denen viele Lebewesen auf engem Raum zusammenleben und um den verfügbaren Stickstoff konkurrieren? Oder werden hier noch andere Wege beschritten?

Genau dieser Frage wollen Christian Wild und seine Mitarbeiter in Akaba nachgehen. Die Versorgung mit Kohlenstoff haben die Korallenpolypen mithilfe von *Symbiodinium* gelöst. Wäre es nicht denkbar, dass sie ihren Stickstoffbedarf auf ähnliche Weise decken? Was viele Landpflanzen praktizieren, gelingt auch einzelligen marinen Kieselalgen. Sie beherbergen Cyanobakterien als Symbionten, die viel mehr Stickstoff fixieren, als sie selbst verbrauchen. Forscher des Bremer Max-Planck-Instituts für Marine Mikrobiologie fanden mit kalifornischen

Kollegen heraus, dass die Symbionten mehr als 97 Prozent der unter großem Aufwand produzierten Stickstoffverbindungen großzügig an ihren Wirt weitergeben.[29] Für einen geübten Symbiosepartner wie die Steinkorallen müsste das doch eine verlockende Alternative sein.

Akaba – Die Inkubation

Das Versuchsgefäß, das Vanessa und Ulisse verwenden, ist ein besseres Einweckglas, das luftdicht verschlossen wird und aus dem man über ein Ventil Gasproben entnehmen kann. Es enthält Wasser mit der Koralle darin, darüber eine definierte Menge Luft.

Leider kann man einen möglichen Stickstoffverbrauch nicht direkt messen. Deshalb müssen die Bremer Forscher zu einem bewährten Trick greifen. Sie machen sich dabei die Tatsache zunutze, dass die Nitrogenase nicht sehr wählerisch ist, jenes Bakterienenzym also, von dem sich der Strukturbiologe Einsle so begeistert zeigte. Sie knackt auch andere chemische Dreifachbindungen. Ja, wenn man ihr das Gas Acetylen (C_2H_2) anbietet, in dem zwei Kohlenstoffatome auf diese Weise verbunden sind, dann zieht sie es sogar vor und wandelt es in Äthylen (C_2H_4) um, ohne die vielen N_2-Moleküle, die in dem Gefäß herumschwirren, auch nur eines Blickes zu würdigen. Für dieses Gas – und nur für dieses – ist der wertvolle Gaschromatograf ausgelegt, den die Bremer Forscher mit nach Akaba gebracht haben. Er misst die Menge an Äthylen in einer Gasprobe, die dann in die Menge Stickstoff umgerechnet wird, die von der Nitrogenase zerlegt worden wäre, hätte man ihr nicht das allzu verlockende Acetylen vorgesetzt. Manchmal muss man eben Umwege nehmen, um zum Ziel zu gelangen.

Der Ablauf ist wie folgt: Nachdem das Versuchsgefäß samt Korallenast verschlossen wurde, wird eine bestimmte Menge Acetylen injiziert und das Ganze für mehrere Stunden inkubiert, sprich: bei natürlichen Licht- und Temperaturverhältnissen sich selbst überlassen. Schließlich entnehmen die Forscher eine Gasprobe und bestimmen im Gaschromatografen den Gehalt an Äthylen. Ist Äthylen vorhanden, war während der Inkubation eine bakterielle Nitrogenase aktiv, denn auf andere Weise hätte das Äthylen nicht entstehen können. Hat sich dieser Ablauf einmal eingespielt, folgen im günstigsten Fall lange Wochen der Routine.

Vanessa, Ulisse und die anderen Doktoranden waren insgesamt sieben Monate in Akaba. Als ich sie zwei Tage nach ihrer Rückkehr frage, ob sie froh seien, wieder zu Hause zu sein, zögern sie keine Sekunde. »Ja«, sagen sie mit einem Seufzer, der wohl in erster Linie den Lebensumständen in einer Forschungsstation und weniger der Arbeit gilt, die sie hinter sich haben. Wie viele Messungen sie in dieser Zeit durchgeführt haben, wissen vermutlich nur ihre Computer. Die Auswertung wird Monate dauern. Es ging ja nicht nur um den Nachweis einer Stickstofffixierung von Korallen des Roten Meeres. Untersucht werden sollten auch mögliche Schwankungen im Jahresverlauf, die Abhängigkeit von der Wassertiefe und – unvermeidlich in Zeiten des Klimawandels – die Veränderungen der Stickstofffixierung bei steigenden Wassertemperaturen und hohem CO_2-Gehalt.

Einen ersten Hinweis auf die Ergebnisse hatte ich schon im Frühsommer erhalten. Ich war in Eile, weil ich einen Zug erreichen musste, und verließ gerade das Gebäude des Leibniz-Zentrums, als ich Vanessa zusammen mit Kollegen vor dem Haus stehen sah. Die erste Expedition nach Akaba lag hinter, eine zweite für die Sommer- und Herbstmessungen noch vor ihr. »Und?«, fragte ich gespannt, nach einem flüchtigen Blick auf die Uhr. »Fixieren sie Stickstoff?« Die gebürtige Münchnerin, die zusammen mit Christian Wild nach Bremen gekommen war, schmunzelte und … nickte. Offenbar hat der Gaschromatograf nach diversen Anfangsschwierigkeiten doch noch die Arbeit aufgenommen.

Natürlich gehen die Erkenntnisse, die die Bremer Forscher im Roten Meer gewonnen haben, weit über den bloßen Nachweis der Stickstofffixierung durch Steinkorallen hinaus. Sie verglichen mehrere Korallenarten und andere Bodenbewohner der Riffs, maßen den Stickstoffverbrauch zu allen Jahreszeiten und untersuchten den Einfluss verschiedener Umweltparameter. Die Chancen stehen gut, dass man die Ergebnisse demnächst im Detail in der Zeitschrift *Nature* nachlesen kann, was einer Art Goldmedaille im internationalen wissenschaftlichen Forschungswettstreit gleichkäme. Christian Wild ist stolz auf seine Truppe. Sie seien jetzt ganz vorn mit dabei, sagt er, führend in der Welt. Schon werden Pläne geschmiedet, in welche Richtung die Forschung weitergehen könnte.

Eine Symbiose der Symbionten

Streng genommen liefert die Versuchsanordnung der Bremer Forscher keinen Beweis, dass wirklich Symbionten für die gemessene Stickstofffixierung verantwortlich sind. Es könnten Bakterien sein, die überall im Riff verbreitet sind und außen an den Polypen haften. In den letzten Jahren veröffentlichte Arbeiten sprechen aber für eine echte Symbiose, die bei immer mehr Korallenarten entdeckt wird, ob in der Karibik, in Hawaii, Bermuda, dem östlichen Pazifik, im Great Barrier Reef oder durch Christian Wild und seine Gruppe im Roten Meer.[30]

Der erste Nachweis eines stickstofffixierenden Bakteriums, das in den Zellen von Steinkorallen lebt, war 2004 einem Team um Michael Lesser[31] vom Center of Marine Biology in New Hampshire geglückt. In einer karibischen Art stießen die Amerikaner auf Cyanobakterien, die dank eines Inhaltsstoffes bei Sonnenlicht orange fluoreszieren, sodass leicht zu erkennen ist, welche Kolonien den Symbionten enthalten und welche nicht. Diese Cyanobakterien sind mit ein bis drei Tausendstel Millimetern Durchmesser noch um ein Vielfaches kleiner als *Symbiodinium*. Ein Quadratzentimeter der Korallenkolonie enthält aber mehr als zehn Millionen der winzigen Stickstofflieferanten. Neuesten Untersuchungen[32] zufolge beherbergen die karibischen Korallen noch weitere Bakterienarten, die über Nitrogenase-Gene verfügen und damit potenzielle Stickstofflieferanten sein könnten. Daher also bestätigten sich Befunde aus anderen Weltgegenden, etwa aus Hawaii[33], wo in zwei Korallenspezies 62 verschiedene DNA-Sequenzen dieses Gens gefunden wurden, mithin also mindestens 62 damit ausgestattete Bakterienarten existieren könnten. Der Vergleich mit Datenbanken ergab, dass sie vor allem zu den sogenannten »Proteobakterien« gehören. Überraschenderweise stieß man auch auf Formen, die nah mit den Rhizobien verwandt sind, den bekannten Knöllchenbakterien der Leguminosen. Die Zusammensetzung dieses gesamten »Konsortiums« stickstofffixierender Bakterien scheint für jede Korallenart spezifisch zu sein.[34]

Verbraucher des von den Bakterien nutzbar gemachten Stickstoffs sind nicht die Polypen, sondern in erster Linie die *Symbiodinium*-Zellen, die ihrerseits mittels Fotosynthese den hohen Energiebedarf der Bakterien decken.[35] Man könnte also fast von einer Symbiose der Symbionten sprechen. Doch was wie ein harmonisches und ausgewogenes Geben und Nehmen klingt, ist bei näherer Betrachtung voller Fallstricke. Denn beide Aktivitäten, die Fotosynthese der Dinoflagellaten und die Stickstofffixierung der Bakterien, stehen sich gegenseitig im Wege. Die Nitrogenase ist extrem empfindlich gegenüber Sauerstoff. Gibt es zu viel davon, wird das Enzym inaktiviert, noch mehr Sauerstoff zerstört es. Und was produziert die Fotosynthese? Zucker und … Sauerstoff. In Zeiten intensiven Lichteinfalls produziert *Symbiodinium* so viel davon, dass das Gewebe der Polypen mit Sauerstoff übersättigt ist. Nachts sinkt der Gehalt dann stark ab, weil alle den Sauerstoff durch ihre Atmung verbrauchen, die Polypen, die Algen und sogar die Cyanobakterien. Für die Fixierung von molekularem Stickstoff durch die Nitrogenase sind das eigentlich denkbar ungünstige Voraussetzungen.

Cyanobakterien verkörpern dieses Problem gewissermaßen in einer Zelle. Weil sie Fotosynthese betreiben, wurden sie früher »Blaualgen« genannt und dem Pflanzenreich zugerechnet. Gleichzeitig sind nicht wenige von ihnen in der Lage, Stickstoff zu fixieren, und atmen müssen sie auch, denn ganz ohne Sauerstoff können Cyanobakterien nicht überleben. Das klingt nach der berühmten Quadratur des Kreises. Wie soll das gehen? Den kleinen Multitalenten gelingt der Spagat, indem sie den Nitrogenase-Enzymkomplex nur in speziell ausgestatteten Zellen zum Einsatz bringen, den Heterozysten. Sie sind von einer undurchlässigen Zellwand umgeben, deren Dicke dem Sauerstoffgehalt der Umgebung angepasst ist. Solche Cyanobakterien bilden Ketten, fädige Strukturen, in denen sich etwa jede zehnte Zelle zu einer Heterozyste ausdifferenziert, einer gepanzerten Miniaturfabrik für chemisch gebundenen Stickstoff.

Ihre in Korallenpolypen lebenden Verwandten bilden jedoch keine Heterozysten. Bei ihnen werden die beiden schwer zu vereinbarenden Prozesse nicht räumlich, sondern zeitlich voneinander getrennt. Die Stickstofffixierung folgt einem ausgeprägten Tagesrhythmus und erreicht am frühen Morgen und am Abend ihr Maximum, zu einer Zeit also, da die Algen mangels Licht kaum noch Fotosynthese betreiben können. Aus dem gleichen Grund nimmt die Zahl der symbiontischen Cyanobakterien in den Polypen mit der Wassertiefe zu. Die abnehmende Lichtintensität drosselt die Fotosynthese, sodass das Zeitfenster für die Stickstofffixierung größer wird.[36]

Ein Holobiont

Ich weiß nicht, ob es Ihnen beim Lesen dieser Zeilen genauso ergangen ist wie mir. Je mehr ich über die faszinierende Biologie der marinen Riffbaumeister in Erfahrung gebracht habe, desto unsicherer bin ich bei der Beantwortung einer einfachen Frage geworden: Was ist das eigentlich, eine Koralle?

Schon eingangs war davon die Rede, dass wir gewohnt sind, Lebewesen als biologische Individuen zu betrachten, die alles, wozu sie in der Lage sind, aus sich selbst heraus leisten. Steinkorallen bilden in der Regel Kolonien, insofern stellen sie einen Sonderfall dar. Alle Polypen einer Kolonie sind aber einmal durch ungeschlechtliche Vermehrung aus einer einzigen winzigen Larve hervorgegangen, also genetisch identisch. Die ganze Kolonie ist gewissermaßen ein vielköpfiges Individuum.

Nun haben wir jedoch erfahren, dass Korallen – ob als Einzeltier oder Kolonie – ohne ihre Symbionten gar nicht dort wachsen könnten, wo wir sie und das durch ihr Wachstum entstandene Naturwunder Korallenriff bestaunen: in der Nährstoffwüste des weiten Ozeans. Sie hätten dort auch keine gebirgsgroßen Kalkmassive hervorbringen können. Zu Riffbaumeistern sind sie nur mithilfe der Dinoflagellaten geworden. Polyp und Alge brauchen wiederum die Stickstoffverbindungen, die von den Cyanobakterien geliefert werden. Wesentliche Eigenschaften und Fähigkeiten dessen, was wir als »Koralle« bezeichnen, sind gar nicht die Leistung *eines* Lebewesens, sondern das Ergebnis der Zusammenarbeit von makroskopisch sichtbaren Polypen mit winzigen Algen und Bakterien, die in ihren Zellen leben und zum Teil vor wenigen Jahren noch unbekannt waren.

Was also ist eine Steinkoralle? Ein Tier? Ja und nein. Die zoologische Wissenschaft behandelt sie wie alle anderen Tiere auch. Sie hat jeder Korallenart einen eigenen wissenschaftlichen Namen gegeben und sie nach Verwandtschaftsgruppen in ein zoologisches System eingeordnet. Es handelt sich um Nesseltiere (*Cnidaria*), zu denen auch Quallen, Seefedern und große einzeln lebende Polypen wie die Seeanemonen gehören. Die Nesseltiere wiederum bilden die wichtigste Gruppe der radiärsymmetrischen Gewebetiere.

Diese zoologische Betrachtung und Einordnung stützt sich auf die Morphologie der »nackten« Polypen. Eine Koralle ist jedoch mehr als nur *ein Tier.* Aus dem schon lange bekannten Duo Polyp/Alge ist mit der Entdeckung der Cyanobakterien ein Trio geworden oder sogar ein kleines Streichorchester, wenn man bedenkt, dass in fast jeder Polypenkolonie mehr als nur ein Algentyp und ein ganzer Trupp stickstofffixierender Bakterien existieren. Ohne diese Symbionten hätten die Korallenpolypen zwar noch immer die gleiche Gestalt, sie würden durch den Verlust der Algen aber ausbleichen und wären dort, wo sie aus einer kleinen Larve herangewachsen sind, kaum überlebensfähig. Eine Steinkoralle ist demnach ein aus mehreren Organismen zusammengesetztes Kollektiv, dem zwar einer, der Wirt, der das Sagen hat, seine Gestalt verleiht, das aber nur als Ganzes (griechisch: *holos*) zu dem wird, was wir unter diesem Namen kennen. Die Biologie der Korallenpolypen ist nur zu verstehen, wenn man das ganze Wesen betrachtet, den »Holobionten«.

Diese geheimnisvoll klingende Wortschöpfung stammt aus den 1990er-Jahren, einer Zeit also, als Verbreitung und Vielfalt von Mikroorganismen noch weit unterschätzt wurden. Ursprünglich bezeichnete sie den Wirt, speziell ein Nesseltier, und seine damals bekannten Symbionten, im Falle der Korallen also die Polypen und ihre *Symbiodinium*-Partner. Der Begriff hat sich nie wirklich durchsetzen können, bis ihn die amerikanischen Mikrobiologen Forest Rohwer und Nancy Knowlton vor einigen Jahren aufgriffen und an die modernen Erkenntnisse anpassten.[37] Ein Holobiont in Sinne von Rohwer und Knowlton umfasst einen Wirtsorganismus und sein gesamtes Mikrobiom, also alle mit ihm vergesellschafteten Mikroorganismen. Folgerichtig umfasst das Genom eines Holobionten, sein Hologenom, die Erbanlagen aller Organismen, die diesen Holobionten ausmachen. Es ist viel größer als das Genom des Wirts und eröffnet diesem Optionen, über die er allein nicht verfügen würde.

Auch wenn der Begriff »Holobiont« mit Vorsicht zu gebrauchen ist, weil in der konkreten Forschungsarbeit weiterhin streng zwischen den verschiedenen Organismen und ihren jeweiligen Fähigkeiten und Beiträgen für das Ganze unterschieden werden muss, gefällt er mir viel besser als andere, die synonym gebraucht werden. Weder »Superorganismus« noch »Metaorganismus« hätten in mir die seltsame Erregung auslösen können, die mich in Akaba ergriffen hat und letztlich zur Niederschrift dieses Buches führte. »Holobiont« – seit ich diesen Begriff und das Phänomen, das er beschreibt, kenne, erklingt in meinem Kopf kein einzelner Ton, sondern ein vielstimmiger Akkord, wenn ich an Korallen denke. Anders als seine nach marktschreierischer Werbung klingenden Pendants vermittelt er, dass wir es hier mit einem neuen, fundamental anderen Blick auf Lebewesen zu tun haben, dass wir unsere Idee, unser Konzept davon, was Lebewesen sind, radikal verändern müssen, nicht nur im Falle der Korallen oder der Menschen mit ihrem schier unüberschaubaren Mikrobiom.

Doch ich will nicht vorgreifen. Bleiben wir noch einen Moment bei den Korallen, sie haben noch mehr zu unserem Thema beizutragen. Denn was, trotz der Komplikationen im Detail, als kleine Streichergruppe aus Polypen, Algen und Cyanobakterien noch relativ übersichtlich erschien, verwandelte sich im Verlauf der vergangenen zehn Jahre in ein riesiges Orchester, insbesondere, nachdem an Korallen erste metagenomische Analysen durchgeführt wurden. Man wusste schon länger, dass sie mit weiteren Mikrobenarten assoziiert sind. In den Hohlräumen ihrer Kalkskelette leben Pilze und Algen, und in dem Schleimmantel, in den jeder Polyp gehüllt ist, sind zahlreiche Bakterien zu finden. Doch nur fünfzehn dieser Arten hatte man isolieren, im Labor züchten und untersuchen können. Mit den neuen kulturunabhängigen molekularbiologischen Methoden erhöhte sich diese Zahl auf mehrere Tausend. Innerhalb weniger Jahre war aus dem vermeintlich einfachen Korallenholobionten ein hochkomplexes System mit Hunderten von Partnerorganismen geworden.[38]

Korallenschleim enthält Mikroben in einer Dichte, die größer ist als auf der menschlichen Haut und um den Faktor 100 bis 1000 über der des gewiss nicht mikrobenarmen Meerwassers liegt. Die Zusammensetzung dieses Korallenmikrobioms ist aber eine ganz andere als die des Meerwassers und sie unterscheidet sich erheblich, je nachdem, welche Körperregion betrachtet wird. Die Bedingungen an der exponierten Tentakelspitze unterscheiden sich von denen in Mundnähe, in der Enge der Kolonie herrschen andere Verhältnisse als am Rand, und überall finden sich die entsprechenden Standortspezialisten unter den Mikroben ein. Der größte Teil der winzigen Schleimbewohner scheint nicht im Wasser, sondern nur an ihrem Wirtsorganismus zu leben.

Marine Mikrobiologen kommen aus dem Staunen nicht mehr heraus. Ein Großteil dessen, was sie an den Korallen finden, war ihnen zuvor unbekannt. Dabei sind von den mehr als 800 Korallenarten der Welt erst eine Handvoll genauer untersucht worden. Und nicht nur außen im Schleimmantel, auch im Inneren, im Gastralraum, herrscht ein reges Mikrobenleben. Bis vor Kurzem hatte man geglaubt, der »Bauchinhalt« der Polypen stünde in lebhaftem Wasseraustausch mit der Umgebung und würde sich deshalb kaum von dieser unterscheiden. Japanische Untersuchungen, die sich raffinierter Mikromanipulationen bedienen, zeigen das Gegenteil. Der Gastralraum entpuppte sich als ein halb-geschlossenes System, und je tiefer die Forscher in sein Inneres vordrangen, desto spezieller wurden die Verhältnisse und die dort lebende Mikrobengesellschaft. Bestimmte chemische Verbindungen wie Phosphate und Vitamine liegen im Gastralraum in hoher Konzentration vor und entstehen vermutlich unter Beteiligung der dort lebenden Bakterien.[39]

Diese Vielfalt der Mikrolebensräume im Ökosystem Koralle erinnert an die Verhältnisse beim Menschen, wo Darm, Mundhöhle, Vagina, Achselhöhlen, Handflächen und Leistengegend, um nur einige Körperregionen zu nennen, ebenfalls von unterschiedlichen Mikrobengemeinschaften bewohnt werden. Dabei hatten wir uns von den Korallen mit ihrem einfachen Körperbau überschaubarere Verhältnisse und Antworten auf die Fragen erhofft, welche Bedeutung den Körpermikroben zukommt und wie die Interaktionen zwischen Wirt und Mikroorganismen beschaffen sind. Nun müssen wir konstatieren, dass die Wissenschaftler über einzelne herausragende Vertreter wie *Symbiodinium* viel in Erfahrung gebracht haben. Von einem tieferen Verständnis des Holobionten Koralle aber sind sie weit entfernt und bis auf Weiteres noch damit beschäftigt, Ordnung in das aufgespürte Mikrobengewimmel zu bringen.

Glücklicherweise haben wir ein weiteres Eisen im Feuer. In der Nesseltier-Verwandtschaft gibt es kleine, unscheinbare Lebewesen, die im Hinblick auf ihre Mikroben mehr – oder besser: deutlich weniger – zu bieten haben, obwohl die Verhältnisse auch hier im Detail so faszinierend komplex sind, dass sie die Forscher noch lange beschäftigen werden. Gemeint sind die Süßwasserpolypen der Gattung *Hydra*. Sie sehen aus wie die schlanke Version eines Korallenpolypen, bilden aber keine Kolonien und leben als Einzeltiere ausschließlich in Seen und Fließgewässern, auch bei uns in Mitteleuropa.

Zusammen mit *Hydra* betritt auch der an der Kieler Christian-Albrechts-Universität arbeitende Biologe Thomas C. G. Bosch die Bühne, einer der wichtigsten und enthusiastischsten wissenschaftlichen Protagonisten der modernen Holobionten-Forschung. Er hat den kleinen, meist nur wenige Millimeter großen Korallenverwandten, die sich problemlos im Labor halten lassen, viele Jahre seines Forscherlebens gewidmet und wird das wohl auch weiter tun, da die Arbeit mit diesen Tierchen ihm und seinen Mitarbeitern reiche wissenschaftliche Ernte eingebracht hat. Wenn man dem Miteinander von Wirten und ihren Mikroben auf die Spur kommen wolle, das wird Thomas Bosch in zahlreichen Publikationen nicht müde zu betonen[40], gebe *Hydra* einen idealen Modellorganismus ab. Ihr Genom sei seit 2010 entziffert und mehr als Hälfte der menschlichen Proteine finde sich in fast identischer Form auch beim Süßwasserpolypen wieder.[41] Sie seien uns und unserer Wirbeltierverwandtschaft viel ähnlicher, als ihr einfacher Körperbau vermuten ließe. An Thomas Bosch, der von ihm geleiteten Arbeitsgruppe und »seinen« *Hydras* kommen wir nicht vorbei.

Als der Kieler Forscher und sein Doktorand Sebastian Fraune 2007 die erste molekularbiologische Analyse[42] der mit *Hydra* vergesellschafteten Bakterien durchführten, geschah dies eher zufällig, wie Thomas Bosch heute sagt, nicht etwa deshalb, weil irgendjemand geahnt habe, was für ein »vollkommen unerwartetes« Resultat man erhalten würde. »Damals kam ein junger Mann zu mir, ein Mikrobiologe, und sagte, er wolle die Bakterien der *Hydra* untersuchen. Da habe ich gesagt: okay.«[43] Man habe einfach die neuen technischen Möglichkeiten am eigenen Versuchstier ausprobieren und natürlich etwas über Mikroben der Süßwasserpolypen erfahren wollen. Man wusste damals fast nichts darüber. Was dann aber herauskam, war eine derartige Überraschung, dass sich sogar die eigentlich anonymen Gutachter ihres zur Veröffentlichung eingereichten Artikels noch während des Review-Prozesses bei ihnen meldeten, weil sie die Daten für einen Übersichtsartikel verwenden wollten, an dem sie gerade arbeiteten. Erst da sei ihnen klar geworden: »Wow, ist wohl spannend, was wir hier rausgefunden haben.«[44]

»Er kam damals hier herein und sagte: Thomas, die haben verschiedene Bakterien. Ich dachte, das ist komplett unmöglich.« Fraune hatte zwei einheimische Arten untersucht, *Hydra vulgaris* und *Hydra oligactis*, Stämme, die Thomas Bosch seit mehr als dreißig Jahren unter konstanten Bedingungen im Labor gehalten hatte. »Identische Haltungsbedingungen, identische Kulturmedien, Futter, alles identisch. Und da kommt jemand und behauptet, die Tiere in der Schale hätten die Bakterien und die in der daneben hätten andere ... Wie soll denn das gehen? Ich habe das auch gesagt. Ich sagte, das kann nicht sein. Ich glaube das nicht. Geh raus, such die Viecher und mach das Gleiche mit Freilandtieren. Ich wusste damals gar nicht, ob es die hier überhaupt gibt.«[45]

Es gab sie, und die Verblüffung der beiden Forscher war groß, als diese im Freiland in der Nähe von Kiel gesammelten Exemplare ganz ähnliche artspezifische Bakterienmuster aufwiesen wie die Laborstämme, obwohl diese Mikroben im Wasser nicht aufzufinden waren. Offenbar hatte sich auf und in den Labortieren über viele Generationen und Jahrzehnte hinweg eine Bakteriengemeinschaft erhalten, die spezifisch für die jeweilige *Hydra*-Art war. Das konnte kein Zufall sein und war nur zu erklären, wenn die Polypen beziehungsweise ihre Zellen dabei eine aktive Rolle gespielt hatten. Auf irgendeine Weise sorgten sie dafür, dass ihre spezifische Mikrobenflora über Jahrzehnte erhalten blieb. Ohne eine ganz bestimmte Kollektion dieser Winzlinge schien es nicht zu gehen. Die Zahl der Bakterienarten war gering, bei *Hydra vulgaris* waren es mehr als bei *Hydra oligactis*, wobei in letzterer ein bisher unbekanntes Bakterium entdeckt wurde, das in den Epidermis-Zellen lebt. Späteren Untersuchungen zufolge umfasst das Mikrobiom erwachsener *Hydra*-Polypen zwischen 100 und 1000 verschiedene Bakterienarten.[46] Mittlerweile sind die Mikrobengemeinschaften von vier weiteren *Hydra*-Arten analysiert worden, und jede einzelne ist unverwechselbar. Auch wenn man Polypen unterschiedlicher Arten über Wochen in kleinen Gefäßen zusammenhält, ändert das nichts an ihrem charakteristischen Mikrobiom. Die lange Isolation im Labor ist also nicht daran schuld, dass jeder *Hydra*-Holobiont sich in einer bestimmten artspezifischen Zusammensetzung präsentiert.[47]

Das Gleiche scheint, innerhalb gewisser Grenzen, auch für die wesentlich artenreicheren ozeanischen Steinkorallen zu gelten. Jede Korallenart ist Träger einer spezifischen Bakteriengemeinschaft. Zwei benachbarte Korallenkolonien, die verschiedenen Arten angehören, unterscheiden sich in ihrem Bakterienbesatz, während weit entfernte Kolonien der gleichen Art viele Gemeinsamkeiten aufweisen.[48]

All das spricht dafür, dass wir es hier nicht mit zufälligen Ansammlungen zu tun haben. Die Epidermis gesunder Süßwasser- und Korallenpolypen trifft eine Auswahl und formt die Bakteriengemeinschaft, die sich in der von ihr produzierten Schleimschicht niederlässt. Mittlerweile konnte die Arbeitsgruppe von Thomas Bosch auch erste Hinweise dafür finden, wie das geschieht. Wir werden noch darauf zurückkommen (s. Kap. 6). Hat sich das Mikrobenkollektiv erfolgreich etabliert, wirkt es selbst dabei mit, diesen Status quo zu erhalten, indem es verhindert, dass sich in seinem Schleimschlaraffenland Bakterien ausbreiten, die nicht zu dieser Gemeinschaft gehören und deren fein austariertes Zusammenleben stören könnten. Man will unter sich bleiben und verteidigt seinen Platz an der Sonne und damit auch die Integrität und Gesundheit des Ganzen. Ein Holobiont ist keine bunt zusammengewürfelte Zufallsgemeinschaft. Von einigen Gelegenheitsbesuchern abgesehen – Margaret McFall-Ngai und Thomas Bosch nennen sie »Touristen« – sind die Partner, die sich zu ihr zusammenfinden, nicht beliebig, sondern haben eine lange gemeinsame Evolutionsgeschichte hinter sich.

Die glitschige Körperbedeckung schützt die empfindlichen Korallen vor Verletzungen, das wusste man, lange bevor sich herausstellte, wie beliebt das zuckerreiche Sekret bei Bakterien ist. Als Teil des riffeigenen Recyclingsystems ist der Schleim aber darüber hinaus für das ganze Ökosystem von Bedeutung

– ein Lieblingsthema der Bremer Arbeitsgruppe um Christian Wild und Malik Naumann.[49] In großer Menge produziert, wirkt er wie ein klebriges Netz, das ausgeworfen wird, um kleinste Schwebstoffe und Mikroben aus dem Wasser zu fischen, und wird dadurch zu einer wertvollen Stickstoff- und Kohlenstoffquelle, die Riffbewohner gern verschlucken, nicht zuletzt die Polypen selbst. Offenbar ist der Mangel groß, sodass alle Möglichkeiten ausgeschöpft werden müssen.

Die Tatsache, dass die Polypen ihren Schleim selbst verzehren, brachte die Forscher nun auf einen faszinierenden Gedanken. Angesichts der neuen Erkenntnisse halten sie es für möglich, dass gesunde Polypen sich quasi als Farmer oder Züchter betätigen, indem sie innen wie außen optimale Bedingungen für ein üppiges Bakterienwachstum schaffen, das auch der eigenen Ernährung dient. In den komplizierten Binnenbeziehungen eines Holobionten geht es offenbar nicht immer nur freundlich zu.

3. Dreieinhalb Milliarden Jahre unter sich – Mikroben und die Urerde

Mensch und Steinkoralle sind zoologisch gesehen an weit entfernten Ästen des Stammbaumes untergebracht. Unterschiedlicher können irdische Tiere kaum sein, dennoch leben beide in Gemeinschaft mit einer großen Zahl von Mikroben. Beide sind Holobionten, auch wenn der *Homo sapiens*, soweit wir wissen, keine Symbiosepartner besitzt, die für ihn so wichtig sind wie *Symbiodinium* für die Korallen. Das ist aber auch nicht erforderlich. Entscheidend ist zunächst nur die beobachtete Regelhaftigkeit ihres Zusammenlebens. Der Wirt, gewissermaßen das Zentralgestirn eines Holobionten, tritt nie ohne kleine Begleiter auf, und in vielen Fällen gilt dies auch umgekehrt – eine verschworene Gemeinschaft.[1] Dafür muss es natürlich Gründe geben, und sei es nur, dass der eine große Organismus für die vielen kleinen einen geeigneten Lebensraum darstellt, ohne durch diese Besiedlung in irgendeiner Weise beeinträchtigt zu werden. Das Beispiel *Hydra* zeigt, dass eine spezifische Körpermikrobengemeinschaft auch dann erhalten bleiben kann, wenn die Tiere über Jahrzehnte unter künstlichen und konstanten Bedingungen im Labor gehalten werden. Einmal Holobiont, immer Holobiont? Dahinter muss mehr stecken als ein schnödes Untermieterverhältnis.

Kann diese Parallele zwischen Mensch und Nesseltier Zufall sein? Oder haben wir uns zwei seltene Ausnahmen herausgepickt, denen ein Riesenheer an mikrobenfreien Pflanzen und Tieren gegenübersteht?

Sicher ahnen Sie die Antwort. Was hier an zwei sehr unterschiedlichen Beispielen in einigen Details dargestellt wurde, gilt für jeden Organismus auf diesem Planeten, ob Pflanze oder Tier, ob groß oder klein, ob zu Wasser oder zu Lande. Wir – im Sinne von: wir irdischen Vielzeller – sind keine Einzelwesen, sondern Holobionten. Dank der neuen molekularbiologischen Methoden ist die Beweislast erdrückend – auf den folgenden Seiten werden Sie viele weitere Beispiele kennenlernen. Eine kleine Einschränkung muss aber sein, denn natürlich sind nicht alle Pflanzen- und Tierarten schon diesbezüglich untersucht worden. Das sollte uns jedoch nicht weiter beunruhigen. Man hat sich auch nicht bei jeder einzelnen der zig Millionen Organismenarten davon überzeugt, dass sie DNA als Erbsubstanz enthält und wirklich aus Zellen besteht, und doch gehen wir mit großer Zuversicht davon aus, dass es sich genau so verhält.

»Das Wort *Tatsache* birgt für Biologen immer die Gefahr, dass sie in ihren Schuhen zu zittern beginnen«, schreibt der britische Biochemiker und Buchautor Nick Lane.[2] Natürlich übertreibt er, aber die Biologie tut sich tatsächlich schwer mit absoluten Aussagen – in der belebten Welt gibt es einfach immer zu viele Ausnahmen. Dass Lebewesen aus Zellen zusammengesetzt sind und DNA als Träger der Erbinformation enthalten, gehört jedoch zu den ehernen Gesetzen der Biologie, die zu vertreten nicht allzu viel Angstschweiß kostet. Es sind Grundeigenschaften allen Lebens auf der Erde, und weil sie (und einige andere biochemische Charakteristika) ausnahmslos allen irdischen Lebensformen eigen sind, können wir ziemlich sicher sein, dass alle diese Organismen einen gemeinsamen Ursprung haben, ja, wir können daraus sogar einiges darüber ableiten, wie der liebevoll LUCA[3] genannte letzte gemeinsame Vorfahre aller irdischen Lebewesen beschaffen war. Es handelte sich zweifellos um eine Zelle, die ihre Erbinformation in Gestalt der DNA-Doppelhelix speicherte, eine Lebensform, die wir, begegnete sie uns heute, als Mikrobe bezeichnen würden.[4]

Die neuen Erkenntnisse der Mikrobiologen zeigen, dass man diesen elementaren Eigenschaften lebender Wesen noch eine weitere hinzufügen muss, und ich tue dies in Abwandlung eines bekannten Songtextes: Leben kann man nicht alleine.[5] Mikroben sind und waren immer mit dabei. Schon LUCA war eine Mikrobe, die vermutlich in enger Gemeinschaft mit anderen Mikroben lebte.

Bevor wir fortfahren, uns mit der Vielfalt der Holobionten und ihrem Innenleben zu beschäftigen, sollten wir einen kurzen Ausflug in die Frühgeschichte des Lebens unternehmen. Er wird uns zeigen, dass es wohl gar nicht anders kommen konnte, außerdem bietet er Gelegenheit, Klarheit in unsere bisher recht unscharfe Terminologie zu bringen. Wenn wir und alle anderen Lebewesen schon gezwungen sind, mit einer riesigen Zahl von Mikroben gemeinsam in unseren Körpern zu leben, sollten wir etwas genauer wissen, mit wem wir es eigentlich zu tun haben.

Ein fiebriges Planetenkleinkind

Während ich diese Zeilen schreibe, berichtet die Presse über ein von niederländischen Investoren initiiertes Projekt, das bis zum Jahr 2025 eine von Menschen besiedelte Station auf dem Mars errichten will. Die Resonanz auf diesen verwegenen Plan war erstaunlich. 200 000 Verrückte, Entschuldigung!, wagemutige Menschen aus aller Welt bewarben sich um einen der raren Plätze, 1058 sind nun in die engere Wahl gekommen.[6] Für die Auserwählten wird es eine Reise ohne Wiederkehr sein. Ein Rückflug ist nicht vorgesehen. Sollte das Projekt tatsächlich realisiert werden, wird das Grab dieser Menschen auf dem Mars ausgehoben werden müssen, und bis es so weit ist, dürfte ihnen eine harte Zeit bevorstehen. Beinahe genüsslich werden in den Medien die unwirtlichen Bedingungen beschrieben, unter denen die Marspioniere zu leben gezwungen sein werden: eine mittlere Temperatur von -55 Grad Celsius mit drastischen Unterschieden zwischen Tag und Nacht, verheerende Staubstürme, ein extrem geringer Luftdruck und eine Atmosphäre, die jede Menge Kohlendioxid, aber kaum Sauerstoff enthält.

Das klingt alles andere als angenehm, ist aber ein Klacks im Vergleich zu den wahrhaft infernalischen Zuständen, die auf der jungen Erde geherrscht haben müssen. Niemand, der noch einigermaßen bei Verstand ist, würde es wagen, einen solchen Höllentrip anzutreten. Giftige Gase, Asche und Ruß verdunkelten die damals noch deutlich schwächeren Sonnenstrahlen. Das Bombardement aus dem All ließ zwar nach, doch noch immer wurde das gespenstische Zwielicht häufig von Lichtblitzen aufgehellt, wenn der steinerne Abfall, der bei der Entstehung des Sonnensystems übrig geblieben war, in die Atmosphäre eindrang, verglühte oder sogar die Erdoberfläche erreichte. Der Planet drehte sich wie rasend um sich selbst, sodass ein Tag nur fünf oder sechs Stunden dauerte, am Himmel schwebte eine riesige Mondscheibe, deren vernarbte Oberfläche noch heute von der Gewalt dieser Einschläge kündet. Auf der Erde hatten sie mehrfach dafür gesorgt, dass die Ozeane ganz oder teilweise verdampften und sich buchstäblich in Luft auflösten.

Als die Lage sich vor knapp vier Milliarden Jahren endlich zu beruhigen begann, war die Erde bis auf ein paar rauchende Vulkaninseln vollständig von Wasser bedeckt, doch dieses Meer war außer Rand und Band, nicht nur wegen der ungeheuren Kraft des im Vergleich zu heute viel näheren Trabanten, die das Wasser in seinen Becken mit der Gewalt eines Tsunamis hin- und herschwappen ließ. Noch einmal Nick Lane: »Die Ozeane waren regelmäßig aufgewühlt und kochten. Auch in der Tiefe siedeten sie. Die Kruste war von Brüchen durchzogen, Magma quoll hervor und kringelte sich, Vulkane verhalfen der Unterwelt zu permanenter Präsenz. Es war eine Welt außer Gleichgewicht, eine Welt von rastloser Aktivität, ein fiebriges Kleinkind von Planet.«[7]

Mit anderen Worten: Es war eine albtraumhafte Welt, und doch war es die, auf der Leben entstand, die einzige Form von Leben, die wir kennen. Wie genau dies geschah, wird wohl auf ewig ein Geheimnis bleiben, obwohl von fantasievollen Wissenschaftlern mittlerweile sehr plausibel klingende Szenarien ausgemalt wurden. Vieles spricht dafür, dass die Wiege des Lebens in der Tiefsee lag, in einem bestimmten Typ hydrothermaler Quellen, die erst im Jahr 2000 mithilfe des Tauchbootes *Atlantis* entdeckt wurden. Während aus den bekannten Schwarzen Rauchern, die direkt über Magmakammern liegen, saures, etwa 400 Grad heißes Wasser austritt, strömt hier, einige Kilometer vom Mittelatlantischen Rücken entfernt, deutlich kühleres und alkalisches Wasser aus der Erdkruste und lässt bis zu 60 Meter hohe Schlote in die Höhe wachsen, die aus Silikaten, Carbonaten und eisenhaltigen Mineralien bestehen. Aus der Ferne wirken sie solide, bei näherer Betrachtung aber entpuppen sie sich als schwammartige Gebilde mit einem filigranen Innenleben voller winziger Hohlräume und Kanäle.

»*Lost City*« hat man diese von der *Atlantis* entdeckte Ansammlung hydrothermaler Quellen genannt, ein seltsamer Name für eine mögliche Wiege des Lebens. Denn glaubt man Michael Russel vom California Institute of Technology und seinem an der Universität Düsseldorf forschenden Landsmann William Martin, dann waren hier genau die chemischen und physikalischen Voraussetzungen gegeben, die es für die Entstehung erster einfacher Lebensformen brauchte.[8] Weitgehend geschützt vor den Turbulenzen an der Oberfläche, sogar vor letzten größeren Einschlägen, die die von Licht durchdrungenen oberen Wasserschichten verdampften und die gesamte Planetenoberfläche sterilisierten[9], konnten in den Hohlräumen der Tiefseeschlote die dafür nötigen chemischen Ingredienzen entstehen und sich über lange Zeiträume ansammeln. Aus der Sicht von Martin und Russel, die mittlerweile von vielen Forscherkollegen geteilt wird, war die Entstehung des Lebens daher kein Wunder, sondern geradezu eine physikalisch-chemische Zwangsläufigkeit, was diese Vorgänge und erst recht ihr Ergebnis in meinen Augen nicht weniger wunderbar erscheinen lässt.

Es ist hier nicht der Ort, um den Gedankengängen der beiden Forscher im Detail zu folgen.[10] Uns interessiert, wie es weiterging, was nach der Entstehung der ersten Zellen geschah, unter ihnen LUCA, der letzte gemeinsame Vorfahre aller bekannten Lebensformen.

Erste Zellen gab es wahrscheinlich schon in der postapokalyptischen Zeit, die eingangs geschildert wurde. In 3,8 Milliarden Jahre altem Gestein Grönlands finden sich erste mögliche Lebensspuren, die allerdings chemischer Natur und Gegenstand anhaltender Kontroversen sind. Auch über die 3,5 Milliarden Jahre alten vermeintlichen Mikrofossilien aus North Pole, Westaustralien, gab es heftige Auseinandersetzungen.

Neben kugeligen und stäbchenförmigen Gebilden fanden sich dort fädige Strukturen, Zellketten, wie man sie auch von heutigen Cyanobakterien kennt. Tatsächlich sind diese uralten Spuren im Gestein ihren modernen Pendants so ähnlich, dass sie kaum voneinander zu unterscheiden sind. Aber handelt es sich wirklich um Überreste von Zellen oder können diese Gebilde auch auf andere Weise entstanden sein, ohne Beteiligung von Lebewesen?

Aus dieser Zeit stammen auch erste Zeugnisse von Stromatolithen, säulenförmigen, feingeschichteten Strukturen, die von Mikrobenmatten und daran haftendem Sediment erzeugt werden. Ein Beweis, dass diese frühen fossilen Überlieferungen tatsächlich von Lebewesen erzeugt wurden, ist jedoch kaum zu führen. Lebende, erst in den 1950er-Jahren entdeckte Stromatolithen, ein UNESCO-Weltnaturerbe, kann man noch heute an der westaustralischen Küste bewundern. Bis vor einer Milliarde Jahren waren diese Gebilde an fast allen Meeresküsten weit verbreitet, dann gingen sie stark zurück, vermutlich weil zwischenzeitlich Tiere entstanden waren, die die Mikrobenmatten abweideten. Den heute noch existierenden Stromatolithen bleibt dieses Schicksal erspart, weil sie in stark salzhaltigem Wasser heranwachsen. Tiere, die sie fressen könnten, zum Beispiel Schnecken, haben darin kaum eine Überlebenschance.

Mikrofossilien aus der Frühzeit des Lebens »sind extrem schwer zu identifizieren und Gegenstand fortwährender Kontroversen«, sagen die Fachleute.[11] Glücklicherweise konnten sie sich über etwas jüngere Funde, zum Beispiel aus Südafrika, weitgehend einig werden. Daher herrscht nun im Großen und Ganzen Konsens, dass bakterielles Leben schon vor 3,4 Milliarden Jahren erste Blüten entfaltet hatte. Seine Ursprünge, die sich im Dunkel der Vorzeit verlieren, darf man daher noch etliche Millionen Jahre früher vermuten. LUCA, unser *last universal common ancestor*, wird heute in der Zeit vor etwa vier Milliarden Jahren oder sogar noch früher angesiedelt. Es ist allerdings unwahrscheinlich, dass die Forscher jemals auf seine Fossilien stoßen werden, denn so altes Gestein ist auf der Erde sehr selten, und an den wenigen Orten, wo man es finden kann, wurde es von geologischen Prozessen derart verändert und verformt, dass kaum Hoffnung besteht, darin noch gut erhaltene Lebensspuren zu finden.[12]

Je jünger das fossilientragende Gestein, desto vielfältiger werden die Mikroben, die man darin gefunden hat, und immer wieder zeigen sich verblüffende Ähnlichkeiten zu modernen Formen, doch ein realistisches Bild des damals existierenden Mikrobenlebens erhält man auf diese Weise nicht. Schon die Entstehung von Fossilien ist ein seltener Glücksfall, diese dann Hunderte von Millionen Jahre später zu entdecken, ist ein zweiter. Die Fossilüberlieferung ist naturgemäß äußerst lückenhaft, und für die Frühzeit des Lebens gilt das erst recht.

Dazu kommt, dass Bakterien nur wenige äußerliche Merkmale besitzen, die man an fossilen Überresten erkennen und zu ihrer genaueren Bestimmung nutzen könnte. Fossilien von Insekten zeigen dagegen oft viele morphologische Details, sodass sie bekannten Verwandtschaftsgruppen zugeordnet werden können. Für Trilobiten und Ammoniten wurden detaillierte Stammbäumen konstruiert, obwohl diese Tiergruppen schon lange ausgestorben sind. Bei Bakterien ist das unmöglich. Manche sind stäbchenförmig oder oval lang gestreckt, andere kugelig, wieder andere spiralig gewunden, aber damit hat sich ihre morphologische Bandbreite schon weitgehend erschöpft.

Mikrofossilien liefern den Beweis, dass Bakterien schon früh in der Erdgeschichte eine beachtliche Formenvielfalt erreicht haben, doch sie bieten kaum mehr als ein Guckloch, durch das man einen winzigen Ausschnitt eines riesigen Raumes erkennen kann. Der Rest bleibt in undurchdringliche Finsternis gehüllt.

Versierte Chemiker

Bei Bakterien kommt es auf die inneren Werte an, die kein Fossil überliefern kann, auf ihre unglaublichen chemischen Fähigkeiten, die es ihnen erlauben, unter den unterschiedlichsten, für andere Lebensformen nicht selten tödlichen Bedingungen zu überleben. Ein Gutteil dieser Fähigkeiten dürften sie schon sehr früh erworben haben, lange bevor ein von ihnen selbst erzeugtes Abfallprodukt die Bedingungen auf der Erde radikal zu verändern begann: Sauerstoff.

Ein Leben ohne dieses Gas können wir uns kaum vorstellen. Ohne Sauerstoff sterben wir innerhalb weniger Minuten, und nicht nur wir. Alles Lebendige, das wir um uns herum sehen und erleben, ob Pflanze oder Tier, braucht Sauerstoff, atmet. Das hat auch Eingang in unsere Sprache gefunden. Wenn wir sagen, wir brauchten irgendwas wie die Luft (beziehungsweise den darin enthaltenen Sauerstoff) zum Atmen, meinen wir, dass das, was wir uns da wünschen, für uns essenziell und lebenswichtig ist. Sauerstoff, ein Gas, dessen irdische Existenz wir Bakterien zu verdanken haben, ist unser Lebenselixier. Im Mikrokosmos gilt das nicht.

Bakterielles Leben entwickelte sich in einer anoxischen Welt, einer Welt ohne freien Sauerstoff. In gebundener Form gab es ihn auch auf der jungen Erde in riesigen Mengen, im Gestein, im Wasser, im Kohlendioxid. Eine Büchse der Pandora. Einmal daraus befreit, stellte der Sauerstoff die Welt auf den Kopf. Bis es so weit war, vergingen aber schier unendliche 1500 Millionen Jahre, in denen Bakterien problemlos ohne dieses Gas auskamen, ja, für viele von ihnen war der erste freie Sauerstoff ein tödliches Gift. Die Fähigkeit, in einer Umwelt ohne O_2 zu existieren, haben viele Bakterien sich bis heute bewahrt[13], und über Milliarden Jahre sind sie nahezu die einzigen Organismen geblieben, die das dafür nötige enzymatische Rüstzeug besitzen. Ein Leben im Gedärm von Mensch oder Tier wäre für sie sonst unmöglich.

Wenn es auch ohne geht, wozu brauchen *wir* dann Sauerstoff? Energiereiche organische Verbindungen, die wir mit unserer Nahrung aufnehmen, werden oxidiert und die dabei gewonnenen Elektronen über verschiedene komplizierte biochemische Zwischenschritte auf Sauerstoff als Empfänger übertragen.[14] Sie werden »veratmet«. Als Endprodukt entsteht (CO_2 und) Wasser. Indem sie die aus der Nahrung stammenden Elektronenbälle nicht vom 20. Stock auf den Boden prallen, sondern über viele kleine Treppenstufen auf ein niedriges Energieniveau kullern lassen, haben es Organismen geschafft, die berühmte heftig verlaufende Knallgasreaktion von Wasser- und Sauerstoff zu zähmen und dabei chemische Energie für ihre eigenen Lebensprozesse zu gewinnen. Sie verwahren diese Energie in Gestalt eines Moleküls, das allen Lebewesen eigen ist und somit auch schon LUCA als Energiespeicher gedient haben muss: Adenosintriphosphat oder kurz ATP.

Da den Bakterien auf der Urerde kein Sauerstoff zur Verfügung stand, verwendeten sie andere Moleküle als Empfänger der Elektronen, zum Beispiel anorganische Schwefel-, Stickstoff- oder Eisenverbindungen. Und solange energiereiche Moleküle, die in der Regel von Lebewesen synthetisiert werden, noch nicht in ausreichendem Maße vorhanden waren, diente ihnen das als Elektronenquelle, was sie in ihrer Umwelt vorfanden, etwa Wasserstoff, Schwefelwasserstoff oder Ammoniak. Auch bei diesen Prozessen wird Energie frei, die chemisch gespeichert werden kann. Das Problem ist nur: Es ist bei Weitem nicht so viel wie bei Verwendung von Sauerstoff. Die Strecke, die die Elektronenbälle bei ihrem Fall aus dem Fenster zurücklegen, ist deutlich kürzer. Für anspruchslose Bakterien, die mitunter ein Leben auf extremer Sparflamme führen, reicht die Energieausbeute, für vielzellige Organismen mit ihrem erheblich höheren Energiebedarf offenbar nicht.

Licht, Wasser und Sauerstoff

Diese alternativen bakteriellen Lebenswege und ihre für uns ungewöhnlichen Energiegewinnungsmethoden existieren noch heute, und sie sind so vielfältig, dass ihre Beschreibung dicke Bücher füllt. Uns geht es hier jedoch nur ums Prinzip, und so wollen wir es auch bei der revolutionären Entdeckung halten, mit deren Hilfe sich einige Bakterien eine weitere, schier unerschöpfliche Energiequelle erschlossen haben: dem Sonnenlicht.

Wieder stoßen wir zunächst an die Grenzen unserer Vorstellungskraft. Denn die Fotosynthese, wie wir sie kennen, benötigt CO_2 und Wasser und erzeugt daraus mithilfe des Sonnenlichts Zucker und als Nebenprodukt Sauerstoff. Man nennt sie deshalb »oxygen«. Diese anspruchsvolle, von allen grünen Pflanzen praktizierte Nutzung des Sonnenlichts ist aber nur einer von mehreren möglichen Wegen und sicher nicht der erste, der in der Erdgeschichte beschritten wurde.

Von entscheidender Bedeutung für das Verständnis der Fotosynthese und ihrer Entstehung ist die Herkunft des frei werdenden Sauerstoffs. Er stammt nämlich nicht, wie oft fälschlicherweise vermutet, aus dem Kohlendioxid, sondern geht aus der Spaltung der Wassermoleküle hervor. Atmung (Respiration) erzeugt Wassermoleküle und verbraucht Sauerstoff, Fotosynthese spaltet die Moleküle und setzt Sauerstoff frei.

So spektakulär die Verbindung von Wasserstoff und Sauerstoff in Form der lautstarken Knallgasreaktion vonstattengeht – ein spektakulärer Seufzer zweier chemischer Elemente, die endlich zu einer außerordentlich stabilen Verbindung zusammenfinden –, so schwer ist es, die Atome wieder voneinander zu trennen. Pflanzen und einigen Bakterien, die als Primärproduzenten die Grundlage für tierisches Leben schaffen, gelingt etwas, mit dem sich die Menschheit bislang vergeblich abmüht. Denn um H_2O in seine Bestandteile zu zerlegen, müssen wir noch immer mehr Energie aufwenden, als wir durch die Spaltung des Moleküls gewinnen. Für oxygen fotosynthetische Lebewesen gehört dieser Prozess seit Äonen zur täglichen Routine. Gelänge er den Menschen, wären unsere Energieprobleme gelöst.

Noch befinden wir uns allerdings in der Zeit vor etwa 3,3 Milliarden Jahren, und bis Bakterien auf das Wasser kommen und der erste fotosynthetisch erzeugte Sauerstoff durch den Urozean perlt, werden noch 300 bis 500 Millionen Jahre vergehen. Die oben erwähnte einfache Reaktionsgleichung reduziert die oxygene Fotosynthese auf ihre Ausgangs- und Endprodukte. Um diese Prozesse durchzuführen, sind aber lange Reaktionsketten erforderlich, eine atemberaubend komplexe biochemische Maschinerie, deren Aufklärung Jahrzehnte dauerte und die eine bestimmte mikroanatomische Ausstattung der Zellen voraussetzt. Eine so grundlegende und komplexe Innovation schafft die Evolution nicht auf einen Schlag. Es muss einfachere Vorstufen gegeben haben.

Warum hätten die Fotosynthesepioniere versuchen sollen, gleich zu Beginn eine extrem harte Nuss wie das Wassermolekül zu knacken, wenn es damals doch in Hülle und Fülle wesentlich leichter zugängliche Alternativen gab? Wie die Nutzung des Sonnenlichts vor Urzeiten begann, zeigen noch heute einige Bakteriengruppen, die Lichtenergie nutzen, um Schwefelwasserstoff, H_2S, zu spalten, mit dem wir vor allem seinen widerlichen Gestank nach faulen Eiern verbinden. Purpurbakterien und Grüne Schwefelbakterien produzieren bei dieser anoxygenen Fotosynthese keinen Sauerstoff, sondern elementaren Schwefel. Andere stürzen sich auf zweiwertige Eisen-Ionen und machen daraus Fe^{3+}. Die Fotosynthesepigmente, die sie dazu brauchen, verleihen ihnen ihre auffällige Farbe. Die Chlorophylle der Bakterien sind etwas anders gebaut als ihre pflanzlichen Pendants, dienen aber dem gleichen Zweck. Als Teil eines ringförmigen Lichtsammelkomplexes absorbieren sie Licht bestimmter Wellenlänge und leiten die dabei aufgenommene Energie zu einem Reaktionszentrum weiter, wo wiederum zwei Chlorophyllmoleküle, das *special pair*, als Empfänger fungieren. Hier werden die Elektronen frei, die für den Aufbau organischer Moleküle gebraucht werden. Als Kohlenstoffquelle diente den Pionieren wahrscheinlich Kohlendioxid.

Eisen-Ionen, Schwefelwasserstoff und Kohlendioxid waren damals als Rohstoffe dieser anoxygenen Fotosynthese der Bakterien überreichlich vorhanden. Stellt sich natürlich die Frage, wie und warum dann überhaupt das Wasser und damit der Sauerstoff ins Spiel kamen.

Wir wissen es nicht. Doch Wissenschaftler hätten wohl ihren Beruf verfehlt, wenn sie sich auf der Grundlage unseres heutigen Wissens über die physikalisch-chemischen Zusammenhänge nicht aufregende Theorien überlegen würden, die im Detail ausmalen, wie und in welchen Schritten diese weltverändernden Fähigkeiten einiger Bakterien entstanden sein könnten. Darauf einzugehen, würde uns hier allerdings viel zu weit vom Kurs abbringen.[15]

Interessanterweise spielen bei diesen Überlegungen wieder die hydrothermalen Quellen eine Rolle. In den feinen Hohlräumen der Tiefseeschlote wurden Mineralien gefunden, deren Kristallstruktur in auffälliger Weise dem sogenannten »sauerstoffproduzierenden Komplex« (*oxygen-evolving complex*, OEC) ähnelt, jenem Teil der Fotosynthese, der den Sauerstoff aus den Ketten des Wassermoleküls befreit. Der Komplex enthält ein Calciumatom und vier Manganatome in einer charakteristischen Anordnung, die, so Rick Lane, »einer mineralischen Struktur viel zu nahe kommt, um ein Produkt der Biologie zu sein. Wie einige andere Metallcluster, die man im Herzen von Enzymen findet, stellt er mit hoher Wahrscheinlichkeit ein Relikt dar, das auf die vor Milliarden Jahren in hydrothermalen Quellen herrschenden Bedingungen zurückweist. Als wertvollstes aller Juwelen wurde er in ein Protein gewickelt und von Cyanobakterien sorgfältig für alle Ewigkeit verwahrt.«[16]

Wir wissen nicht mit Sicherheit, wie die oxygene Fotosynthese vor 2,7 bis 3 Milliarden Jahren in die Welt kam. Wir kennen aber die Organismen, die diese entscheidende erdgeschichtliche Wende zu verantworten haben: Cyanobakterien, die stickstofffixierenden Symbionten der Korallen, eine der ältesten Lebensformen auf der Erde. Sie waren nicht nur die ersten, sondern sind bis heute die einzigen Bakterien, die dazu fähig sind.

Warum gerade sie? Weil sie so alt sind und ihnen mehr Zeit zur Verfügung stand als anderen? Noch heute gibt es Cyanobakterien, die anoxygene Fotosynthese mithilfe von Schwefelwasserstoff betreiben. Sie verfügten also über beste Voraussetzungen. Einige von ihnen müssen sich damals aus der vorhandenen biochemischen Werkzeugkiste bedient und damit experimentiert haben, um dann irgendwann den entscheidenden Schritt zu vollziehen.

Die Ausnahmestellung der Cyanobakterien ist sogar noch exklusiver. Denn in gewisser Weise sind sie nicht nur die einzigen Bakterien, sondern überdies die einzigen Organismen, die zur oxygenen Fotosynthese fähig sind, das Produkt eines evolutionären Geniestreichs, der in der gesamten Erdgeschichte kein zweites Mal gelang. Vielleicht blieb es bei diesem einen Mal, weil die Entwicklung einen anderen Weg einschlug, der sich als ungemein erfolgreich erweisen sollte und zu unserem eigentlichen Thema zurückführt. Wir werden gleich darauf zu sprechen kommen.

Kein anderes Lebewesen, weder vor noch nach der Erfindung der oxygenen Fotosynthese, hat das Antlitz der Erde derart radikal und nachhaltig verändert wie diese winzigen Einzeller. Was geschieht, wenn freier Sauerstoff in einer Welt erzeugt wird, die dieses Gas nicht kennt, kann in seinen Auswirkungen kaum dramatisch genug geschildert werden. Die Büchse der Pandora war geöffnet worden, zumindest für anaerobe Bakterien, die damals die alte sauerstofffreie Welt beherrschten. Für die anderen, die neuen, die Sauerstoffatmer, für fast alles Lebendige, das wir heute wahrnehmen und kennen, ob lebend oder ausgestorben, war dieser Moment der Startschuss. Die Auswirkungen betrafen nicht nur die Biosphäre. Auch die chemische Zusammensetzung der Atmosphäre, des Ozeanwassers und vieler Gesteine veränderte sich. Cyanobakterien schufen völlig neue Bedingungen – und neue Möglichkeiten.

Doch es gab keine Explosion, keinen Weltenbrand. Die Veränderungen gingen langsam vonstatten, unendlich langsam. Bis der heutige Sauerstoffgehalt der Atmosphäre von gut 20

Prozent erreicht wurde, vergingen mindestens 1500 Millionen Jahre. Zu diesem Zeitpunkt hatten die Cyanobakterien schon lange Verstärkung bekommen, und die Erde war nicht mehr wiederzuerkennen.

Über viele Jahrmillionen dürfte kaum ein Sauerstoffmolekül die Atmosphäre erreicht haben. Die See wurde zu einem riesigen weltumspannenden Reagenzglas. Sie war voll von reduzierten Schwefelverbindungen und anderen Stoffen, die nur darauf warteten, sich langsam, aber kontinuierlich mit dem neuen Gas zu verbinden, und die Vulkane lieferten unaufhörlich Nachschub. Eisen(II)-Ionen wurden zu unlöslichen Eisen(III)-Oxiden und sanken als Eisenschnee auf den Meeresboden, wo sie mächtige Sedimente bildeten, die heute global als auffällig rotbunt gebänderte Formationen einen Großteil des Eisens alter Gesteine enthalten.[17]

Als alle oxidationsbereiten Verbindungen in den Ozeanen mit Sauerstoff reagiert hatten, begann das Gas, sich in Wasser und Atmosphäre anzureichern. Die Geowissenschaftler sprechen vom »großen Oxidationsereignis«, das vor etwa 2,4 Milliarden Jahren stattfand, bei einem minimalen Sauerstoffgehalt der Atmosphäre von gerade einmal 0,1 Prozent. Hunderte von neuen Mineralien entstanden, die meisten davon oxidierte Formen der alten, als sich zwischen Gesteinen, Wasser und Gasen ein neues Gleichgewicht ausbildete. In der Atmosphäre wurde Methan (CH_4) zu Kohlendioxid und Wasser oxidiert, was dramatische Auswirkungen auf das globale Klima hatte, denn CO_2, heute von Menschen in die Luft geblasen und als Übeltäter schlechthin geltend, ist ein wesentlich schwächeres Treibhausgas. Die Huronische Eiszeit begann und schuf eine tiefgefrorene Welt, die von nun an für mehrere Hundert Millionen Jahre als erstarrte Schneeball-Erde die Sonne umkreiste.

Ein Massensterben setzte ein, möglicherweise das größte Aussterbeereignis aller Zeiten. Die Lebensgemeinschaft der Meere siechte in Gegenwart des neuen aggressiven Gases dahin oder zog sich in Bereiche zurück, in denen die alten Gesetze fortbestanden. Sie überlebte nur in Nischen wie der Tiefsee, die noch lange Zeit von Sauerstoff verschont blieb.

Hätten andere Lebensformen all diese katastrophalen Veränderungen überleben können? Bakterien schafften es, indem einige von ihnen in Gestalt neuer Enzyme Mittel und Wege entwickelten, die besonders aggressiven Erscheinungsformen des neuen Gases, seine Peroxide und Radikale, unschädlich zu machen. Mitten im Chaos entstand der Keim von etwas Neuem. Wer es lernte, mit Sauerstoff zurechtzukommen, konnte viel mehr Energie gewinnen, als unter den alten Bedingungen je möglich gewesen wäre. Die Welt, wie wir sie kennen, nahm erste Konturen an.

Für Pflanzen und Tiere ist Sauerstoff ein Lebenselixier, und er ist es auch in einem viel umfassenderen Sinn. Denn ohne die Anreicherung der Atmosphäre mit biogenem Sauerstoff hätte sich die Erde wahrscheinlich in einen Wüstenplaneten verwandelt, einen staubtrockenen Ort wie den Mars, der schon vor Urzeiten sein Oberflächenwasser verlor und auf dem nun bald Menschen leben und sterben sollen, eine Welt, in der selbst Bakterien nur eine Nischenexistenz im Verborgenen führen könnten, tief in Boden und Gestein oder abgeschirmt von einem Mantel aus Eis. Ohne Sauerstoff kann sich keine Ozonschicht ausbilden, die den Planeten vor der ultravioletten Strahlung schützt. Diese energiereiche Strahlung spaltet Wassermoleküle in ihre Bestandteile, langsam, aber unausweichlich, eins nach dem anderen. Der leicht flüchtige Wasserstoff entweicht ins All, der Sauerstoff reagiert mit Eisen, mit Schwefelwasserstoff oder Methan, und zurück bleiben nach langen Zeiten ungeschützter UV-Exposition gähnend leere Ozeanbecken ohne Leben, riesige Tiefebenen, in denen jeder Luftzug toten, trockenen Staub aufwirbelt. Hätte es die Cyanobakterien nicht gegeben, das Sonnensystem hätte heute womöglich zwei rote Planeten. Ein blauer hätte jedenfalls keinen Bestand gehabt.

Die dritte Domäne

Halt! Es ist höchste Zeit für eine Klarstellung. Ich sehe sie vor mir, die kundigen Leser, auf deren Stirn sich bei der Lektüre der vorangegangenen Seiten tiefe Zornesfalten gebildet haben. Wie kann der Mann behaupten, es habe damals auf der Erde nur Bakterien gegeben? Wir wissen es doch seit vielen Jahren besser.

Stimmt, ich habe Wesentliches unterschlagen, um es nun verspätet aus dem Hut zu zaubern, hoffentlich noch rechtzeitig, bevor das Buch bei einigen von Ihnen im Altpapier landet. Ich wollte nicht verwirren, denn ich bin davon überzeugt, dass sich diese Tatsachen nie bis in größere Kreise der Bevölkerung herumgesprochen haben, auch wenn sie schon vor Jahrzehnten eine veritable Revolution unseres biologischen Weltbildes auslösten. Manchmal sind die Transferkanäle, durch die Ergebnisse der Forschung an die Öffentlichkeit gelangen, verstopft. Oder sagt Ihnen der Name Carl Woese etwas?

Ich wüsste wirklich gern, wie viele Leser jetzt die Hand heben. Selbst die Fachwelt brauchte eine Weile, um die Kröte zu schlucken, die er und sein Kollege George Fox ihr zumuteten.[18] Woese, ein Forscher, der damals nur einem engeren Kollegenkreis bekannt war, zielte aufs Ganze und stellte das bis in die 1970er-Jahre gültige Weltbild der Biologie infrage. Seine Forschungsergebnisse ließen ihm keine Wahl, aber er musste dafür über Jahre herbe Kritik einstecken, die ihm schwer zusetzte. »Ich zeigte auf den Mond, und alle starrten nur auf meinen Finger«, sagte er.[19] »*Microbiology's scarred revolutionary*« hat man ihn genannt, den mit Narben bedeckten Revolutionär der Mikrobiologie. Später wurde er mit Ehrungen überhäuft.

Holen wir also nach, was wir bisher versäumt haben. Carl Woese war zwar gelernter Physiker und Mathematiker, wandte sich aber schon früh der Biophysik zu und trat schließlich 1964 eine Professur für Mikrobiologie an der University of Illinois an. Dort schickte er sich an, endlich einen Stammbaum der Bakterien zu erstellen. Dass daraus etwas viel Größeres, nämlich ein neuer Stammbaum aller irdischen Lebensformen, wurde, konnte er nicht ahnen. Wegen ihrer schon erwähnten Merkmalsarmut wusste man wenig über die Verwandtschaftsverhältnisse und Evolution der verschiedenen Bakteriengruppen. Eine Analyse konnte sich daher nur auf ihre biochemischen Charakteristika stützen.

Carl Woese verwendete zu diesem Zweck eine bestimmte Ribonukleinsäure (RNA), die Bestandteil der bakteriellen Proteinfabriken ist, der Ribosomen. Er war überzeugt, dass es sich dabei um sehr alte Zellstrukturen handeln müsse, sodass ein Vergleich dieser Moleküle einen Blick in die evolutionäre Vergangenheit erlauben würde. Er führte damit ein Verfahren ein, das sich in abgewandelter Form vor allem unter Mikrobiologen bis heute großer Beliebtheit erfreut.

Mit den damaligen Möglichkeiten waren solche Analysen allerdings eine mühsame Angelegenheit. Automatisierte Sequenzierverfahren gehörten für Carl Woese und seine Zeitgenossen noch ins Reich der Science-Fiction. Bis 1976 hatten er und seine Mitarbeiter die Ribosomen-RNA von 60 Bakterienarten analysiert. Dann geschah, womit niemand auch nur im Entferntesten gerechnet hatte. Ralph Wolfe, Woeses Labornachbar, legte ihm eines Tages eine Analyse von Methanbakterien vor, über die er selbst forschte. Auf diesem Gebiet war er eine Kapazität. Das Ergebnis sah so ungewöhnlich aus, dass Woese annahm, bei der Isolierung der RNA müsse etwas schiefgegangen sein. »Das Experiment wurde sorgfältig wiederholt«, berichtet Ralph Wolfe, »wieder mit dem gleichen Resultat. Woese erklärte: ›Wolfe, diese Organismen sind keine Bakterien!‹ – ›Natürlich sind sie das, Carl; sie sehen aus wie Bakterien.‹ – ›Sie sind mit nichts verwandt, was ich bisher gesehen habe.‹«[20]

Man kann sich die Verblüffung der Forscher vorstellen. Ein Organismus, den alle Experten bisher als Bakterium klassifiziert hatten, entpuppte sich als etwas völlig anderes, als eine bislang unbekannte Lebensform, die uralt sein musste. In den Folgejahren wurden weitere Organismen dieses Typs entdeckt, zunächst nur unter den vermeintlichen Methanbakterien, später vor allem unter den Extremophilen, die in heißen Quellen und an anderen ausgesprochen unwirtlichen Orten leben, in hochkonzentrierten Salzlösungen, sogar in Säuren. Man nannte sie zunächst »Archaebakterien« und grenzte sie von den Eubakterien, den eigentlichen oder echten Bakterien, ab. Um ihre jeweilige Eigenständigkeit zu betonen, ging man aber dazu über, nur noch von »Archaeen« und »Bakterien« zu sprechen. Seit der Frühzeit des Lebens existierten also nicht eine, sondern zwei große Entwicklungslinien, die fundamental verschieden sind. LUCA, der vor etwa vier Milliarden Jahren lebte, war ihr letzter gemeinsamer Vorfahre.

Äußerlich sind Archaeen kaum von Bakterien zu unterscheiden, wohl aber anhand wichtiger biochemischer und struktureller Zelleigenschaften, von denen im Verlauf der folgenden Jahre immer mehr gefunden wurden, sodass die Gegner Wocses schließlich ihren Widerstand aufgaben. So besitzen Archaeen Zellwand- und -membrankomponenten, die bei Bakterien nicht vorkommen, sowie ein anderes Enzyminstrumentarium, um die Information ihrer DNA abzulesen und in Proteine zu übersetzen. Bemerkenswert ist die Fähigkeit einiger Archaeen zu erstaunlich rasanter Fortbewegung. Setzt man die Bewegung zur jeweiligen Körpergröße in Beziehung (als Körperlängen pro Sekunde), würde sich der Sprinter unter den Landtieren, der Gepard, im Vergleich zu den Winzlingen nur noch im Schneckentempo bewegen. Archaeen schwimmen mithilfe ihrer peitschenförmigen Geißel zwanzigmal schneller. Einer Studie des Archaea-Zentrums der Universität Regensburg zufolge sind sie damit die schnellsten bisher vermessenen Lebewesen der Welt.[21]

Im ersten Kapitel war davon die Rede, wie die Artenzahl der Bakterien seit der Verwendung moderner molekularer Methoden wie der Metagenomik in ungeahnte Höhen schießt. Für Archaeen gilt das genauso. Sie sind ähnlich allgegenwärtig, und immer deutlicher wird, dass auch sie eine wichtige Rolle im Naturhaushalt spielen. Überall, wo man nachforschte, wurden in den letzten Jahren unbekannte Gruppen von Archaeen[22] gefunden, die man noch nie kultiviert hatte, auch im und am Menschen oder im Schleim der Korallenpolypen, den beiden Holobionten, die wir genauer betrachtet haben. Im menschlichen Darm betätigen sie sich als Methanproduzenten. Welche Aktivitäten sie darüber hinaus entfalten, ist weitgehend unbekannt, sie scheinen jedoch weniger spezifisch an bestimmte Wirte gebunden zu sein. Immerhin haben sie ihrer Schwestergruppe, den Bakterien, voraus, dass unter ihnen bisher keine Krankheitserreger entdeckt wurden.

Archaeen und Bakterien ist gemeinsam, dass ihre DNA frei im Zellplasma liegt und nicht von Membranen umgeben ist.

Im Gegensatz zu allen anderen Zellen, den sogenannten »Eukaryoten«, besitzen sie daher keinen Zellkern und werden als »Prokaryoten« bezeichnet[23]. Vielleicht besteht Carl Woeses größtes Verdienst in einer Neuordnung dieser großen Organismengruppen. Aufgrund seiner Analysen der ribosomalen RNA verwarf er die alte Einteilung in Reiche (z. B. Tierreich, Pflanzenreich und Prokaryotenreich) und ersetzte sie durch drei Großgruppen, die »Domänen« genannt werden: Bacteria, Archaea und Eucarya. Die drei Gruppen unterscheiden sich auf molekularer Ebene erheblich, viel mehr als etwa Pflanzen und Tiere. Zwei der drei Domänen des Lebens enthalten also ausschließlich Mikroben, und auch in der dritten, die der Eucarya, die alle Organismen mit Zellkern umfasst, sind mit Wimper- und Geißeltierchen, der großen Amoebenverwandtschaft und Algen viele Einzeller vertreten. Pflanzen und Tiere schrumpfen in dieser Gesamtschau zu kleinen Seitenästen des Lebensbusches – eine Degradierung und Majestätsbeleidigung der uns vertrauten großen Lebensformen, die vielleicht mit dazu beigetragen hat, dass diese in der modernen Biologie seit vielen Jahren übliche Dreiteilung der Organismen bis heute keinen Platz im Bewusstsein einer breiten Öffentlichkeit gefunden hat.

Organellen und Symbiosen

Nehmen wir, nun besser gerüstet als zuvor, den Faden der Erdgeschichte wieder auf. Allzu viel verpasst haben wir nicht. Wir befinden uns in der von Geowissenschaftlern respektlos »*boring billion*« (die langweilige Milliarde) genannten Periode vor 1850 bis 850 Millionen Jahren, in der sich, aus Sicht der Geologen, offenbar nicht viel Weltbewegendes getan hat. Die

Ablagerung der gebänderten Eisenformationen war zum Stillstand gekommen, der Sauerstoffgehalt der Atmosphäre stagnierte auf niedrigem Niveau, und in der Höhe begann sich eine Ozonschicht auszubilden, die einen weiteren Exodus des irdischen Wassers verhinderte. Dank der unermüdlichen Aktivität der Cyanobakterien machten nun auch die tiefen Zonen der Ozeane Bekanntschaft mit dem neuen Gas und seinen Eigenschaften.[24] Der Lebensraum der alten an anoxische Verhältnisse gewöhnten Mikrobengesellschaft, seien es Bakterien oder Archaeen, schrumpfte noch weiter zusammen. Ansonsten tat sich nicht allzu viel. Oder doch?

Für Biologen ist diese Zeitspanne von größtem Interesse, denn zu Beginn und während der »langweiligen Milliarde« muss ein entscheidender Schritt in der Entwicklung der Lebewesen stattgefunden haben: die Entstehung und Evolution der ersten komplexen eukaryotischen Zellen, der Bausteine aller vielzelligen Lebewesen einschließlich des Menschen.

Ob sie sich mit Sauerstoff arrangieren konnten oder nicht, bis vor zwei Milliarden Jahren war die Erde ein Planet der Prokaryoten, der Einzeller ohne Zellkern. Vergleicht man eine Bakterienzelle mit einem Pantoffeltierchen oder einer Säuge- oder Nesseltierzelle, fällt neben dem dramatischen Größenzuwachs vor allem die ungeheure Zunahme an Komplexität auf. Scheint der typische Prokaryot vergleichsweise leer oder mit einer nahezu homogenen Masse angefüllt zu sein, sind in der eukaryotischen Zelle der Kern sowie zahllose kleine Gebilde, Bläschen und Membransysteme zu erkennen. Die größeren dieser Zellbestandteile werden in Analogie zu den inneren Organen eines Tierkörpers »Zellorganellen« genannt. Die beiden auffälligsten und wichtigsten seien hier erwähnt, weil sie im Folgenden eine entscheidende Rolle spielen: zum einen die Mitochondrien, die Energiekraftwerke der eukaryotischen

Zellen, der Ort der Zellatmung und damit die Verbrauchsstelle des Sauerstoffs, und zum anderen die Chloroplasten der Pflanzenzellen, Ort der Fotosynthese und damit der Freisetzung von Sauerstoff.

Wie konnten sich aus den relativ einfach strukturierten Prokaryoten so komplexe Zellen entwickeln? Da die fossilen Überlieferungen uns nicht weiterhelfen, sind wir wieder auf Theorien angewiesen. Vor etwa 1,8 Milliarden Jahren könnte es schon eukaryotische Zellen gegeben haben, das wird aus Fossilienfunden geschlossen, die sehr fremdartige Kreaturen zeigen. Sie lassen sich keiner heute bekannten Organismengruppe zuordnen, werden aufgrund ihrer Größe und einiger komplexer Strukturen aber als Eukaryoten interpretiert. Gestützt auf wesentlich jüngere Mikrofossilien wird heute von einem minimalen Alter der Eukaryoten von etwa 1,45 Milliarden Jahren ausgegangen.[25] Woraus sind sie hervorgegangen?

Wir haben gehört, dass sich von LUCA zwei prokaryotische Entwicklungslinien ableiteten, die über mehr als zwei Milliarden Jahre die einzigen Bewohner der Erde waren. Eine der beiden, Bakterien oder Archaeen, muss also Ausgangspunkt der weiteren Entwicklung gewesen sein. Nur wer? Unwillkürlich neigt man zu den Bakterien. Wir kennen sie einfach besser. Überraschenderweise deuten diverse molekularbiologische Befunde aber auf ihre Schwestergruppe, die Archaeen. Der Enzymapparat, mit dem sie ihre genetische Information ablesen und verarbeiten, ähnelt dem der Eukaryoten. Beide Domänen müssen demnach einen gemeinsamen Vorfahren gehabt haben. Auch die berühmte, von Carl Woese, dem Münchner Botaniker Otto Kandler und Mark Wheelis von der University of California durchgeführte Analyse der Ribosomen-RNA favorisierte diese Verbindung.[26]

Moderne DNA-Sequenzanalysen haben ergeben, dass viele Gene der Eukaryoten, einschließlich die des Menschen, Entsprechungen in Prokaryoten besitzen, was nicht weiter verwundert, denn die einen stammen ja von den anderen ab, und fundamentale Lebensprozesse wurden übernommen und weiter entwickelt. Verwirrend wird die Situation, weil diese Entsprechungen nicht nur auf eine, sondern auf drei verschiedene Mikrobengruppen verweisen: die Cyanobakterien, die Proteobakterien und auf eine Gruppe der Archaeen. Ob es uns gefällt oder nicht: Wir alle, die wir Zellkerne besitzen, sind genetische Chimären, Mischwesen, deren Erbgut sich aus verschiedenen Quellen zusammensetzt.[27] Wie ist dieses genetische Durcheinander zu erklären?

Das Lösungswort heißt »Symbiose« und katapultiert uns wieder mitten hinein in unsere Geschichte der Holobionten. Die Wurzeln der Idee, dass eukaryotische Zellen das Produkt einer Symbiose zweier oder mehrerer Prokaryoten sein könnten, reichen bis ins 19. Jahrhundert zurück. Anfang des 20. Jahrhunderts fand sie in dem russischen Biologen Konstantin Sergejewitsch Mereschkowski einen neuen Befürworter, wurde wieder vergessen und gelangte erst 1967 durch eine Arbeit der streitbaren Amerikanerin Lynn Margulis wieder ins Bewusstsein der wissenschaftlichen Öffentlichkeit.[28]

Fünfzehn Fachzeitschriften hatten ihren Artikel abgelehnt, bevor das *Journal of Theoretical Biology* ihn endlich druckte. Heute gehört die Endosymbiontentheorie zum Kanon des biologischen Gedankengebäudes, fest untermauert durch eine Fülle von Hinweisen, die für ihre Richtigkeit sprechen, sodass man den Wortteil »-theorie« mittlerweile getrost in Anführungszeichen setzen könnte. Richard Dawkins nannte sie 1995 »eine der großen Errungenschaften der Evolutionsbiologie des 20. Jahrhunderts«,[29] und er bewunderte die 2011 verstorbene Lynn Margulis für die an Verbissenheit grenzende Hartnäckigkeit, mit der sie ihre Theorie gegen stärkste Widerstände verteidigte und schließlich durchsetzte. Auch wenn ihre in vielen Sachbüchern und Fachartikeln publizierten Überlegungen zu diesem Thema nicht in allen Details bestätigt wurden, wird Lynn Margulis als eine Frau in Erinnerung bleiben, die weit über den Horizont der damals geltenden wissenschaftlichen Dogmen hinausblickte. An der in diesem Buch geschilderten Entwicklung hätte sie ihre helle Freude gehabt.

Natürlich wissen wir noch immer nicht genau, was sich vor zwei Milliarden Jahren abgespielt hat – wir werden es nie wissen –, Wissenschaftler haben heute aber eine ziemlich genaue und sehr überzeugend klingende Vorstellung davon, was geschehen sein könnte. Und wieder einmal war es die moderne Molekularbiologie, die für das Verständnis dieser Vorgänge entscheidende Mosaiksteine geliefert hat. Gene und Genome haben eben ein langes Gedächtnis.

Die Geschichte der Holobionten, die hier erzählt wird, ist eine Geschichte der Vergesellschaftung, des engen Miteinanders unterschiedlicher Lebensformen. Und damals, am Anfang der »*boring billion*«, müssen zwei Organismen die engste Verbindung miteinander eingegangen sein, die Lebewesen möglich ist: Sie fusionierten. So wie *Symbiodinium* und Cyanobakterien im Inneren von Polypenzellen leben, lebte der eine Organismus damals im anderen weiter. Schließlich gab er seine selbstständige Existenz auf und wurde zum festen und unverzichtbaren Bestandteil seines Wirtes, zur Zellorganelle, zum Mitochondrium. Auf dieselbe Weise entstanden später die Chloroplasten.

Kann man es als Zufall betrachten, dass eine so enge Verbindung zweier Lebewesen der Entstehung komplexerer Lebensformen vorausging, nun, da wir zu verstehen beginnen, dass bis heute alle vielzelligen Organismen als Kollektiv, als Holobionten existieren? Leben, das scheint für Eukaryoten von Anfang an so gewesen zu sein, kann man nicht alleine.

Es gibt gute genetische Gründe für die Annahme, dass der Wirt dieser – wenn man es so nennen darf – ersten Holobiontenbildung der Erdgeschichte ein Archaeon war und sein Partner ein Bakterium.[30] Genomanalysen haben unter den heute noch existierenden Mikroben sogar Vertreter ausfindig gemacht, deren ferne urzeitliche Verwandte als Fusionskandidaten infrage kommen.

Das Ur-Mitochondrium könnte demnach ein Bakterium aus der Gruppe der Rickettsien[31] gewesen sein, die bei uns Heutigen auf nicht allzu viel Wohlwollen stoßen, weil unter ihnen Erreger einiger gefährlicher Krankheiten wie dem Fleckfieber zu finden sind. Es handelt sich um Zellparasiten, die ins Innere ihrer Wirtszellen eindringen. Da es damals keine anderen Zellen als Archaeen und Bakterien gab, scheint diese Fähigkeit zumindest in die richtige Richtung zu deuten.

Als Vorläufer der Chloroplasten gelten – Sie ahnen es schon – die uns wohlbekannten Cyanobakterien.[32] So erklärt sich die im ersten Moment irritierende Aussage, dass sie bis heute die einzigen zur Fotosynthese fähigen Organismen geblieben sind. Pflanzen, von der einzelligen Alge bis zum Mammutbaum, wären demnach nichts anderes als Eukaryoten, die mittels symbiontischer Cyanobakterien in die Lage versetzt wurden, oxygene Fotosynthese zu betreiben. Nach dem Verlust der Eigenständigkeit verrichten diese nun auch als Zellorganellen ihren segensreichen Dienst.

Derartige Genomvergleiche sind nur möglich, weil Mitochondrien und Chloroplasten als einzige Organellen eigene DNA besitzen, die wie bei Bakterien und Archaeen ringförmig ist.[33] Beide Organellen können nicht von den Zellen produziert werden, sondern vermehren sich eigenständig durch Teilung. Beide besitzen auch eigene Ribosomen, Proteinfabriken, die Enzyme produzieren, deren Struktur man von ihren Entsprechungen in Bakterien kennt. Auch der Aufbau dieser Ribosomen entspricht dem, den man bei Prokaryoten findet. Wie die Algen in den Korallenzellen sind beide Organellen von Doppelmembranen umgeben, deren innere dem ursprünglichen Symbionten zugerechnet wird. Tatsächlich hat man dort Stoffe gefunden, die man nur von Bakterien kennt.[34] Das sind nur einige der vielen starken Argumente, die für den prokaryotischen Ursprung dieser Organellen sprechen.

So sehr sich ein Vergleich mit den Endosymbionten der Korallenpolypen aufdrängt, es gibt einen fundamentalen Unterschied. Während *Symbiodinium* weiterhin als vollständiger Organismus gelten muss, als Dinoflagellat, den man aus den Polypenzellen isolieren und in Kultur weiter züchten kann, besitzen Mitochondrien und Chloroplasten nur noch eine Art Rumpf-DNA. Viele Gene der ursprünglichen Symbionten sind verloren gegangen oder aber – man denkt unwillkürlich an einen Akt der Kapitulation – an das Genom der Wirtszelle übergegangen, wo sie nun als Gene prokaryotischer Provenienz weiter existieren. So sind die Eukaryoten also an einen Teil ihrer mikrobiellen DNA-Sequenzen gekommen. Ein Fünftel der Gene heutiger Pflanzen ist (cyano-)bakteriellen Ursprungs.[35]

Proteine, die in den Organellen gebraucht werden, produziert nun die Wirtszelle, was auch sinvoll ist, weil die Zelle die Aktivität ihrer Mitochondrien und Chloroplasten, von denen es Hunderte oder gar Tausende gibt, koordinieren und steuern muss. Wäre jedes Organell weiterhin im Besitz der gesamten biochemischen Fabrik, die zu seinem Betrieb nötig ist, wäre das eine ungeheure Verschwendung von Ressourcen, die lebende Systeme in der Regel zu vermeiden suchen. Außerdem wären Mitochondrien, so Rick Lane, »ein dämlicher Ort, um Gene zu lagern«. Bei der Energiegewinnung in ihrem Inneren werden Elektronen transportiert, entstehen auf kürzester Distanz enorme elektrische Spannungen. Ausgerechnet hier lebenswichtige DNA zu lagern, wäre riskant und gliche dem Versuch, »die Bestände der British Library in einem störanfälligen Atomkraftwerk zu lagern«.[36] Die Gene der Mitochondrien mutieren etliche Tausend Mal schneller als die DNA im Kern. Viele von ihnen wurden in der besser geschützten Befehlszentrale der Zellen quasi in Sicherheit gebracht.

Dass trotzdem ein rudimentäres Restgenom der Organellen erhalten blieb und sogar Gene des Wirts auf die DNA der Mitochondrien übergegangen sind, hat vermutlich mit der Tatsache zu tun, dass manche Regler dieser heiklen biochemischen Maschinerie weiterhin schnell und direkt vor Ort bedient werden müssen und nicht auf Signale der Zellkernzentrale warten können. Es gibt sogar Proteinkomplexe, die aus Bausteinen verschiedener Herkunft zusammengesetzt werden. Ein Teil wird nach Anweisungen der im Zellkern befindlichen DNA produziert, der andere stammt aus der Produktion der Mitochondrien selbst. Neueste Ergebnisse aus Kanada und Argentinien lassen erahnen, wie eng die Genome zusammenarbeiten: Chemische Signale aus der nuklearen Befehlszentrale greifen modifizierend in die Proteinproduktion der Mitochondrien ein, und umgekehrt bestimmen lichtabhängige Signale der Chloroplasten, die durch die gesamte Pflanze geschickt werden, welche Proteine in den Zellkernen produziert werden.[37] Bis dieses komplizierte Räderwerk von Organellen und Wirtszelle optimiert war und reibungslos ineinandergriff, dürfte viel Zeit vergangen sein.

•••

Auch wenn die Endosymbiontenhypothese über den prokaryotischen Ursprung der wichtigsten Zellorganellen heute allgemein anerkannt wird[38], lässt sich über viele Details weiterhin trefflich streiten. Ein interessanter Punkt ist die Frage, wie es eigentlich zur Verschmelzung der Zellen kam.

Lynn Margulis und andere favorisierten das Modell der Phagozytose, die in ihrer typischen Form von Amöben praktiziert wird und uns schon im Zusammenhang mit den Algensymbionten der Korallen begegnet ist. Eine Zelle umfließt die andere, schließt sie in die eigene Zellmembran ein und schleust sie ins Zellinnere, wo sie im Normalfall verdaut wird.

Diese naheliegende Vorstellung hat allerdings mit einer Reihe von Schwierigkeiten zu kämpfen. Um sich eine andere Zelle einzuverleiben, muss die zukünftige Wirtszelle, in unserem Fall ein Archaeon, ihre Form verändern können, und sie muss beweglicher und deutlich größer sein als ihr zukünftiger Endosymbiont – allesamt Eigenschaften, die bei keinem heute noch existierenden Prokaryoten zu finden sind. Beweglich zu sein erfordert zudem viel Energie, und genau hier liegt das Problem. Denn was im Inneren der Mitochondrien abläuft, die Übertragung von Elektronen im Rahmen der Respiration, geschieht bei Prokaryoten an ihrer äußeren Zellmembran. Je größer eine solche Zelle, desto ungünstiger das Verhältnis ihrer Oberfläche zu ihrem Volumen. Für die Zelle wird es daher mit zunehmender Größe immer schwieriger, sich mit ausreichend Energie zu versorgen. Phagozytose konnte daher erst entstehen, nachdem den Zellen leistungsfähige Mitochondrien zur Verfügung standen, nicht vorher. Vermutlich ist hier auch der Grund zu suchen, warum Prokaryoten keine größeren Formen entwickelt haben. Sie stellten die Welt auf den Kopf, sind aber bis heute

Bakterien geblieben, mit allen Möglichkeiten, aber auch allen Beschränkungen, die ihnen ihre Zellorganisation auferlegt.

Die meisten Wissenschaftler neigen daher heute zu einer anderen Version, die auf Vorstellungen von William Martin beruhen, der selten um einen genialen Einfall verlegen zu sein scheint.[39] Wir sind ihm schon im Zusammenhang mit der Entstehung des Lebens an hydrothermalen Tiefseequellen begegnet. Neue DNA-Sequenzvergleiche, denen Tausende von pro- und eukaryotischen Genen zugrunde liegen, stützen diese sogenannte Wasserstoffhypothese.[40] Danach gingen die Symbiosepartner aus einer eng assoziierten Mikrobengesellschaft hervor, deren Mitglieder sich gegenseitig mit den für ihren Stoffwechsel nötigen Ausgangsprodukten versorgten. Solche Gemeinschaften sind auch heute unter Prokaryoten weit verbreitet. Art A erzeugt einen Stoff, den Art B zur Energiegewinnung nutzt, wobei wiederum ein Stoff entsteht, den die Arten C und D verwenden – eine Kette von wechselseitigen Abhängigkeiten, die sich zum Kreis schließen kann.

William Martin und sein New Yorker Kollege Miklós Müller gingen von einem methanproduzierenden Archaeon aus, das in sauerstofffreier Umgebung Wasserstoff verbraucht, und einem mit ihm in Gemeinschaft lebenden Bakterium, das Wasserstoff erzeugt. Solange genug Wasserstoff in der Umwelt vorhanden war, könnten die beiden sich in lockerer Assoziation über sehr lange Zeiträume in diesem harmonischen Geben und Nehmen eingerichtet haben. Was geschieht aber mit einem solchen Duo, wenn der Nachschub schwankt oder versiegt. Plötzlich ist der zukünftige Wirt, das Archaeon, von dem Bakterium als einziger Wasserstoffquelle abhängig, und ein starker Selektionsdruck entsteht, sich an diesen rettenden Anker zu binden, die physische Kontaktfläche zu vergrößern, ihn zu umwachsen und sich schließlich einzuverleiben.

Doch, und hier setzt die Kritik[41] an, darf man zur Erklärung dieser Phänomene Prozesse bemühen, die noch niemand beobachtet hat und für die es keine Belege gibt? Unter heute existierenden Eukaryoten gibt es viele, in denen Bakterien als Endosymbionten leben, aber man kennt kein einziges Archaeon, das Bakterien beherbergt oder das umgekehrt als Endosymbiont in Bakterien oder anderen Archaeen lebt. Zweifellos handelt es sich um ein seltenes Ereignis, das Martin und Müller postulieren, aber wer sagt, dass sich die Entwicklung komplexerer Lebensformen auf häufige und weitverbreitete Prozesse zurückführen lassen muss, die noch heute zu beobachten sind? Wer will ausschließen, dass es sich um ein extrem seltenes Ereignis gehandelt hat, um einen Glücksfall, die Folge außergewöhnlicher Umstände? Wir wissen heute, dass dieser Übergang von Endosymbionten zu Zellorganellen nur ein- beziehungsweise zweimal in der Erdgeschichte stattgefunden hat. Warum? Waren die Membranen der damals existierenden Prokaryoten durchlässiger, waren diese frühen Mikroben »so ungeformt, dass noch alles im Fluss sein konnte«?[42]

Wir sprechen über eines der faszinierendsten Probleme der Biologie, und so kann es nicht verwundern, dass die hier dargestellten Überlegungen zur Entstehung der Eukaryoten nur die hellsten Flammen eines seit Jahren lodernden Diskussionsfeuers darstellen, in das die modernen Sequenzierungsverfahren viel neues Öl gegossen haben. Heute sind Informationen verfügbar, von denen frühere Forschergenerationen nur träumen konnten, das Problem ist enger eingekreist denn je, aber es ist nach wie vor ungelöst und wird die Gemüter auch in Zukunft erhitzen.[43] Währenddessen drehen sich die Mühlen der Wissenschaft unermüdlich weiter. In einigen eukaryotischen Einzellern, die bisher als mitochondrienfrei galten und daher ganz an der Basis des Eukaryotenstammbaumes, noch vor dem Erwerb der Zellkraftwerke, eingeordnet wurden, sind mittlerweile mitochondrienähnliche Organellen entdeckt worden, die andere Aufgaben erfüllen.[44] Hatte der Erwerb der Mitochondrien am Ende gar nichts mit dem vermeintlich so drängenden Energieproblem zu tun?[45]

Bei allem Streit über die Details stellt doch die Bedeutung der Symbiosen für die Entstehung komplexerer Lebensformen niemand mehr infrage. Die Endosymbiontenhypothese ist Mainstream geworden. Und noch in einem anderen Punkt herrscht Gewissheit: Die Forscher werden weiter nach Antworten suchen. Irgendwo in den Genomsequenzen der Lebewesen müssen sie zu finden sein.

•••

Die Eukaryoten, die Bausteine der Vielzeller, sind auf der Erde angekommen – durch Symbiose. Da es bei unserem Ausflug in die Frühgeschichte des Lebens darum ging, die Welt zu beschreiben, in die vielzellige Lebensformen hineingeboren wurden, können wir uns an dieser Stelle aus dem Geschehen ausblenden, auch wenn bis zur Entstehung der heute lebenden Tier- und Pflanzengruppen noch ein weiter Evolutionsweg zurückzulegen ist.

Zweieinhalb Milliarden Jahre gehörte die Erde allein den Bakterien und Archaeen, die in dieser halben Ewigkeit lernten, unter den unwirtlichsten Bedingungen zurechtzukommen und aus organischen oder anorganischen Verbindungen Energie für den eigenen Stoffwechsel zu gewinnen. Sie veränderten die Welt, überlebten auch die selbst verschuldete Sauerstoffkatastrophe und passten sich den neuen Verhältnissen an.

Weitere 1000 Millionen Jahre vergingen, in denen Mikroben mit und ohne Zellkern koexistierten, und wir können davon ausgehen, dass in dieser Zeit zahllose Wege des Mit- und Gegeneinanders ausprobiert und dem unerbittlichen Richterspruch der natürlichen Selektion unterworfen wurden. Als dann vor 600 bis 800 Millionen Jahren die ersten Vielzeller auftraten, stand ein Trilliardenheer an Alteingesessenen bereit, um diese neuen Riesen unter den Lebewesen willkommen zu heißen. Die Winzlinge wurden zu ihrer Nahrung und zu ihren Krankheitserregern, sie stürzten sich auf ihre Ausscheidungen und Kadaver, entdeckten auch ihre lebendigen Körper als vielversprechenden Lebensraum ... und verwandelten sie in Holobionten. Für diese Behauptung gibt es keinen Beweis, und wahrscheinlich wird es ihn auch nie geben. Aber wer will daran zweifeln, dass die in eine uralte Mikrobenwelt hineingeborenen Pflanzen und Tiere von Anfang an Holobionten waren oder es rasch wurden? Sicher brauchte die Feinabstimmung zwischen den Wirten und ihren Mikroben Zeit, sicher gab es Veränderungen, ein Holobiont ist alles andere als ein statisches Gebilde. Es steht aber außer Frage, dass Mikroben aufgrund ihrer Omnipräsenz und Vielseitigkeit jeden Entwicklungsschritt der neuen Vielzeller im wahrsten Wortsinn hautnah begleiteten, wo immer diese sich blicken ließen und wie immer sie auch beschaffen waren.

»Nichts in der Biologie ergibt einen Sinn außer im Licht der Evolution«, hatte Theodosius Dobzhansky gesagt. Dem ist ein Satz hinzuzufügen, der so oder ähnlich Lynn Margulis zugeschrieben wird: »Vergesst die Mikroben nicht!«

4. *With help from our little friends* – Eine Welt der Holobionten

Mikroben sind ein integraler Bestandteil von uns. In Gestalt der Mitochondrien leben sie in jeder einzelnen eukaryotischen Zelle, ja, Eukaryoten sind Ex-Bakterien, in denen weitere Ex-Bakterien wesentliche Aufgaben übernommen haben – es sind quasi Miniholobionten. In Pflanzenzellen tun sogar zwei Ex-Bakterien Dienst. Eines ihrer wichtigsten Merkmale, die Fähigkeit zur Fotosynthese, geht auf das Konto von Cyanobakterien, die zu Zellorganellen wurden, zu Chloroplasten.

Pflanzenzellen wie *Symbiodinium* können wiederum zu Bestandteilen von tierischen Zellen werden, zu ihren Partnern. (Sind es nicht eher Mitarbeiter? Untergebene? Manche sagen auch, es seien Sklaven.) Die Korallenzellen, in denen die Algen als Endosymbionten leben, wären dann also Ex-Bakterien, in denen andere Ex-Bakterien lebenswichtige Funktionen erfüllen: die Mitochondrien und der Dinoflagellat *Symbiodinium*, der wiederum über eigene Zellkraftwerke verfügt und in dem mit den Chloroplasten Ex-Cyanobakterien tätig sind. Seit einigen Jahren kennt man sogar Bakterien, die in Mitochondrien leben und sich vermehren, also Bakterien, die in Ex-Bakterien, die in Ex-Bakterien …[1]

Diese verwirrend ineinander verschachtelte Struktur des Lebendigen kann man auch auf anderen Ebenen wiederfinden, sogar im Allerheiligsten, der DNA. Denn das Genom vieler Lebewesen besteht zu einem erheblichen Teil aus mikrobiellen

Sequenzen; beim Menschen sind es über 50 Prozent. Diese parasitären DNA-Elemente und Überbleibsel von Virenangriffen sind ein uraltes evolutionäres Erbe, das sich über lange Zeiträume angehäuft und vermehrt hat und das die Zellen nicht wieder losgeworden sind. Geradezu unbedeutend wirkt dagegen das eine Prozent unseres Genoms, das von klassischen Genen eingenommen wird.[2]

Die Ebene, die uns hier im Besonderen interessiert, ist aber die der Holobionten. In ihnen interagieren nicht nur im Verlauf von Jahrmillionen zu Rudimenten gewordene Ex-Bakterien (das auch), sondern vollständige Organismen. Natürlich haben auch diese im Hier und Jetzt gepflegten Beziehungen einen langen evolutionären Vorlauf hinter sich, eine Koevolution, durch die zukünftige Partner sich näherkamen und »lernten, miteinander zu leben«.[3]

Da vermutlich alle vielzelligen Tiere und Pflanzen solche aus zahlreichen Einzelwesen zusammengesetzten Entitäten darstellen, kann es bei dem nun folgenden Streifzug durch unsere Holobiontenwelt nur um eine Auswahl besonders interessanter Fallbeispiele gehen. Sie sollen über das bereits Gesagte hinaus die vielfältigen Erscheinungsformen dieses Miteinanders illustrieren, sollen zeigen, dass aufseiten der Wirte nahezu jeder Aspekt ihrer Biologie berührt sein kann.

Unser Hauptaugenmerk liegt auf dem besonders innigen Verhältnis, das Wirt und Mikrobe in den Symbiosen entwickelt haben. Die Zahl der Publikationen, die sich mit dieser dauerhaften Liaison zwischen zwei oder mehr Lebewesen zum gegenseitigen Vorteil beschäftigen, ist in den letzten Jahren förmlich explodiert.[4] Symbiosen, so scheint es, sind überall, nicht nur, aber vor allem solche, an denen Mikroben beteiligt sind. Vermutlich gibt es keine Tier- oder Pflanzenart, die ohne symbiontische Einzeller auskommt, auch wenn sich deren Stellenwert innerhalb des Holobionten unterscheidet und wir erst einen Bruchteil dieser Symbionten kennen. Im undurchdringlich scheinenden Dschungel der Wirt-Mikrobe-Interaktionen sind sie gewissermaßen die Übersteiger, die alle anderen überragen und in den Hintergrund drängen. Sie sind die Achttausender im Holobionten-Himalaya, Berge gibt es jedoch, von wenigen spektakulären Ausnahmen abgesehen, nicht ohne Gebirge.

Symbionten sind ihren gemeinsamen evolutionären Weg mit dem Wirt in vielen Fällen so weit gegangen, dass es beiden ohneeinander deutlich schlechter gehen würde. Manche wären allein gar nicht mehr lebensfähig. Dabei entstanden hoch spezialisierte und verblüffende Formen der Kooperation. Symbiontische Mikroorganismen ermöglichen es Tieren und Pflanzen, in Lebensräumen zu existieren, die ihren Partnern allein verschlossen geblieben wären. Sie helfen vielen Tieren, Nahrung zu verwerten, die für sie ansonsten unverdaulich wäre, wehren Feinde ab und entzünden Licht, wo es ohne sie nur undurchdringliche Finsternis geben würde. Und doch, das sollte nie vergessen werden, sind sie nur eine von vielen Mikrobenarten, die mit den jeweiligen Wirten zusammenleben. In ihrem engen Miteinander repräsentieren Symbiosepartner ein Ende eines Kontinuums. Das andere bilden, vor allem bei den Säugetieren, Hunderte oder Tausende von Arten, die nur locker mit ihren Wirten assoziiert sind, die Touristen unter den Mikroben. Dazwischen existieren mannigfaltige Übergänge.

Vielfach werden alle Mikroben eines Wirts als Symbionten bezeichnet, doch bei den meisten können wir bislang nur erahnen, wo in diesem Spektrum sie einzuordnen sind und welche Bedeutung sie für ihre Holobionten haben. Die terminologische Verwirrung entsteht, weil sich die Wissenschaftler bis heute nicht auf eine einheitliche Definition des Begriffs »Symbiose« einigen konnten.[5] Ich verstehe darunter, wie die meisten Autoren, eine dauerhafte Assoziation unterschiedlicher Organismenarten, die für alle Partner von Vorteil ist. (Man spricht auch von »Mutualismus«.) Obwohl weitverbreitet, ist diese Definition nicht ganz unproblematisch, denn streng genommen muss bei einer Vergesellschaftung zweier oder mehrerer Arten der gegenseitige Nutzen erst nachgewiesen werden, um von einer Symbiose sprechen zu können. Im Einzelfall, etwa bei Lebensformen der Tiefsee, kann ein solcher Nachweis aber sehr schwierig oder sogar unmöglich sein. Nicht selten wird daher auf die ursprüngliche, aus dem Jahr 1879 stammende Definition des deutschen Botanikers Anton de Bary Bezug genommen, der unter Symbiose jede Assoziation verschiedenartiger Organismen verstand, also auch die eines Parasiten oder Krankheitserregers mit seinem Wirt.[6]

Gerade weil Wirte und Mikroben sich in den Symbiosen besonders nahekommen, verraten sie viel über die Kontaktwege, die zwischen diesen so unterschiedlichen Lebewesen beschritten werden. Da in den meisten Fällen, wie bei der Algensymbiose der Korallenpolypen, nur zwei Organismenarten beteiligt sind, ist es für die Forscher einfacher, deren Interaktion zu analysieren und möglicherweise sogar damit zu experimentieren. Margaret McFall-Ngai, eine der führenden Symbioseforscherinnen der Welt, vergleicht diesen Ansatz mit der Verständigung unter Menschen. Auch da sei es einfacher, der Unterhaltung zweier Personen zu folgen als der Kommunikation innerhalb einer größeren Gruppe.[7]

Das Studium der Symbiosen liefert tiefe Einblicke, wie Wirt-Mikroben-Gemeinschaften gegründet und aufrechterhalten werden und auf welche Weise sich die Partner gegenseitig beeinflussen. Einige Symbiosen sind zu Modellsystemen geworden, an denen Erkenntnisse von allgemeiner Bedeutung gewonnen werden.

»Symbioseforschung war wie Pandabärforschung«, sagt Nicole Dubilier, Leiterin der gleichnamigen Abteilung am Bremer Max-Planck-Institut für Marine Mikrobiologie. »Alle fanden sie interessant, aber letztlich war sie nicht wichtig.«[8] Das hat sich gründlich geändert.

Schwämme (Porifera)

Bleiben wir zunächst im Meer und bei einem alten Bekannten, denn der eifrige Dinoflagellat *Symbiodinium* hat sich nicht nur mit Steinkorallen eingelassen. Man findet ihn auch in anderen Nesseltieren, in See- und Krustenanemonen und in verschiedenen Quallen. Er bildet Symbiosen mit Schwämmen, Plattwürmern, einzelligen Foraminiferen und mit diversen Schnecken und Muscheln, darunter der als Mörderin diskriminierten Riesenmuschel, die fast eine halbe Tonne auf die Waage bringen kann und bisher wohl »nur« einen philippinischen Perlentaucher auf dem Gewissen hat. Beim Versuch, eine große Perle zu erbeuten, wurde er von der Schließbewegung der Muschel überrascht und ertrank.

Symbiodinium ist nicht allein. In diversen Meerestieren übernehmen andere einzellige Algen die Rolle des fotosynthetisierenden Mikrobenpartners. Symbiontische Algen leben sogar in den Zellen eines Wirbeltiers. In den Embryonen eines amerikanischen Molchs entdeckten Wissenschaftler zahlreiche Algenzellen, die seinen Eiern eine grüne Farbe verleihen. Dass es sich auch hier um eine echte Symbiose handelt, zeigte ein Vergleich mit Artgenossen, die im Dunkeln und damit ohne Algenbegleiter heranwuchsen. Sie wiesen deutliche Entwicklungsrückstände und eine höhere Sterblichkeit auf.[1]

In Schwämmen sind es Cyanobakterien, die mehr als 50 Prozent des Energiebedarfs ihrer Wirte decken können. Schwämme, diese einfachsten aller vielzelligen Tiere, besitzen überhaupt eine außergewöhnlich reichhaltige Mikrobengesellschaft, die unter Wissenschaftlern aus verschiedenen Gründen auf großes Interesse stößt.[2] Dazu gehören Pilze, eukaryotische Mikroalgen, Archaeen und vor allem zahlreiche Bakterien, die bei manchen Schwammarten bis zu 40 Prozent ihrer Biomasse ausmachen können.

Betrachtet man Schwämme »unter dem Mikroskop, sieht man fast ausschließlich Bakterien«, sagt ein faszinierter Jörn Piel von der Universität Bonn. Und sein neuseeländischer Kollege Michael Taylor betont, er werde »nie aufhören, darüber zu staunen, dass ein Schwamm, ein Organismus, der einfach nur dasitzt und eimerweise Wasser durch seine Kanäle pumpt«, ein derart reiches und verschiedenartiges Innenleben beherberge.[3] Er selbst fand mit Kollegen aus Australien, Wien und München bis zu 3000 verschiedene Bakterienarten pro Schwammspezies [4], von denen viele ausschließlich in den urtümlichen Meeresbewohnern zu leben scheinen. Das übertrifft alles, was bislang in wirbellosen Tieren gefunden wurde, von der Steinkoralle bis zur Termite, und bewegt sich etwa in der Größenordnung, die für den menschlichen Darm ermittelt wurde.

Die Mikrobenflora von Schwämmen derselben Art ist homogen, auch wenn die Tiere in weit entfernten Gebieten leben. Vergleicht man aber die Mikroben verschiedener Schwammarten, die direkt nebeneinander wachsen, findet man kaum Überschneidungen. In der bisher umfangreichsten Untersuchung[5] von 32 Schwammarten an acht verschiedenen Standorten in allen Weltmeeren fanden die Forscher nicht eine einzige Bakterienspezies, die allen Schwämmen gemeinsam war, und nur drei traten in mehr als 70 Prozent der Arten auf. Die überwiegende Mehrzahl dieser Mikroben ist also streng artspezifisch, sodass sich allein für die gut 6000 verschiedenen Schwämme, die bisher beschrieben wurden, eine Zahl von etwa 18 Millionen Bakterienspezies ergibt. Die tatsächliche Zahl könnte sogar noch weit höher liegen, denn die Schwammfauna größerer Meerestiefen ist bislang kaum erforscht.

Wie ist es dann aber zu verstehen, wenn die Forscher feststellen, Schwämme würden von einer artenreichen, aber relativ gleichförmigen Mikrobengesellschaft bewohnt?[6] Der scheinbare Widerspruch lässt sich am besten auflösen, wenn man die Verhältnisse in Schwammholobionten auf einen uns vertrauten Lebensraum des Festlands überträgt. In jedem Waldgebiet würden Vögel, Säugetiere, Reptilien, Insekten, Krebse und andere dann jeweils etwa den gleichen Anteil am Gesamtartenbestand stellen, doch wären es überall unterschiedliche Arten. Es gäbe kaum Überschneidungen, keine Arten, die in allen, und nur wenige, die in vielen der Wälder leben würden.

Interessanterweise hat man ein ähnliches Muster auch im menschlichen Darm gefunden.[7] Der Kern an gemeinsamen Mikrobenarten ist bei den Menschen sehr klein, doch in jeder dieser individuell zusammengesetzten Mikrobengemeinschaften findet man die gleichen Genfamilien. In jeder Schwammart und in jedem menschlichen Darm sind demnach die gleichen Jobs zu vergeben, gibt es die gleichen Nischen, sie werden aber jeweils von anderen, oft nah verwandten Mikrobenarten ausgefüllt. Jeder Wald besäße in unserem Gedankenspiel seine eigene Specht- oder Mäuseart. Alle besetzten die gleiche Nische, unterschieden sich aber mehr oder weniger deutlich von den Tieren im Nachbarwald. Welche Art in welchem Wald oder in welchem Darm zum Zuge käme, könnte dabei weitgehend vom Zufall abhängen. Das ist bei Schwämmen anders. Hier scheint jede Mikrobenart ihren festen Platz zu haben.

Das Resultat aber wäre das gleiche: eine kaum überschaubare Zahl von Specht- und Mäusearten, genau das, was Mikrobiologen beobachten.

Wie ist es zu erklären, dass diese außergewöhnliche Vielfalt ausgerechnet in den einfachsten aller vielzelligen Tiere auftritt? Ein Grund könnte darin bestehen, dass Schwämmen viel mehr Zeit zur Verfügung stand als anderen Tieren, um verschiedene Wege der Kooperation mit Mikroben zu erproben und gemeinsam weiterzuentwickeln. Schwämme sind eine der ältesten heute noch lebenden Tiergruppen, wir haben es also mit den »vielleicht ältesten aller Symbiosen zwischen Mikroben und Vielzellern« zu tun.[8]

Die Möglichkeiten, aus dem Stoff- und Nahrungsangebot ihrer Umwelt Energie zu gewinnen und chemische Verbindungen zu synthetisieren, haben sich für die Schwämme dadurch enorm erweitert. Es sind einfach gebaute Tiere, die nicht einmal über echte Gewebe verfügen, gleichzeitig aber ungeheuer komplex zusammengesetzte Holobionten, die es geschafft haben, länger zu überleben als jede andere Tiergruppe. Während um sie herum die unterschiedlichsten Tiergestalten kamen und gingen, führten sie ihre geruhsame Existenz am Meeresboden und blieben, wie sie waren, im Salz- wie im Süßwasser, in den eiskalten Meeren der Polargebiete genauso wie in tropischen und gemäßigten Zonen. Da man seit Kurzem weiß, dass insbesondere kleine Schwämme mit sehr geringen Sauerstoffmengen auskommen[9], besteht die Möglichkeit, dass sie sogar noch älter als – wie bisher vermutet – 800 Millionen Jahre sein könnten, wie bisher vermutet. Forscher wie der in Exeter arbeitende Brite Timothy Lenton trauen ihnen sogar eine aktive Rolle beim Anstieg des Sauerstoffgehalts zu, der als Voraussetzung für das Aufblühen tierischen Lebens angesehen wird.[10] Beim bakteriellen Abbau von organischen Schwebstoffen wird viel Sauerstoff verbraucht. Am Meeresboden gedeihende Schwammpopulationen könnten jedoch große Mengen dieser Schwebstoffe aus dem Wasser filtriert und so den Sauerstoffverlust verhindert haben. Somit könnten sie eine Art Geburtshelfer für den bald einsetzenden raschen Aufstieg der irdischen Tierwelt gewesen sein.

•••

Ein Aspekt der Schwammbiologie ist für die Menschen von besonderem Interesse. Wie Steinkorallen können die auf ihrem Untergrund festsitzenden Tiere nicht fliehen, wenn sie attackiert oder von unfreundlichen Mikroben infiziert werden. Sie haben keine Wahl. Es sind Filtrierer, die große Mengen Wasser ansaugen müssen, um an Ort und Stelle das herauszufischen, was sie zum Leben brauchen, und so wird auch manches durch die Hohlräume ihres Körpers gepumpt, das dort besser nicht hineingelangen würde. Also müssen sie sich wappnen, zum Beispiel mit einem Cocktail hochwirksamer chemischer Stoffe, die Angreifern den Appetit verderben. Gegen Fisch- und Schneckenfraß wehren sich manche Schwämme durch Einlagerung ungewöhnlicher Alkaloide. Doch wie hilft man sich, wenn man einige dieser lebenswichtigen Abwehrsubstanzen nicht selbst produzieren kann? Man holt sich Spezialisten ins Holobiontenteam.

Schwämme galten schon länger als ergiebige pharmakologische Schatztruhen, als wichtigste marine Quelle biologisch aktiver Substanzen.[11] Aus Stoffen, die in einer karibischen Art entdeckt wurden, entwickelte man etwa das antivirale, in der AIDS-Therapie eingesetzte Mittel Azidothymidin (AZT). Doch scheint sich heute die schon früher geäußerte Vermutung zu bestätigen, dass viele der Stoffe mit starker biologischer Wirkung, die man in Schwämmen gefunden hat, nicht von den Tieren selbst, sondern von ihren symbiontischen Bakterien erzeugt werden. Die Abwehr feindlicher Mikroben und Viren ist deren Beitrag zur Integrität und Gesundheit des Ganzen, des Holobionten. Für die Menschen könnte sich das als außergewöhnlich nützlich erweisen.

So töten diverse antibiotisch wirksame Substanzen der Schwammholobionten zwar frei im Wasser schwimmende Bakterien, gegenüber den eigenen Mikroben aber sind sie wirkungslos. Im Labor von Russel Hill an der University of Maryland wird mit Manzamin A experimentiert, einem Stoff, der Malariaparasiten effektiver tötet als die bisher gebräuchlichen Präparate. Ursprünglich wurde der Stoff in einem Schwamm vor der Küste Okinawas entdeckt, ähnliche Verbindungen fand man mittlerweile aber auch in vielen anderen Arten. Wahrscheinlich werden sie von Mikroben produziert, die in allen diesen Schwämmen vorkommen. Mittlerweile gelang es den Wissenschaftlern, ein Bakterium zu isolieren, das als Produzent infrage kommt, ein erster wichtiger Schritt, um irgendwann die Mengen an Substanz zu gewinnen, die für Tierversuche und klinische Studien erforderlich wären.[12]

Denn der Nachschub ist bislang das größte Problem auf dem Weg zu neuen Arzneien, zu denen auch vielversprechende Krebspräparate gehören könnten.[13] Meist sind die Verbindungen zu komplex, um sie in ausreichender Menge synthetisch herstellen zu können, und eine Reinigung aus der Natur gewonnener Extrakte ist nahezu unmöglich, ganz davon abgesehen, dass man damit die Schwammpopulationen vernichten würde, die man gerade als Quelle potenzieller Medikamente entdeckt hat. Das musste auch der Bonner Wissenschaftler Jörn Piel feststellen. Nur zehn Gramm Halichondrin B, ein im Labortest sehr wirksames Antitumor-Präparat, brauchten er und seine Kollegen, um damit klinische Tests durchzuführen. Aber die in neuseeländischen Gewässern lebende Schwammgruppe, die den Stoff produziert, würde nur 300 Milligramm pro Tonne liefern – bei einer Gesamtpopulation von schätzungsweise 280 Tonnen.[14]

Deshalb versuchen Jörn Piel und seine Kollegen einen anderen Weg zu gehen. Gelänge es ihnen, das Schwammbakterium zu identifizieren, das Halichondrin B produziert, wäre keineswegs garantiert, dass man es auch kultivieren und vermehren könnte. In den meisten Fällen gelingt das nicht. Also fahnden sie nicht nach dem Bakterium, sondern durchsuchen die aus den Schwämmen gewonnene metagenomische DNA nach den Sequenzen, die der Produktion des Stoffs zugrunde liegen. Diese Gene könnten sie in Bakterien überführen, die ans Laborleben gewöhnt sind und nach seit Jahrzehnten bewährter biotechnologischer Praxis die Produktion der begehrten Substanz übernehmen würden. Es ist also nicht ausgeschlossen, dass wir einige der schlimmsten Geißeln der Menschheit einmal mit den chemischen Abwehrtricks von Schwammholobionten bekämpfen werden.

Leben ohne Mund und Darm

Es war vielleicht die größte zoologische Sensation des 20. Jahrhunderts. Sie lieferte Bilder, die um die Welt gingen. Tief unter der Meeresoberfläche, in der ewigen Finsternis der Tiefsee, in unmittelbarer Nähe der Schwarzen Raucher, die wie veraltete Industrieschlote dunkle, hochgiftige »Rauchfahnen« ausstoßen, gedeiht, nein, wimmelt es von nie zuvor gesehenen Lebensformen: dicke Mikrobenmatten, leuchtend gelbe Muscheln, meterlange weiße Würmer mit roten Tentakelkronen, ganze Heerscharen von Krebsen. In einer Umgebung, die auf der Erdoberfläche und in der Nähe menschlicher Siedlungen als schwermetallverseuchter Sondermüll gelten würde, existiert ein Ökosystem, das zu den produktivsten des ganzen Planeten zählt. Und das alles ohne einen einzigen Sonnenstrahl. Niemand hatte damit gerechnet.

Unter den neuen Tierarten, die die Besatzung des legendären amerikanischen Tauchbootes *Alvin* in den späten 1970er-Jahren in der Nähe der Galapagos-Inseln zu Gesicht bekamen, hatte es besonders *Riftia* den Forschern angetan, der Röhrenwurm mit den blutroten Tentakeln, der in den folgenden Jahren quasi zum Gesicht dieser außergewöhnlichen Lebensgemeinschaft wurde. Die Tiere verankern sich mit bis zu 30 Meter langen »Wurzeln« auf dem schroffen Vulkangestein des Untergrundes und bilden dichte, sich umschlingende Bestände, die nicht selten mehrere Tausend Tiere umfassen können.

Relativ schnell war klar, dass die Forscher mit *Riftia* eine Riesenform der sogenannten »Bartwürmer« (Pogonophora) gefunden hatten, die erst Anfang des 20. Jahrhunderts in Tiefseesedimenten des Pazifischen Ozeans entdeckt worden waren. Ihre Stellung im zoologischen System blieb lange umstritten, nicht zuletzt weil bei der schwierigen Aufsammlung der Tiere durch die Greifarme der Tauchboote das Hinterteil abriss und in der Röhre zurückblieb. Erst als die Forscher in den 1960er-Jahren auch dieses borstenbewehrte Körperteil bergen und untersuchen konnten, wurde deutlich, dass es sich um Vertreter der Ringelwürmer handelt, um entfernte Verwandte der Regenwürmer also.[1]

In den Larven sind sie noch vorhanden, doch wie alle Bartwürmer besitzen ausgewachsene *Riftia* weder Mund noch Anus noch Darm, was Biologen natürlich vor die naheliegende Frage stellte, wie ein solches Wesen überhaupt seine Nahrung zu sich nimmt. Fressen im üblichen Sinne können die Tiere jedenfalls nicht. Vermutlich, so dachten die Wissenschaftler, haben die Anhänge, denen die Würmer ihren Namen verdanken, etwas mit der Nahrungsaufnahme zu tun. Über ihre Tentakel könnten die Tiere gelöste organische Stoffe direkt aus dem Wasser aufnehmen. Bei den vielen kleinen Arten wäre das vielleicht denkbar, aber würde auf diese Weise auch ein großes Tier wie *Riftia* auf seine Kosten kommen, das bis zu drei Meter lang werden kann?

Die nähere Untersuchung der Tiere brachte eine ganz andere Wahrheit zutage – und eine neuartige, bis dahin unbekannte Form der Symbiose.[2] In den Zellen eines Organs, das als »Ernährungskörper« oder »Trophosom« bezeichnet wird, stießen die Forscher auf große Mengen von Bakterien, die ein Viertel des Gewichts dieser Gebilde ausmachen. Hier, im Wurminneren, praktizieren Mikroben weiterhin die altbewährten Energiegewinnungsmethoden aus der Frühzeit der Prokaryoten und oxidieren Schwefelverbindungen, die von den hydrothermalen Quellen ausgestoßen werden. Mit der dabei gewonnenen Energie und CO_2 als Kohlenstoffquelle bauen sie organische Substanz auf, ein Vorgang, der in Analogie zur Fotosynthese als »Chemosynthese« bezeichnet wird.

Ihr roter Bart dient *Riftia* somit tatsächlich zum Stoffaustausch mit dem umgebenden Wasser, aber es sind keine Nährstoffe, sondern die Ausgangsprodukte der Chemosynthese, die hier aufgenommen werden: Sauerstoff, Sulfide und CO_2. Der Ausstoß der hydrothermalen Quellen ist nicht gleichmäßig, durch die unermüdliche Strudeltätigkeit der Tentakel gewährleisten die Würmer jedoch eine kontinuierliche Versorgung ihrer Trophosom-Bakterien. Versiegt der Nachschub aus den Tiefseeschloten ganz, stirbt auch *Riftia*, sterben die Symbionten, stirbt die ganze quirlige Gemeinschaft. Hydrothermale Quellen sind wankelmütige Gebilde von begrenzter Lebensdauer. Für die, die sie nutzen können, bieten sie nur ein Schlaraffenland auf Zeit.

Den Stofftransport im Körperinneren von *Riftia* besorgt ein geschlossenes Blutgefäßsystem mit einem im Plasma gelösten Hämoglobin, das den stark durchbluteten Tentakeln ihre intensiv rote Färbung verleiht. Dieser Blutfarbstoff ist von spezieller Natur und wird deshalb auch »*Riftia*-Hämoglobin« genannt. Für ihre Bakterien sind Sulfide unschädlich und die Voraussetzung ihrer Existenz, für die Würmer selbst aber sind sie giftig. Damit ihre Bakterien daraus etwas für sie Verwertbares herstellen können, ist *Riftia* also gezwungen, permanent giftige Stoffe aufzunehmen, keine besonders lustvolle Art, sich zu ernähren – als müssten wir, um eine uns ernährende Darmflora zu unterhalten, ausschließlich Petroleum trinken. Da die Riesenbartwürmer sowohl giftige Schwefelverbindungen als auch Sauerstoff aufnehmen müssen, haben sie das Problem, zwei notorische chemische Kampfhähne, die bei jeder sich bietenden Gelegenheit übereinander herfallen würden, sicher und unversehrt an ihren Bestimmungsort im Trophosom zu transportieren. Genau das leistet das *Riftia*-Hämoglobin. Es bindet beide Stoffe an getrennten Strukturen des Moleküls und lässt sie so lange nicht mehr los, bis sie von den Bakterien übernommen werden.

Chemosynthetische Bakterien versorgen als Symbionten aber nicht nur die darmlosen Würmer – und das nicht schlecht, wenn man bedenkt, dass sie *Riftias* einzige Energie- und Nahrungsquelle sind und die Tiere nach dem Festsetzen der Larven mit fast einem Meter pro Jahr schneller wachsen als jede andere wirbellose Tierart.[3] Sie tun dies, indem sie ihrem Wurmwirt Produkte der Chemosynthese übermitteln und schließlich selbst verdaut werden. Doch im Umkreis der hydrothermalen

Quellen gedeihen auch zahllose frei lebende chemosynthetische Bakterien. Sie schweben im Wasser und bilden dicke Matten von puddingartiger Konsistenz, an denen sich Krebse laben. Als Primärproduzenten sind sie, wenn man so will, die Pflanzen der Tiefsee und bilden die Grundlage der gesamten Lebensgemeinschaft. Ihnen ist es zu verdanken, dass an hydrothermalen Quellen üppige Oasen und stattliche chemosynthetische Holobionten aufblühen.

Riftia und sein Mikrobenpartner bilden die erste Symbiose dieser Art, die der Wissenschaft bekannt wurde. Aber es ist keineswegs die einzige. Schon wenige Jahre nach der Entdeckung von *Riftia* und den anderen Bewohnern hydrothermaler Quellen wurde im Golf von Mexiko an sogenannten »kalten Quellen« (englisch »cold seeps«) eine ähnliche, aber anders zusammengesetzte Lebensgemeinschaft entdeckt. Kalte Quellen entstehen in Subduktionszonen, wo eine Platte der Erdkruste unter einer anderen abtaucht. Wie Butter sich vor dem Messer staut, das über ein Brot kratzt, schiebt die obere Platte die Sedimentmassen, die sich auf der abtauchenden Platte angesammelt haben, zu einem sogenannten »Akkretionskeil« zusammen und presst dabei das darin enthaltene kalte Wasser und flüchtige Substanzen wie Schwefelwasserstoff und Methan heraus. Im Vergleich zu den hydrothermalen Quellen ist der Ausstoß von Stoffen, die chemosynthetisches Leben ermöglichen, in den kalten Quellen gering, dafür aber kontinuierlich, und er hält über sehr lange Zeiträume an. *Riftias* dort lebende Verwandtschaft wächst daher sehr langsam. Bartwürmer der Gattung *Escarpia* brauchen mehr als hundert Jahre, um einen Meter Länge zu erreichen, trotz ihrer Symbionten.[4] Das im Vergleich dazu explosionsartige Wachstum von *Riftia* erscheint vor diesem Hintergrund als eine Anpassung an die Unberechenbarkeit ihres Lebensraumes. Wenn die Würmer bis zur Geschlechtsreife heranwachsen wollen, müssen sie sich sputen, denn man kann nie wissen, wie lange eine hydrothermale Quelle aktiv sein wird.

Nicole Dubilier, Direktorin des Bremer Max-Planck-Instituts für Marine Mikrobiologie und Leiterin der Abteilung Symbiosen, wundert sich in der Rückschau, dass es dieser Entdeckung in der fernen Tiefsee bedurfte, um den Wissenschaftlern die Augen zu öffnen. Für ihre Forschungen über chemosynthetische Symbiosen wurde ihr im März 2014 mit dem Leibniz-Preis der höchstdotierte deutsche Wissenschaftspreis verliehen. Dubilier betont, dass erst *Riftia* den Startschuss für eine intensive Suche nach weiteren Symbiosen dieser Art lieferte, und bald zeigte sich, dass sie keineswegs so selten sind, wie man zunächst vermutete.

Heute kennt man Hunderte von Tierarten, die chemosynthetische Partner besitzen. Ein weitverbreiteter Kolonien bildender Verwandter des Pantoffeltierchens ist in einen Mantel aus schwefeloxidierenden Bakterien gehüllt wie das Wiener Schnitzel in seine Panade.[5] Darüber hinaus fand man chemosynthetische Bakterien in Schwämmen, verschiedenen Wurmgruppen bis hin zu Schnecken, Muscheln und Krebsen, und Nicole Dubilier und ihre Kollegen gehen davon aus, dass noch viele weitere Tierarten hinzukommen werden.[6] Einige ihrer Lebensräume liegen direkt vor der Haustür der Wissenschaftler. »Es gibt kaum ein marines Küstensediment, sei es vor Sylt, sei es im Mittelmeer, in dem man nicht solche Symbiosen findet«, stellt Nicole Dubilier fest.[7] Partnerschaften wie die von *Riftia* und ihren Bakterien fand man im Wattenmeer, in den Schlammschichten von Mangrovenwäldern, neben Petroleumquellen und Schlammvulkanen, in den Sedimenten von Seegraswiesen, Korallenriffen und Kontinentalhängen und in auf den Meeresgrund abgesunkenen Baumstämmen, den sogenannten »*wood falls*«, überall da, wo geologische oder biologische Prozesse für ein Milieu sorgen, das reich an Schwefelwasserstoff und/oder Methan ist.

Für manche dieser Holobionten ist es allerdings schwerer, an die Ausgangsstoffe der Chemosynthese zu gelangen, als für *Riftia*, die im günstigen Fall davon umgeben ist. Sie können tief im Sediment versteckt sein. Sauerstoff wird dann am einen Ende des Tieres und die Schwefelverbindungen am anderen aufgenommen. Eine Gruppe von sedimentbewohnenden Muscheln pumpt Wasser an ihren Kiemen vorbei, um Sauerstoff aufzunehmen, doch um an den Schwefel zu kommen, muss sie mit einem Fuß durch den Untergrund bohren, der dreißigmal länger wird als ihre Schale – für Nicole Dubilier und ihre Kollegen »ein extremes Beispiel für eine morphologische Anpassung eines Tieres an eine Symbiose«.[8]

Sogar in Schiffswracks wurde man fündig. Vor der spanischen Küste entdeckte man in 1100 Metern Tiefe ein Wrack, in dessen Bauch die bakterielle Zersetzung von Bohnen genug Sulfid bereitstellte, um eine Population von Bartwürmern und ihren Symbionten zu ernähren. In einem anderen waren es die verrottenden Papiervorräte im Postraum, die chemosynthetische Holobionten am Leben hielten.[9]

Sequenzen von über hundert Bakterienarten aus derartigen Symbiosen sind bislang analysiert und in Datenbanken gespeichert worden. Manche leben wie die Partner von *Riftia* in speziellen Organen, die ihre Wirte für sie bereitstellen, andere bewohnen wie bei Krebsen und Muscheln die Kiemen ihrer Wirte. Und während sie beim Riesenbartwurm und vielen anderen Tieren in besonderen Zellen, den Bakteriocyten, untergebracht sind, haben sie sich bei anderen außen an die Zellen geheftet. Manche Wirte beherbergen bis zu sechs verschiedene Symbionten, von denen einige nicht aus Sulfiden, sondern aus Methan Energie gewinnen können. Wirte, die in einer instabilen oder unvorhersehbaren Umwelt leben, könnten sich auf diese Weise gleich für mehrere Eventualitäten abgesichert haben. Ist der eine Symbiont zur Untätigkeit verdammt, weil der Nachschub an Schwefelwasserstoff versiegt, stürzen sich andere zur Energiegewinnung aufs Methan.

Nicole Dubilier und ihr Team haben sich ausgiebig mit einem kleinen schlammbewohnenden Würmchen beschäftigt, das unter seiner Haut fünf verschiedene Symbionten trägt. Sie ersetzen ihm nicht nur den Darm, sondern auch die nicht vorhandenen Nieren, indem sie Harnstoff und Ammoniak entsorgen. Stoffwechselprodukte werden nicht nur mit dem Wirt, sondern auch unter den Bakterien ausgetauscht, eine Art chemisches Pingpong, bei dem beide Spieler nur gewinnen können.[10] Die Vielfalt der gemeinsamen Lebenswege, die die Forscher entdecken, ist enorm.

Einige vermuteten, dass der Ursprung dieser Symbiosen in der Infektion der Wirte durch ein pathogenes Bakterium bestanden haben könnte. Doch Nicole Dubilier und ihre Mitarbeiter fanden unter den frei lebenden Verwandten der Symbionten keinen einzigen krankmachenden Keim. Sie halten diesen Weg schon deshalb für unwahrscheinlich, weil pathogene Bakterien sich auf andere Weise ernähren und die Fähigkeit zur Chemosynthese dann erst nach ihrer Infektion erworben haben müssten. Molekularbiologische Untersuchungen zeigen zudem, dass die nächsten Verwandten der symbiontischen Bakterien keine einheitliche Gruppe bilden, sondern sich in vielen unterschiedlichen frei lebenden Bakteriengruppen finden lassen, die alle zur Oxydation von Schwefel befähigt sind.[11] Offenbar sind chemosynthetische Symbiosen vielfach und unabhängig voneinander entstanden.

Wer nun gedacht hatte, die Geheimnisse der Bartwürmer und ihrer Bakterienpartner seien aufgedeckt und keine weiteren Überraschungen mehr zu erwarten, wurde Anfang des neuen Jahrtausends eines Besseren belehrt. Mit *Osedax* tauchte ein weiterer Spross der Bartwurmfamilie auf. Mittlerweile ist er zu einer ganzen Artengruppe angewachsen.[12]

Wissenschaftler des Monterey Bay Aquarium Research Institute staunten nicht schlecht, als vor dem Kameraauge ihres Tauchroboters *Tiburon* in fast 3000 Metern Tiefe Knochen eines Grauwals auftauchten, die stellenweise von einem roten Blumenrasen überwachsen zu sein schienen. Schwedische Forscher machten eine ähnliche Entdeckung, allerdings in sehr viel flacherem Wasser. Um die Besiedlung von Walkadavern zu studieren, hatten sie unweit der Küste einen toten Minkwal deponiert. Als sie einige Knochen zur näheren Analyse bargen, fanden sie diese von hübschen roten, blütenartigen Gebilden garniert vor, die sich als Tentakel von kleinen, in den Knochen steckenden Bartwürmern herausstellten. Sie nannten sie »*Osedax mucofloris*«, »knochenfressende Schleimblume«. Da sich dieser Ansatz bewährt hat, rotten Walkadaver nun in verschiedenen Weltmeeren vor sich hin, im Dienste der Zoologie. Sie fungieren als Köder, die eine bislang kaum erforschte Fauna anlocken sollen. Tote, auf den Meeresgrund gesunkene Wale, so wird vermutet, boten in einer Zeit, in der Meeressäuger viel zahlreicher waren als heute, Trittsteinbiotope. Sie wurden von vielen Organismen als Zwischenstationen genutzt, um in der riesigen Einöde der Tiefseebecken weit entfernt liegende Lebensräume zu erreichen. Ob sie diese Funktion noch heute wahrnehmen können, ist eine offene Frage.

Um Chemosynthese geht es bei diesem jüngsten Ableger der Bartwurmfamilie nicht, doch auch die sogenannten »*whale falls*« sind eine sehr spezielle Nahrungsquelle, die von den knochenfressenden Schleimblumen nur mithilfe spezieller Bakterien verwertet werden kann.[13] Untergebracht sind die Symbionten, die von keiner anderen Bartwurmgruppe bekannt sind, in dem reich verzweigten Wurzelgewebe von *Osedax*, das sich mittels selbst produzierter Säuren in die harten Walüberreste bohrt. Dort verdauen die Mikroben die Öle und das Kollagen der Knochen, zum Wohle ihrer Würmer.

Ein Alleinstellungsmerkmal sind auch die mikroskopisch kleinen Männchen, die als Harem zu Hunderten in den Röhren der Weibchen leben. Nun zerbrechen sich die Forscher den Kopf, was die vielen anderen Bakterienarten leisten, die bei metagenomischen Analysen an und in *Osedax* gefunden wurden[14], und sie fragen sich, wie und wann sich diese ziemlich aus der Art geschlagenen Vertreter der Bartwurmzunft vom Rest der Verwandtschaft abzweigten und ihren ganz eigenen Weg einschlugen. Mitunter landen Walkadaver auch in Gebieten mit erhöhten Sulfid-Konzentrationen. »Normale« Bartwürmer könnten sich dort zum Zwecke der Chemosynthese niedergelassen haben, um dann unverhofft auf eine ganz andere ergiebige Nahrungsquelle zu stoßen. Mithilfe neuer Symbionten, denen sie an den Walknochen begegneten, könnte ihnen dann eine radikale Ernährungsumstellung gelungen sein.

Da die Lebensräume der Bartwürmer wie Oasen in der Wüste sehr ungleichmäßig in den Ozeanen verteilt und nur unzureichend erforscht sind, rechnen die an Überraschungen gewöhnten Forscher noch mit weiteren außergewöhnlichen Entdeckungen in der Holobiontenwelt der Meere. »Wir glauben«, schrieb ein internationales Expertenteam, »dass die Erforschung neuer chemosynthetischer Lebensräume, auf dem Planeten Erde oder vielleicht darüber hinaus, auch die Entdeckung neuer Arten mit sich bringen wird, mit ökologischen und physiologischen Eigenschaften, die man sich noch gar nicht vorstellen kann.«[15]

Leuchtende Zwerge

Tintenfische gehören zu meinen erklärten Lieblingen.[1] Jeder, der das Glück hatte, diese faszinierenden Tiere einmal in ihrem natürlichen Lebensraum zu beobachten, wird meine Begeisterung verstehen. Darüber hinaus ist das entzückende, gut hummelgroße Wesen, das uns nun beschäftigen soll, dank der jahrzehntelangen Forschungsarbeit von Margaret McFall-Ngai und anderen von herausragender Bedeutung für die Symbioseforschung. Verlassen wir also die Tiefsee und die stinkenden Ausdünstungen heißer oder kalter Quellen und begeben uns in die lichtdurchfluteten Küstengewässer Hawaiis, den Lebensraum der Stummelschwanzsepia *Euprymna scolopes*. Bei diesem nicht einmal drei Gramm wiegenden Zwergtintenfischchen und einigen anderen Meeresbewohnern geht uns im wahrsten Sinne des Wortes ein Licht auf.

Wie fast alle Tintenfische ist *Euprymna* ein Meister der Tarnung. Tagsüber vertrauen die Sepien auf die Farbzellen in ihrer Haut, die sich perfekt der jeweiligen Umgebung anpassen können, doch als ein begehrter Snack der Hawaii-Mönchsrobben und anderer Raubtiere gehen sie meist auf Nummer sicher und verbergen sich im Sand, aus dem dann nur noch ihre beiden Augen herausschauen.

Nachts aber begeben sie sich auf die Jagd nach Kleinkrebsen, und da ihre Körper sich dabei für unter ihnen lauernde Räuber als verräterisch dunkle Silhouette vor dem von oben einfallenden Mond- und Sternenlicht abzeichnen würden, entzünden sie in zwei speziellen Leuchtorganen ein schwaches Licht, das ihre Umrisse auflöst. Reflektierende Gewebe und die über den Leuchtorganen liegende Tintendrüse sorgen dafür, dass es nur nach unten fällt. Verändert sich das Licht, das von oben auf den »Rücken« der Tiere trifft, etwa weil eine Wolke sich vor den Vollmond schiebt, wird auch das Leuchten der Sepien gedimmt.[2] Diese sogenannte »*counter-illumination*« wird auch von vielen anderen leuchtenden Meerestieren benutzt, um sich nachts nahezu unsichtbar zu machen.

Die anatomischen Verhältnisse der Tintenfische oder Kopffüßer (wissenschaftlich: Cephalopoda) sind etwas verwickelt. Man kann sie am besten verstehen, wenn man von landbewohnenden Verwandten der Sepien ausgeht, den Nacktschnecken, und diese – bitte nur – in Gedanken einer ziemlich drastischen Metamorphose unterzieht. Stellen Sie sich vor, Sie könnten Ihren Ekel überwinden und einen dieser schleimigen Salatfresser von unten mit der linken Hand etwa in der Körpermitte packen. Direkt darüber setzen Sie Daumen und Zeigefinger der rechten Hand auf den Rücken der Schnecke und ziehen nun beide Hände auseinander, bis sich der gesamte Körper der Schnecke kaugummiartig zwischen Ihren beiden Händen spannt. Stellen Sie sich weiter vor, dass aus dem Fuß der Schnecke, den Sie zwischen den Fingern der linken Hand halten, direkt neben dem Kopf die Fangarme entstehen. Aus dem Rücken in Ihrer rechten Hand wächst dagegen eine ringförmige Hautfalte, der sogenannte »Mantel«, und stülpt sich wie ein muskulöser Schirm oder eine Tüte über fast alles, was sich zwischen Ihren beiden Händen befindet. Nahe dem abgerundeten Ende des Mantels entwickeln sich zwei Flossen. Fertig ist der zehnarmige Tintenfisch.

Versuchen Sie sich besser nicht an diesem Experiment, denn es wird nicht funktionieren, und schon der Versuch würde der armen Schnecke missfallen. Doch aus dieser gedanklichen Transformation lässt sich zweierlei ableiten. Was wir an Tintenfischen als Rücken und Bauch wahrnehmen, sind in Wahrheit ihre rechte und linke Körperseite. Und, in unserem Zusammenhang besonders wichtig, das Innere des muskulösen Mantels, der die empfindlichen Organe schützt und in Scheiben geschnitten die bekannten Calamari-Ringe ergibt, ist Teil der Außenwelt. Es enthält die dem Gasaustausch dienenden Kiemen und Wasser. Sollte sich das Tier bedroht fühlen, kann es den Mantel verschließen und das Wasser, das sich in dem Hohlraum befindet, durch eine trichterförmige Struktur nach außen pressen, um wie ein Pfeil nach hinten wegzuschießen. Befindet es sich in Ruhe, ist der Hohlraum aber offen, damit die Kiemen von frischem Wasser umspült werden.

In dieser Mantelhöhle liegen auch die beiden Leuchtorgane. Verursacher des geheimnisvollen kalten Lichts sind aber nicht die kleinen Tintenfische selbst, sondern ein Bakterium namens *Vibrio fischeri*, das in den Leuchtorganen lebt wie Kühe in einem Stall. Die Mikroben werden von ihrem Tintenfischwirt ernährt und versorgt, geben aber keine Milch, sondern Licht.

Frisch aus dem Ei geschlüpfte Baby-Stummelschwanzsepien sind frei von Bakterien. Doch schon einen Tag später leuchten sie wie die Alten. Was sich in diesen wenigen Stunden abspielt, gehört zum Faszinierendsten, was die Symbioseforschung bislang zutage befördert hat. Denn eine Kontaktaufnahme zwischen Wirt und Bakterie ist nicht nur die Voraussetzung jeder Holobiontenbildung, vom Tiefseewurm bis hin zum Menschen, sie geht natürlich auch der dunklen Seite mikrobieller Machtentfaltung voraus, der Infektion eines Lebewesens durch pathogene Bakterien, und ist daher auch für medizinische Mikrobiologen von großem Interesse. Der molekulare Dialog, der diesen Kontakt begleitet, und die dadurch in Wirt und Bakterie ausgelösten Ereigniskaskaden werden uns in einem späteren Kapitel beschäftigen. Hier soll zunächst nur geschildert werden, was sich dem bloßen Forscherauge oder unter dem Mikroskop offenbart.[3]

Um leuchten zu können, muss sich jede neugeborene Sepie selbst mit den Symbionten ausstatten, und sie beginnt damit, kaum dass sie aus ihrer Eihülle geschlüpft ist – ein Hinweis darauf, wie wichtig das nächtliche Tarnlicht für das Überleben der kleinen Tintenfische ist. Einfach ist dieser Erwerb nicht. In jedem Milliliter Meerwasser befinden sich zwar etwa eine Million Bakterien, doch nicht einmal 0,1 Prozent davon gehört der Spezies *Vibrio fischeri* an, die keineswegs darauf angewiesen ist, zu Leuchtsymbionten eines kleinen Tintenfisches zu werden. Sie könnte genauso gut ein freies Leben im Wasser führen, muss also wohl eher eingefangen werden, als dass sie sich aktiv um einen Anschluss an *Euprymna* bemühen würde. Sepienbabys, die potenzielle Bakterienpartner natürlich genauso wenig sehen können wie wir die zahllosen Mikroben auf unserer Handfläche, müssen also das Kunststück fertigbringen, wenige Nadeln in einem riesigen Heuhaufen ausfindig zu machen und diese an sich zu binden, gleichzeitig aber verhindern, dass sie von falschen, unter Umständen sogar gefährlichen Bakterien überschwemmt werden.

Die Leuchtorgane sind in ihrer Mantelhöhle schon angelegt und gewissermaßen betriebsbereit. Sie verfügen aber zusätzlich über eine Struktur, die älteren Sepien fehlt und nur dem Zweck dient, zukünftige Symbionten aus dem Wasser zu fischen. Es handelt sich um zwei Epithelien, also um flächige Abschlussgewebe, die dicht mit Wimpern oder Cilien besetzt sind und in denen sich jeweils drei Poren befinden, durch die ein Gang ins Innere der Organe führt.

Die Atembewegungen der Sepien füllen die Mantelhöhle nun immer wieder mit frischem Wasser, und nur Sekunden nach dem Schlüpfen aus dem Ei beginnen auch die Wimpernfelder der Leuchtorgane zu schlagen und einen Wasserstrom in Richtung der Poren zu erzeugen. Gleichzeitig produzieren die Epithelzellen einen Schleim, an dem Bakterien hängen bleiben. In jedem Organ sind es nur drei bis fünf Bakterienzellen, die sich schließlich, angetrieben von langen Geißeln, spermiengleich auf den Weg ins Innere machen und dabei mit Abwehrmaßnahmen des Wirts zu kämpfen haben, der in jeder Phase der Kontaktaufnahme sicherstellen muss, dass hier nicht die Falschen versuchen, sich Zugang zu verschaffen. Geleitet werden sie von einem chemischen Gradienten, der sie schließlich acht bis zehn Stunden nach dem Schlüpfen der Sepien in die Krypten führt, wo sie die Geißeln abwerfen und sich dank optimaler Versorgung stark vermehren, um dort in Zukunft ihren nächtlichen Dienst zu verrichten. Was sie auch müssen. Denn *Vibrio*-Zellen, die aufgrund eines genetischen Defekts nicht in der Lage sind zu leuchten, werden nach spätestens zwei Tagen hinausgeworfen.

Doch auch wenn die *Vibrio fischeri* nach Kräften leuchten und ihren Wirt auf seiner abendlichen Jagd beschützen, tun die Sepien jeden Morgen in der Dämmerung etwas Erstaunliches: Sie stoßen bis zu 95 Prozent ihrer Symbiosepartner wieder aus. Wollen sie sich vor Überbevölkerung schützen oder während des Tages die kostspielige Ernährung der Bakterien sparen? Neue Symbionten können sie nicht mehr aufnehmen, da die Wimpernfelder nach der ersten erfolgreichen Besiedlung zurückgebildet wurden. Trotzdem entsteht den Tieren kein Schaden. Mit Einbruch der Dunkelheit haben sich die in den Organen verbliebenen Bakterien wieder so oft geteilt, dass die Krypten prall gefüllt sind und leuchten.

Verblüffend ist die Erklärung, die Edward Ruby bietet, Kollege und Ehemann von Margaret McFall-Ngai. Er stellte nämlich fest, dass die Zahl an *Vibrio-fischeri*-Zellen im Meerwasser mit zunehmendem Abstand von den Lebensräumen der Stummelschwanzsepie sinkt. Und nicht nur das. Bakterien, die man fern von den Tummelplätzen der Sepien findet, erweisen sich häufig als unfähig, diese zu infizieren.

Das kann nur eines bedeuten: Die kleinen Tintenfische impfen ihre Umgebung mit potenziellen Symbionten für sich und ihre Nachkommen. Sie überlassen die Begegnung mit ihren Symbionten nicht dem Zufall, sondern sorgen selbst dafür, dass es in ihrem Lebensraum ausreichend Bakterienzellen gibt, die sich bereits als tüchtige Partner erwiesen haben, die in ihren Leuchtorganen aus Teilungen der Pioniere hervorgegangen sind und die möglicherweise in irgendeiner Weise geprägt wurden, damit auch die nächste Begegnung mit einer jungen Hawaii-Stummelschwanzsepie zu einer für beide Seiten erfolgreichen Partnerschaft führt.

Kleine Beschützer

Lassen Sie uns noch einmal mit großen Zahlen spielen. Wir haben es im Folgenden mit Insekten zu tun, da liegt das nahe. Etwa eine Million Arten sind wissenschaftlich beschrieben worden. Mehr als jede zweite Tierart auf unserem Planeten hätte demnach sechs Beine. Insektenkundler sind aber davon überzeugt, dass der tatsächliche Artenbestand noch um ein Vielfaches größer ist. Gehen wir von einer eher konservativen Schätzung aus und taxieren die Insekten auf weltweit fünf Millionen Spezies.[1]

Alle Tiere sind Holobionten, und so besitzt auch jede Insektenart ein mehr oder weniger spezifisches Mikrobiom. Natürlich sind nur die wenigsten schon mit modernen kulturunabhängigen Methoden untersucht worden, aber ihre Zahl wächst, und es ist bereits zu erkennen, wie unterschiedlich die mikrobiologischen Verhältnisse sein können. So lebt im Darm der allseits beliebten Honigbiene eine kleine, aber spezifische Gesellschaft von nur neun dominanten Bakterienarten, unabhängig davon, ob die Tiere in den USA, in Südafrika, in Australien, in Deutschland oder Schweden auf Nektar- und Pollensuche gehen. In der verhassten Schabe *Periplaneta* fanden Forscher dagegen fast 400.[2] Ein großer Teil dieser Bakterien ist spezifisch für ihren jeweiligen Wirt und taucht, nach heutigem Wissensstand, in keinem anderen Darm auf. Wenn wir also für jede der 5 Millionen Insektenspezies 10 bis 100 spezifische Bakterienarten veranschlagen, landen wir bei 50 bis 500 Millionen. Dazu kämen …

Sie sehen schon, worauf das hinausläuft. Allein der Versuch, eine einigermaßen erschöpfende Darstellung des Mikrobenlebens auf und in Insekten in Angriff nehmen zu wollen, verbietet sich von selbst. Daher können wir uns an dieser Stelle entspannt auf einige wenige Aspekte konzentrieren, die neue Facetten des Themas Wirt und Mikrobe beleuchten – in den folgenden Kapiteln wird es ohnehin immer wieder auch um verschiedene Sechsbeiner gehen. Insekten sind eben die mit Abstand artenreichste Tiergruppe der Welt, und sie haben diesen Status nicht zuletzt deshalb erreicht, weil einige von ihnen schon vor vielen Millionen Jahren enge Verbindungen mit Bakterienarten eingegangen sind. Mit Unterstützung von Symbionten wurden für sie völlig neue Nahrungsquellen verfügbar, plötzlich standen Türen offen, die vorher verschlossen gewesen waren. Viele dieser Bakterien leben seitdem als unverzichtbare Endosymbionten in den Zellen jedes Einzelnen ihrer Nachkommen.

Wie wichtig aber auch normale Darmbewohner für ihre Insektenwirte sein können, mussten belgische Wissenschaftler bei Versuchen mit Hummeln erleben, deren Darmflora der der Honigbiene ähnelt.[3] Sie hatten Arbeiterinnen der Erdhummel zwei Antibiotika verabreicht, um für einige Experimente deren Darmflora abzutöten. Schon wenige Tage später nahmen die Tiere kaum noch Nahrung auf, nach drei Wochen lebte kein einziges mehr. Eigentlich waren die Antibiotika nicht hoch genug dosiert gewesen, um die Hummeln zu vergiften. Warum also waren sie gestorben? Für die Forscher gab es nur zwei mögliche Erklärungen: Entweder hungerten sich die Hummeln zu Tode, weil die nun ohne Mikroben unverdaut bleibende Pollennahrung allzu schwer im Darm lag und sie den Appetit verloren; oder ihnen fehlten lebenswichtige Nahrungsbestandteile, die normalerweise von den Mikroben produziert werden. Die Folge wäre in beiden Fällen die gleiche: ein Zusammenbruch des Holobionten.

Bei anderen Mikroben sind die Vor- und Nachteile ihrer Anwesenheit nicht so leicht zu beurteilen. Vor knapp einhundert Jahren wurden in den Zellen einer gewöhnlichen Stechmücke kleine kugelig-ovale Lebewesen entdeckt, an deren unspektakulärer Erscheinung zunächst nichts verriet, dass es sich um mikrobielle Tausendsassas ohne Beispiel handelte, die in immer mehr Insektenarten aufgespürt werden sollten.

Jahrzehntelang wurde das neu entdeckte Bakterium kaum beachtet. Es war *just another bug in a bug.* Bis in den 1970er-Jahren einige seiner bemerkenswerten Eigenschaften offenbar wurden. Zwei kalifornische Wissenschaftler beobachteten damals, dass Stechmückeneier abstarben, wenn gesunde

Eizellen von Spermien befruchtet wurden, die von mit diesem Bakterium infizierten Männchen stammten – ein Fall von zytoplasmatischer Inkompatibilität. Bis heute verstehen die Forscher nicht genau, wie das Bakterium diese Unverträglichkeit zustande bringt.[4] Dafür fanden sie bald heraus, dass es noch mehr drauf hat. Weitere Merkwürdigkeiten kamen ans Licht: *Wolbachia*, wie das Bakterium nach einem seiner Entdecker genannt wurde, nistet sich zwar auch in Darm- und Immunzellen, in Gehirn, Muskeln, Retina und Speicheldrüsen ein, vor allem aber sind Hoden und Eierstöcke der Wirte sein Ziel, ein Reproduktionsparasit. Bei manchen Insekten macht sie die Männchen vollkommen überflüssig, weil infizierte Weibchen sich fortan durch Jungfernzeugung vermehren. Sie legen nur noch unbefruchtete infizierte Eier, aus denen wieder neue mit *Wolbachia* infizierte Weibchen schlüpfen. Bei diversen Käfern und Schmetterlingen bewirkt das Bakterium, dass die Männchen schon als Larven sterben, oder sie werden einfach in Weibchen umgewandelt wie bei einigen Asseln und Zikaden. Der Sinn dieser Manipulationen ist klar. *Wolbachia* kann nur über die weibliche Linie in die nächste Wirtsgeneration gelangen, Männchen sind eine Sackgasse und aus ihrer Sicht schlicht überflüssig. Deshalb versucht das Bakterium, auf verschiedene Weise den Anteil der Weibchen in der Population zu erhöhen.[5]

Ungeheuerlichkeiten wie diese riefen nun auch die Medien auf den Plan. Vom »*Herod Bug*« war die Rede, in Anspielung auf den römischen Statthalter Herodes, der alle männlichen Kinder Bethlehems töten ließ, andere sprachen vom »*gender bender*«, der »Mikrobenschwuchtel«. Dieses Bakterium war ein männermordendes Monstrum, was natürlich besonders den Herren der Schöpfung eine Gänsehaut über den Rücken jagte. Heute ist klar: *Wolbachia*, die zur Gruppe der Rickettsien gezählt wird, ist einer der häufigsten und am weitesten verbreiteten Zellparasiten der Welt und »repräsentiert damit eine der großen Pandemien in der Geschichte des Lebens«.[6] Neben einigen anderen Tieren, darunter Milben, Asseln und Fadenwürmer, könnten mehr als zwei Drittel aller Insektenarten infiziert sein.

Moment – ein Parasit? Was haben wir, was hat dieses Buch mit einem Zellparasiten zu schaffen? Es hieß doch ausdrücklich, dass wir uns nur mit wohltätigen Mikroben befassen wollten …

So einfach ist die Sache eben nicht. Reines Schwarz oder Weiß sind in der Biologie selten. Das, was die vielen *Wolbachia*-Stämme, die man heute kennt, sind oder sein können, ist begrifflich nicht leicht zu fassen. *Wolbachia* ist vieles zugleich, für die einen ein Parasit, der zum eigenen Vorteil die Fortpflanzung seiner Wirte manipuliert, für andere, etwa die Bettwanze und diverse Fadenwürmer, ein Symbiont, der brav Vitamine produziert und essenziell für Fortpflanzung und ein normales Wachstum ist – und, wie eine Studie an Taufliegen[7] gezeigt hat, innerhalb von nur zwei Jahrzehnten kann sich die eine *Wolbachia* in die andere verwandeln. Eine Reihe von Wirten wäre ohne das Bakterium nicht lebens- oder fortpflanzungsfähig. *Wolbachia* hat viele Gesichter, hässliche und schöne. Keine Mikrobe demonstriert eindrucksvoller, »dass symbiontische Beziehungen eine Mischung aus mutualistischen, kommensalen und parasitischen Eigenschaften sein können.«[8]

•••

Die Trickkiste des bemerkenswerten Winzlings hält noch weitere Überraschungen bereit. Es dürfte nur wenige Mikroben geben, die mit so vielen Tierarten assoziiert waren und sind wie *Wolbachia*. Doch sogar eine derart enge Beziehung kann enden, und in vielen Fällen bleibt etwas zurück. Eine der aufregendsten Entdeckungen der letzten Jahre besteht aus Sicht vieler Wissenschaftler in der Erkenntnis, dass horizontaler (oder lateraler) Gentransfer von *Wolbachia* in die Genome vieler Wirtstierarten »häufig und weit verbreitet« ist.[9]

Erstaunlicherweise hat man in etwa einem Drittel aller sequenzierten Genome von wirbellosen Tierarten mehr oder weniger große DNA-Abschnitte von *Wolbachia* gefunden, von kurzen Segmenten, die nur einige Hundert Basenpaare umfassen, bis hin zu einem fast vollständigen Genom, das von dem Bakterium in der tropischen Taufliege *Drosophila ananassae* hinterlassen wurde. Einige der dabei aufgespürten Gene sind in ihrer neuen Umgebung sogar aktiv. Die spannende Frage aber, ob diese Hinterlassenschaften bei Wirten und Ex-Wirten zum Erwerb neuer Eigenschaften geführt und damit Einfluss auf deren Evolution genommen haben, ist noch nicht zu beantworten. Nicht nur deshalb ist eine Reihe von Projekten im Gange, die sich mit der DNA-Sequenzierung verschiedener *Wolbachia*-Stämme beschäftigen.

Tiefere Einblicke in die Varianten des *Wolbachia*-Genoms helfen den Forschern auch, die Mechanismen zu verstehen, mit denen das Bakterium seine Wirte beeinflusst. Das betrifft vor allem ein Phänomen, das in den letzten Jahren verstärkt in den Fokus der Forscher gerückt ist und die Herodes-Mikrobe *Wolbachia* in einem ganz anderen Licht zeigt: Bestimmte *Wolbachia*-Stämme verleihen ihren Wirten eine Resistenz gegenüber Virenangriffen.

Zweifellos bedeutet eine solche Widerstandsfähigkeit für den Wirt einen erheblichen Selektionsvorteil und könnte erklären, wie diese Mikrobe eine derart massive Präsenz in natürlichen Populationen erreichen und zum bakteriellen Weltbürger aufsteigen konnte.[10]

Wolbachia ist damit auch für den Menschen von großer Bedeutung. Schon früh, als offenbar wurde, was dieses Bakterium mit seinen Wirten anstellt, wurde über die Möglichkeit nachgedacht, ob und wie seine Eigenschaften für die Bekämpfung von Schädlingen und Krankheitserregern nutzbar gemacht werden könnten. Wenn es seine Wirte gegen Virusinfektionen schützt und davon Erreger betroffen sind, die auf Menschen übertragen werden, könnte es doch auch uns schützen. Bieten die Fähigkeiten von *Wolbachia* vielleicht eine Handhabe, um die Überträger erheblich zu schwächen oder sogar ganz auszuschalten? Gegen diverse Mückenarten wie den Malaria-Überträger *Anopheles* oder die Gelbfiebermücke *Aedes aegypti* kann man bislang nur mit hochgiftigen, umweltschädigenden Insektiziden oder gentechnischen Methoden vorgehen. *Wolbachia* könnte da neue Wege einer biologischen Kontrolle eröffnen. Tatsächlich präsentieren die Forscher dieser Tage erste Erfolge.

Im Herbst 2014 feierten brasilianische Wissenschaftler die Freisetzung der ersten mit *Wolbachia* infizierten Mücken in ihrem Land. Zehntausende werden folgen und das Virusresistenz verleihende Bakterium hoffentlich in die Freilandpopulationen der Gelbfieber- oder Ägyptischen Tigermücke (*Aedes aegypti*) einführen, einem von Menschen rund um den Globus verschleppten Überträger mehrerer Viruserkrankungen. Die Bill-und-Melinda-Gates-Stiftung fördert weltweit mehrere Projekte dieser Art. In diesem geht es um das Denguefieber, an dem jährlich 380 Millionen Menschen erkranken und für das bislang weder Impfung noch Therapie existieren. Mehr als hundert Länder sind betroffen. Dengue ist weltweit auf dem Vormarsch, und schwere Krankheitsverläufe scheinen zuzunehmen. Nach Angaben der WHO müssen jedes Jahr 500 000 Menschen in Krankenhäuser eingeliefert werden, 12 000 sterben, eine der häufigsten von Tieren übertragenen Krankheiten, die es gibt.[11]

Die Fachwelt applaudiert. »Das ist ein sehr guter Ansatz im Kampf gegen das Denguefieber«, sagte Jonas Schmidt-Chanasit vom Hamburger Bernhard-Nocht-Institut für Tropenmedizin dem Nachrichtenmagazin *Der Spiegel*. Er hob vor allem hervor, dass es sich um eine natürliche Technik handele. »Das ist sehr viel besser als gentechnische Methoden.«[12] Die Voraussetzungen für die brasilianische *Wolbachia*-Offensive waren bereits Jahre zuvor in Australien erarbeitet worden.

Wolbachia befällt schätzungsweise eine Million Insektenarten, doch ausgerechnet *Aedes aegypti* und ihre nahe Verwandte *Aedes albopictus*, die Ägyptische und die Asiatische Tigermücke, gehören nicht dazu. Um sie mit dem Bakterium zu infizieren, reicht es leider auch nicht, die Moskitos mit einem Bakterienträger wie *Drosophila melanogaster* zusammenzusperren. In der kleinen Taufliege hatte man einen vielversprechenden *Wolbachia*-Stamm entdeckt, der die berühmte Fliege wirksam gegen eine Reihe von RNA-Viren schützt. Zu dieser Gruppe gehören auch das West-Nil-Virus und der Dengue-Erreger.

Die Wissenschaftler mussten nachhelfen, doch es dauerte Jahre, *Wolbachia* den Übergang von einer Tierart auf die andere zu ermöglichen und die Tigermücke zu »transinfizieren«, wie die Forscher sagen. Man muss das Bakterium zunächst behutsam akklimatisieren. Zu diesem Zweck wurden Bakterienzellen des begehrten Stamms aus *Drosophila*-Embryonen in eine Moskito-Zellkultur überführt. Dort, in diesen rundum versorgten Laborzelllinien, ließ man *Wolbachia* zwei Jahre Zeit, sich an die neue und ungewohnte Mückenzellumgebung zu gewöhnen. Schließlich wurden die Bakterien aus ihren Wirtszellen befreit, gereinigt und in genau 2541 Embryos der Ägyptischen Tigermücke mikroinjiziert. Daraus resultierten drei Zuchtlinien der Insekten, die alle zu 100 Prozent infiziert waren.[13]

So mühsam und langwierig die Übertragung der Bakterien war, so überaus erfreulich war das Ergebnis. Zahlreiche Untersuchungen bestätigten, dass die *Wolbachia*-Mücken genauso fit waren wie ihre bakterienfreien Artgenossen. Das war eine wichtige Voraussetzung für die weitere Arbeit, denn je höher der gesundheitliche Preis ist, den die Mücken für ihre Infektion zahlen müssen, desto mehr Tiere müssten am Ende freigesetzt werden, um im Freiland die gewünschten Effekte zu erzielen. Die Tiere zeigten auch die *Wolbachia*-typische zytoplasmatische Inkompatibilität, wenn Spermien infizierter Männchen auf Eizellen nicht-infizierter Weibchen trafen. Das verlieh ihnen die Fähigkeit, ihre spezielle *Wolbachia* in der Freilandmückenpopulation zu verbreiten. Welches Potenzial in diesem Bakterienstamm steckte, hatte die Taufliege gezeigt, aus dem er ursprünglich stammte. Innerhalb von nur achtzig Jahren hatte er sich über die *Drosophila*-Populationen in der ganzen Welt ausgebreitet.[14]

Und was noch wichtiger war: Wenn die Mücken mit Dengue-infiziertem Blut gefüttert wurden, reagierten *Wolbachia*-Mücken völlig anders als ihre ungeschützten Artgenossen. Vierzehn Tage nach der Blutaufnahme enthielten letztere um das 1500-Fache mehr Viruspartikel. Das Übertragungsrisiko, das von den infizierten Tieren ausging, war dramatisch geringer. »Diese Resultate«, schrieben die Forscher im Jahr 2011, »ebneten den Weg für eine Freisetzung *w*Mel-infizierter *Aedes-aegypti*-Moskitos in Cairns, Australien.« Sie begann im Januar desselben Jahres.[15]

Ausgewählt wurden Yorkeys Knob und Gordonvale, zwei 650-Häuser-Gemeinden, denen das zweifelhafte Vergnügen zuteil werden sollte, zusätzlich zur ohnehin vorhandenen Population an Blutsaugern wöchentlich mit Wolken von Moskitos bevölkert zu werden, die noch dazu mit einem irgendwie unheimlichen Bakterium infiziert waren. Aufgrund einschlägiger Erfahrungen mit eingeschleppten und eingeführten Tierarten geht man in Australien mit derartigen Eingriffen in die Natur offenbar gelassener um als anderenorts. Die Wissenschaftler erklärten der Bevölkerung im Vorfeld genau, was sie vorhatten, und erhielten deren volle Unterstützung. Ziel war nicht die Eindämmung einer akuten Dengue-Epidemie. Es ging um die grundsätzliche Frage, ob es möglich ist, eine Freilandpopulation von Überträgermücken mit den mühsam im Labor herangezogenen *Wolbachia*-Mücken quasi zu konvertieren.

Dann wurde es konkret. Über einen Zeitraum von neun bis zehn Wochen wurden 141 600 weibliche beziehungsweise 157 300 männliche Mücken in die Freiheit der Vorstädte entlassen. Man hatte sie in der Nähe in Käfigen herangezüchtet, damit die Tiere keinen Klimaschock erleiden mussten – ganze Wolken blutdürstiger Plagegeister, die die Zustimmung der dort lebenden Menschen noch selbstloser und großartiger erscheinen ließen. Mitte März wurden die Freisetzungen beendet. Die *Wolbachia*-Infektionsrate der dort lebenden Tigermücken hatte 80 Prozent und mehr erreicht. Nun hieß es abzuwarten und den weiteren Verlauf der Infektion durch regelmäßige Mückenfänge zu protokollieren.

Auch in Brasilien wird man einen langen Atem haben müssen. Wenn alles gut geht, ist frühestens in zwei bis fünf Jahren mit einem Rückgang der Dengue-Fälle zu rechnen. Fünf bis zehn Jahre wird es nach Einschätzung der Wissenschaftler dauern, bis die Infektion sich über die Mückenpopulationen größerer Landstriche ausgebreitet hat.

Entscheidend wird sein, ob *Wolbachia* sich in der Wildpopulation der Mücken langfristig etablieren kann und in dieser Zeit nichts an ihrer immunisierenden Wirkung einbüßt. Da war es natürlich überaus willkommen, dass rechtzeitig zum Start des brasilianischen Projekts positive Nachrichten aus dem fernen Australien eintrafen. Auch drei Jahre nach der Freilassung der infizierten Mücken war *Wolbachia* in den Tigermücken von Yorkeys Knob und Gordonvale präsent. Die Infektionsraten lagen vielerorts noch immer bei 90 Prozent und höher. Im Labor zeigte sich, dass das Dengue-Virus in den infizierten Mücken weiterhin nur sehr eingeschränkt vermehrungsfähig ist, der Schutz durch *Wolbachia* ist also weiterhin wirksam.[16] Das alles bedeutet Rückenwind für die Kollegen in Brasilien.

Es gibt also derzeit durchaus Grund zum Optimismus, dass Dengue auf diese Weise einzudämmen sein könnte. Auch für einige andere von Mücken übertragene Krankheiten könnte sich dieser Ansatz als wirksam erweisen. Erste Tests mit Chikungunya- und Gelbfieberviren verliefen vielversprechend. Es wird darauf ankommen, die jeweils effektivsten *Wolbachia*-Stämme zu identifizieren und diese dann in die Tigermücken zu transferieren.[17]

Eine der schlimmsten Plagen der Menschheit, die von *Anopheles*-Mücken übertragene Malaria, wird auf diese Weise aber wohl nicht zu bekämpfen sein. Wie die Tigermücken wird *Anopheles* natürlicherweise nicht von *Wolbachia* befallen, man müsste also auch sie mühsam mit Mückenzellkulturen als Zwischenstation transinfizieren. Das eigentliche Problem besteht aber darin, dass die Erreger von mehreren Moskitoarten übertragen werden und dass sich diese Überträgergemeinschaften in dem riesigen Verbreitungsgebiet der Malaria lokal unterscheiden. Der Aufwand, sie alle mit *Wolbachia*-infizierten Mücken zu unterwandern, wäre immens und wohl kaum zu bewältigen.[18]

•••

Aus wissenschaftlicher Sicht hat diese Bekämpfungsstrategie den Nachteil, dass die Forscher nicht verstehen, wie die Vermehrung der Viren im Insektenwirt durch *Wolbachia* gebremst wird. Die antivirale Wirkung der Symbionten ist offensichtlich und vielfach nachgewiesen, man weiß aber nicht, was sie verursacht. In anderen Fällen ist der von Mikroben ausgehende Schutz der Wirte leichter zu durchschauen, weil er auf der Produktion von Giftstoffen oder antibiotisch wirksamen Substanzen beruht. Derartige Verteidigungssymbiosen spielen in vielen, wenn nicht sogar in allen Holobionten eine wichtige Rolle, vom Gras bis zum Menschen.

Ihre auch dem Wirt beziehungsweise dem Holobionten zugute kommende Wirkung ist letztlich wohl ein Akt der Selbstverteidigung, denn zunächst geht es für die Mikroben darum, den eigenen Platz an der Sonne zu sichern.

Bakterien, die nicht Teil eines lebenden Holobionten sind, sondern auf Felsen oder toter organischer Substanz gedeihen, verhalten sich nicht anders. Meist findet man bei frei lebenden Verwandten von symbiontischen Mikroben ähnliche biologisch wirksame chemische Verbindungen; die Fähigkeit, nicht nur sich selbst, sondern auch einen Partner zu schützen, war also bereits angelegt. Kam es schließlich zur Verbindung der beiden, optimierte der Symbiont die Produktion dieser Stoffe und passte sie im Verbund des Holobionten den jeweiligen Gegebenheiten an.

Bei dem Asiatischen Zitrusblattfloh *Diaphorina citri* fand man Bakterien, die im Laufe einer langen gemeinsamen Evolution zu lebenden Giftküchen mutierten. Fünfzehn Prozent ihres drastisch reduzierten Genoms dienen ausschließlich der Produktion bestimmter Toxine. Statistische Vergleiche belegen mit hoher Sicherheit, dass diese Gene durch horizontalen Gentransfer von anderen Bakterien erworben wurden. Diese leben wiederum in räuberischen Käfern, die es häufig auf die Blattflöhe abgesehen haben, und sie produzieren dort ganz ähnliche Giftstoffe – eine seltsame Transaktion, die so nur unter Bakterien möglich ist. Oberflächlich betrachtet sieht es so aus, als habe hier eine Beute Eigenschaften ihres Jägers übernommen, so als würden Antilopen von Löwen die Fähigkeit zur Bildung messerscharfer Krallen erwerben. Erst mithilfe moderner Sequenzierverfahren ist zu erkennen, dass die genetische Information hier auf einer anderen Ebene ausgetauscht wurde: zwischen symbiontischen Bakterienarten, die nur weitläufig miteinander verwandt sind.[19]

Derartige Verteidigungsgemeinschaften scheinen weit verbreitet zu sein, zu Lande und in den Ozeanen. »Gemessen an der Rate, in der neue Beispiele für defensive Symbiosen beschrieben werden, sehen wir vielleicht erst die Spitze des Eisbergs«, schrieb der amerikanische Biologe Keith Clay.[20] Hier können Mikroben sich von ihrer besten Seite zeigen, als versierte und innovative Chemiker, die Gegner und Konkurrenten mit immer neu zusammengesetzten Abwehrstoffen überraschen, zum Nutzen ihrer Wirte und Holobionten. Gerade hat eine sorgfältige Analyse von metagenomischen Proben des *Human Microbiome Project* nicht weniger als 3200 Gencluster aufgespürt, die für die Synthese von biologisch wirksamen Molekülen verantwortlich sind. Diese pharmazeutische Fabrik, die wir mit uns herumtragen, ist rund um die Uhr betriebsbereit, und wie gut und up to date ihre Produktpalette ist, zeigt die verblüffende Entdeckung einer ganzen Klasse neuer Antibiotika, der Thiopeptide. In der Welt der Menschen befinden sich diese Verbindungen gerade im Stadium klinischer Studien, dabei werden sie von Mikroben in uns schon lange produziert und eingesetzt, ganz ohne komplizierte Zulassungsverfahren. Diese und andere Antibiotika wurden in allen Mikrobiomen unseres Körpers nachgewiesen, von den Bewohnern der Haut über die der Schleimhäute von Mund und Vagina bis hin zum Darm.[21]

Auch Blattschneiderameisen machen sich eine Gruppe von Bakterien zunutze, deren Antibiotikaproduktion sogar bei Ärzten auf Interesse gestoßen ist und bereits mehrfach in Gestalt medizinischer Präparate kopiert wurde.[22] Die tropischen Blattschneiderameisen gehören zu den Landwirten im Tierreich. Auf den in endlosen Kolonnen ins Nest geschleppten Blattschnipseln züchten sie einen das ganze Volk ernährenden Pilz. Doch was wie eine verblüffend pfiffige und fortschrittliche Strategie klingt, birgt auch Risiken – Menschen, die seit Jahrhunderten einen erbitterten Kampf gegen Schädlinge ausfechten, können davon ein Lied singen.

Das ist allerdings nichts gegen das, was die Ameisen durchgemacht haben. Der Kampf um ihre Pilzzuchten währt nun schon mehr als 50 Millionen Jahre, setzte also etwa mit dem Aussterben der Dinosaurier ein. Seitdem werden ihre Pilzgärten von Schädlingen bedroht, genauer gesagt: von parasitischen Pilzen, die die gesamte Nahrungsgrundlage eines Volkes überwuchern und damit unbrauchbar machen können. Das Trio aus Ameisen, Zuchtpilzen und deren Parasiten hat sich im Zuge dieser langwierigen Auseinandersetzungen immer weiter spezialisiert und aufgespalten. Mehr als 230 verschiedene Arten der krabbelnden Pilzgärtner gibt es heute.

Dabei »sind spezifische Ameisengruppen auf bestimmte kultivierte Pilze spezialisiert, und diese Pilze sind die Wirte von spezifischen Gruppen von Parasiten«.[23] Und was in gewisser Weise beruhigt: Seitdem sie Pilze züchten, gehen die Blattschneiderameisen nicht anders gegen die Schädlinge vor als wir: Sie betreiben mithilfe von Bakterien eine Art chemischen Pflanzenschutz. Natürlich verfügt jede Art über ihre eigenen spezifischen Bakterien, die wiederum spezifische und selektiv wirksame Antibiotika herstellen. Die Tiere kennen ihre Symbionten so gut, dass sie sie von denen anderer Ameisenvölker unterscheiden können.[24]

Aber wie kommen die Bakterien zum Einsatz? Erstaunlicherweise wurde erst vor wenigen Jahren entdeckt, dass die Ameisen sie mit sich herumtragen, ja, dass ihre ganze äußere Mikroanatomie auf die Anwesenheit, Produktion und Verteilung der Bakterienhelfer abgestimmt ist. Wie die Pilze werden auch die sie schützenden Mikroben regelrecht gezüchtet, in speziellen becherförmigen Hohlräumen des Chitinpanzers, die über den ganzen Körper der Ameisen verteilt sind. Jeder einzelne dieser Becher kann seinen Bakterieninhalt über eine kleine, von Härchen geschützte Öffnung nach außen entleeren, innen steht er über einen Gang mit einer speziellen Drüsenzelle in Verbindung. Wahrscheinlich erzeugt sie ein Sekret, das die Bakterien ernährt.

Weil schon die stammesgeschichtlich ältesten Tiere aus der Verwandtschaft der Blattschneider über diese Bakterien und die sie behausenden Chitinstrukturen verfügen, dürften die Ameisen diese Form des Pilzschutzes schon bald nach der Entdeckung der Pilzzucht begonnen haben, vor etwa 50 Millionen Jahren also. Die Antibiotika wirken, das haben Studien bewiesen. Sie schützen auch die Insekten selbst, die ebenfalls von pathogenen Pilzen heimgesucht werden.[25] Fragt sich nur, wie Ameisen und Bakterien bei derart langen Einsatzzeiten vermeiden konnten, was menschlichen Farmern oft schon nach wenigen Jahren zu schaffen macht: das Auftreten resistenter Schädlingsvarianten, die bald höhere Dosen oder den Einsatz ganz neuer Präparate erforderlich machen. Es wäre für die Menschheit ein großer ökologischer und ökonomischer Fortschritt, wenn es gelänge, den Ameisen und ihren Bakterien dieses Geheimnis zu entlocken.

•••

Symbiontische Mikroben helfen ihren Wirten, einen chemischen Schutzmantel anzulegen, sie können aber umgekehrt auch bei der Umgehung derartiger Abwehrmaßnahmen von Nutzen sein. Pflanzen wehren sich gegen Fraß, indem sie in ihre Gewebe allerlei Substanzen einlagern, sogenannte »sekundäre Metabolite«, die Feinden auf den Magen schlagen sollen. Bakterien können sie unschädlich machen und zerstören. So senken Symbionten der Bergkiefernkäfer die Konzentration an giftigen Terpenen, mit denen die Bäume auf den Fraß der Käfer reagieren, und Darmmikroben entgiften die Pflanzennahrung Amerikanischer Buschratten.[26]

Wie wir gesehen haben, schrecken auch Insekten ihre Feinde ab, indem sie selbst oder von Mikroben produzierte giftige Stoffe einlagern. Mitunter warnen sie mit einer auffälligen Farbgebung vor der eigenen Unbekömmlichkeit. Bei Honigbienen und Hummeln scheinen auch Darmbakterien wichtige Aufgaben bei der Abwehr von Krankheitserregern und Parasiten zu übernehmen. Doch nicht nur in den Tieren selbst, im ganzen Bienenstock sorgen bestimmte Bakterien und Pilze mit ihren Ausscheidungen für den Schutz der Nahrungsvorräte und die Abwehr krankmachender Keime, und einige Forscher spekulierten bereits, ob es nicht vielleicht sogar eine spezielle Unterkaste der Arbeiterinnen gäbe, die sich um die Pflege dieser wertvollen Symbionten kümmere, quasi im Interesse eines gesunden Raumklimas.[27]

Auch gegen parasitische Würmer oder Schlupfwespen, die ihre Eier in die Wirte legen, um sie in lebende Vorratslager für ihre Nachkommen zu verwandeln, gibt es kleine und kleinste Beschützer. Das Beispiel der Erbsenblattlaus, *Acyrthosiphon pisum,* mag hier für mehrere stehen, ein zartes, nahezu durchscheinendes Geschöpf, das spätestens seit der Entzifferung seines Genoms im Jahr 2010 auf dem besten Weg ist, zu einem neuen Modellorganismus zu werden. Als Schädling an Erbsen, Bohnen und einigen anderen Hülsenfrüchtlern gilt sie weniger, weil sie die pflanzlichen Leitungsbahnen anzapft und deren Saft saugt, sondern weil sie dabei gefährliche Viruskrankheiten auf die Pflanze übertragen kann.

Die Erbsenblattlaus bietet uns Gelegenheit, zwei wichtige, aber sehr unterschiedliche Protagonisten vorzustellen, die im Zusammenhang mit den Symbiosen zwischen Insekten und Mikroben keinesfalls unerwähnt bleiben dürfen.

Da wäre zuerst eine herausragende und unermüdlich produktive Wissenschaftlerin zu nennen, die US-Amerikanerin Nancy Ann Moran, die wahrscheinlich beste Kennerin der Insektensymbiosen weltweit, die nach Jahren an der Yale University, wo sie zu den Gründern des bedeutenden Yale Microbial Diversity Institute gehörte, jetzt an der University of Texas in Austin arbeitet. Für ihre Arbeit und »ihre herausragenden Resultate hinsichtlich der evolutionären Ursprünge von Symbiosen und ihrer Universalität im Tierreich« erhielt sie im Jahr 2010 den *International Price for Biology* der Japanischen Gesellschaft für die Förderung der Wissenschaften, die wichtigste internationale Auszeichnung in der Biologie – einer Disziplin, die beim jährlichen Nobelpreisspektakel in Stockholm ja schmählich übergangen wird. Der alljährlich in einer feierlichen Zeremonie vom japanischen Kaiser Akihito, einem begeisterten Meeresbiologen, verliehene Preis ist mit zehn Millionen Yen dotiert, umgerechnet ungefähr 75 000 Euro. Über die Person von Nancy Moran hinaus wurde mit dieser Auszeichnung auch die wachsende Bedeutung der Symbioseforschung hervorgehoben.

Von den vielen wichtigen wissenschaftlichen Beiträgen, die Nancy Moran geliefert hat, soll uns hier einer über die Erbsenblattlaus und ein Bakterium namens *Hamiltonella defensa* interessieren, dessen Funktion lange Zeit ein Rätsel war, zumal es im Körper der Blattlaus nur schwer zu lokalisieren und sehr selten ist. Bis Nancy Moran und ihr späterer Mann, der Molekularbiologe Howard Ochman, eine von ihm entwickelte Methode anwendeten, die es erlaubt, auch geringe DNA-Mengen zu analysieren. Sie fanden Toxingene, in verschiedenen Stämmen gleich mehrere an der Zahl, und Nancy Moran vermutete sogleich, dass diese vom Bakterium bereitgestellten Gifte gegen die Eier und Larven von Schlupfwespen gerichtet sein könnten, den schlimmsten Feinden der Erbsenblattlaus. Versuchsreihen, bei denen das Schicksal erbgleicher Blattläuse verglichen wurde, die sich nur im Fehlen oder Vorhandensein der Symbionten unterschieden, bestätigten ihre Vermutung. Die Gifte ihrer *Hamiltonella*-Bakterien retteten vielen Erbsenblattläusen das Leben, wobei die Wirksamkeit der verschiedenen Toxine sehr unterschiedlich war.[28]

Das war aber noch nicht alles, was Nancy Moran und ihre Kollegen herausfanden. Die Gene, die für die schützenden Gifte codieren, stammen zwar aus dem in der Blattlaus lebenden symbiontischen Bakterium, sie gehören aber eigentlich zu einem anderen … nun ja, einem Etwas, das wiederum in *Ha-*

miltonella defensa steckt: zu symbiontischen Viren. Ja, Sie haben richtig verstanden: Es sind Gene von Bakteriophagen, die ausschließlich Bakterien befallen und sich von deren biochemischem Zellapparat vervielfältigen lassen. Die Information für die Synthese verschiedener Gifte, die sie mitbringen, werden von den Bakterien genutzt, um dem gemeinsamen Blattlauswirt gegen seine ärgsten Widersacher beizustehen. Bakteriophagen sind, auch das eine neue Erkenntnis im modernen Wunderland der Mikroben, keineswegs immer und nur die todbringenden Feinde der Bakterien, als die man sie zu kennen glaubte. Da sie als Genfähren in der Lage sind, genetische Information von einer Bakterienart in die nächste zu transportieren, können sie von großem Nutzen sein, sozusagen die Retter in der Not. Im Falle der Erbsenblattlaus sind »diese Phagen und ihre Toxingene ein integraler Bestandteil des Blattlaus-Bakterium-Mutualismus«.[29] Und als Symbionten sind sie ein wichtiger Bestandteil des Blattlaus-Holobionten.

Viren sind auch auf der Gegenseite im Einsatz, sie ergreifen keine Partei und lassen sich nicht vereinnahmen. Unabhängig voneinander sind mehrere Gruppen von Schlupf- und Erzwespen dazu übergegangen, bei der Eiablage in das Opfer auch eine Ladung symbiontischer Polydnaviren zu injizieren, um dessen Immunabwehr zu unterdrücken. Die Beziehungen zwischen einigen dieser Viren und ihren Wespenwirten wurden bereits vor 100 Millionen Jahren geknüpft. Man kennt sich also gut, und die Viren ähneln eher Zellorganellen wie den Mitochondrien als unabhängigen Wesen.[30]

•••

Übrigens, ist Ihnen etwas aufgefallen? Lynn Margulis, die bis zum Fanatismus streitbare Vorkämpferin für die überragende

Bedeutung der Symbiosen in der Geschichte des Lebens; Nicole Dubilier, die Expertin für chemosynthetische Symbiosen; Margaret McFall-Ngai, Frontfrau der modernen Symbioseforschung, die alles über *Vibrio fischeri* und seinen Wirt, die Hawaii-Stummelschwanzsepie, weiß; Angela Douglas, die ein vielzitiertes Werk zum Thema geschrieben hat und der ich das schöne Motto am Anfang dieses Buches verdanke; und nun Nancy Moran – in der Symbioseforschung stehen auffallend viele Frauen an vorderster Front der Wissenschaft.

Für Nicole Dubilier ist das kein Zufall. Sie erzählt von der Verblüffung männlicher Kollegen, als 2010 anlässlich der Verleihung des *International Price for Biology* an Nancy Moran die globale Crème de la Crème der Symbioseforschung in Japan zusammentraf. So viele Frauen ... »Ist doch klar«, sagt Nicole Dubilier[31] und lacht. »Es geht um Kooperation.«

Die anderen Mikroben

Wenn man als Mikrobiologe nicht über Bakterien, sondern über andere Einzeller forscht, kann einem in der »Ära der Mikroben« schon mal der Kragen platzen. So geschehen in einem Aufsatz einiger amerikanischer Forscher, den sie trotzig mit »Protisten sind auch Mikroben« überschrieben. Zwischen den Zeilen ist zu lesen, dass die Autoren wirklich verärgert waren. Protisten, die eukaryotischen Einzeller, kämen mittlerweile in der allgemeinen Euphorie über Mikroben und deren Bedeutung derart zu kurz, dass die Autoren sich fragen würden, ob man sie als umweltrelevante Organismengruppe überhaupt noch wahrnehme – eine Vernachlässigung, die in eklatantem Widerspruch zu den bekannten Fakten stehe.[1]

Ich habe mich der gleichen Ignoranz schuldig gemacht. Zwar kann ich zu meiner Ehrenrettung darauf verweisen, dass es gleich zu Beginn ausführlich um symbiontische Algen ging. Außerdem habe ich auf den vorangegangenen Seiten ab und an darauf hingewiesen, dass unter Mikroben alle mikroskopisch kleinen einzelligen Lebewesen zu verstehen seien, also auch Archaeen, tierische und pflanzliche Einzeller, Pilze und, obwohl streng genommen gar nicht als Lebewesen anzusehen, Viren, die eigentlich ein eigenes Buch verdient hätten und hier viel zu kurz kommen.[2]

Trotzdem ging es fast ausschließlich um Bakterien. Das ist es, was die US-Forscher beklagen, höflich, aber »mit der Zunge in der Wange«, wie sie schreiben. Die anderen Mikroben sind in der öffentlichen Wahrnehmung, sofern sie von den unsichtbaren Wesen überhaupt Notiz nimmt, weit hinter die Bakterien zurückgefallen. Warum? Sind Bakterien spannender, wichtiger, unheimlicher, bedrohlicher?

Letzteres trifft vermutlich zu – für die Medien sind Angst-, Ekel- und Gruselfaktoren zweifellos dicke Pluspunkte, die Bakterien für sich verbuchen können. Fragen Sie sich doch einmal selbst: Würden Sie lieber von anmutigen pantoffeltierähnlichen Wesen bewohnt werden oder von Bakterien? Alles andere ist natürlich falsch. Es mag viele Gründe geben, warum Protisten in den Hintergrund geraten sind, unwichtig oder weniger spannend sind sie mit Sicherheit nicht. Und harmlos schon gar nicht. Malaria, Amöbenruhr, Schlafkrankheit, Leishmaniose, Giardiasis und Chagas-Krankheit, die allesamt von eukaryotischen Mikroben hervorgerufen werden, stehen schweren bakteriellen Erkrankungen in nichts nach.[3] Wie im Falle der Bakterien beschäftigten sich medizinische Mikrobiologen lange Zeit vor allem mit dieser dunklen Seite der Protisten. Dass es in den Körpern von Tieren auch wohltätige Protisten gibt, interessiert die Forscher erst seit wenigen Jahren.[4]

Wahrscheinlich wurden sie einfach deshalb vernachlässigt, weil sie zu komplex sind. Zwischen Prokaryoten und Eukaryoten liegen eben Welten. Erinnern wir uns, wie viele der Ergebnisse gewonnen wurden, um die es hier geht. Oft sind sie das Resultat von neuartigen kulturunabhängigen Methoden, von Untersuchungen eines Genoms oder Metagenoms. Das kleine und relativ einfach strukturierte Erbgut von Bakterien lässt sich leicht und schnell sequenzieren. Tausende von kompletten Bakteriengenomen und unzählige Gensequenzen füllen die öffentlichen Datenbanken. Protisten und ihre Genome sind dort kaum zu finden. Referenzdatenbanken sind aber nötig, wenn man die DNA-Schnipselgemische metagenomischer Untersuchungen interpretieren und verstehen will. Aussagen über die biochemischen Fertigkeiten von Bakterienarten, die in Bartwürmern, Schwämmen oder dem menschlichen Darm leben, sind nur möglich geworden, weil man die gefundenen Sequenzen mit DNA-Abschnitten vergleichen konnte, deren Funktion bekannt ist. Mikrobiologen können so Eigenschaften und Fähigkeiten von Bakterien beschreiben, die sie noch nie gesehen oder im Labor untersucht haben. Für Protisten fehlt eine vergleichbare Grundlage. Es wird noch Jahre dauern, bis dieser Rückstand aufgeholt ist.

Das Genom von pflanzlichen oder tierischen Einzellern kann enorme Größen erreichen. Bei Dinoflagellaten, zu denen die symbiontischen Algen der Korallen gehören, haben die kleinsten Genome den Umfang des menschlichen Erbguts, etwa drei Milliarden Basenpaare, die größten umfassen jedoch das Hundertfache davon. Das Genom von Eukaryoten ist generell wesentlich komplexer strukturiert, enthält viele Sequenzen, die nicht für Proteine codieren, und große Bereiche, in denen sich die immergleichen DNA-Bausteinfolgen hundert-, tausend-, ja hunderttausendfach wiederholen. Diese repetitiven Sequenzen erschweren die Rekonstruktion eines Genoms im Computer erheblich. Die Grünalge *Chlamydomonas reinhardtii* ist so ein Fall. Ihr Genom enthält derart viele Stottersequenzen, dass man es als »ein Meer von Wiederholungen« bezeichnete. Mit den heute vorhandenen Technologien ist es unmöglich, die analysierten Fragmente ihres Genoms zu einem widerspruchsfreien Ganzen zusammenzufügen. All das macht Protisten zu vergleichsweise unbequemen Forschungsobjekten und erklärt, warum sie in umfassenden metagenomischen Untersuchungen zwar aufgespürt werden, bei der weiteren Analyse aber kaum eine Rolle spielen.[5]

Solange die Referenzdaten fehlen und der Fokus der Forscher sich nicht stärker in Richtung Protisten bewegt, wird sich daran auch nichts ändern. Doch ein Anfang ist gemacht. Die Methodik wurde weiterentwickelt, und es bestehen gute Chancen, dass die Ära der Mikroben andauern und gerade unter den eukaryotischen Einzellern noch viele Überraschungen zutage befördern wird. Wie bei den Bakterien könnte sich hinter der relativ artenarmen Gesellschaft, die man bisher kennt, eine ungeahnte verborgene Vielfalt verstecken.[6] Wir wissen, dass wir und viele andere Lebewesen auch von Protisten bewohnt werden. Bis wir Näheres über ihre Bedeutung erfahren werden, heißt es jedoch, sich in Geduld zu üben.

•••

Mit dieser Feststellung wollen wir es aber nicht bewenden lassen. Denn schon lange ist bekannt, dass tierische Einzeller zumindest in zwei ökonomisch und ökologisch höchst bedeutsamen, aber sehr unterschiedlichen Gruppen von Wirten prominent vertreten sind, die eines gemeinsam haben: Sie ernähren sich von schwer verdaulichem Pflanzenmaterial. Allein könnten sie nichts damit anfangen, nicht genug jedenfalls, um damit ihre großen Körper oder ihre riesigen Völker zu unterhalten. Erst die Aktivität ihrer Darmmikroben, die die Zellwände von Gräsern und Kräutern und die nahezu unangreifbare Lignocellulose des Holzes zersetzen, verwandelt das harte Pflanzenmaterial in für sie verwertbare Nahrung. Daher könnte keiner dieser Wirte ohne seine winzigen Helfer existieren. Und da die Ernährung vieler Menschen, ja die Gestaltung unserer Kulturlandschaft und in Zukunft vielleicht sogar unsere Mobilität in hohem Maße von einigen dieser Wirte abhängt, sind die symbiontischen Protisten, die ihre Körper bewohnen, irgendwie auch unsere Partner.

In Pflanzenfressern, die Zellulose verarbeiten müssen, etwa im Darm von Pferden oder Elefanten, scheint es Protisten in großer Zahl und Vielfalt zu geben.[7] Von besonderem Interesse ist der Pansen der Wiederkäuer, da zu dieser großen Säugetiergruppe neben vielen Wildtieren, vom Reh bis zur Giraffe, mit Rind, Schaf und Ziege auch einige unserer wichtigsten Nutztiere gehören.

Der Pansen ist einer von drei Vormägen der Wiederkäuer, eine Gärkammer, die bei Rindern ein Fassungsvolumen von bis zu 100 Litern besitzt und ungeheure Mengen an Mikroben enthält. Etwa die Hälfte des Pansenfloragewichts wird von tierischen Einzellern gestellt, vor allem von Wimpertierchen. Die eigentliche Arbeit, den für das Rind lebenswichtigen Abbau der Zellulose, übernimmt die andere Hälfte, eine Gemeinschaft von etwa 200 Bakterienarten. Welche Rolle die Protisten spielen, ist nicht ganz klar und auch ein wenig dubios. Zur Zersetzung der Pflanzenbestandteile tragen sie nur wenig bei. Sie kontrollieren den Bestand der Pansenbakterien, indem sie sie fressen, entgiften vielleicht den einen oder anderen Pflanzenstoff und sorgen dafür, dass das Pansenmilieu für den Wirt bei all der mikrobiellen Aktivität insgesamt verträglich bleibt; ansonsten sind sie möglicherweise entbehrlich und in Zeiten steigender globaler Temperaturen sogar gefährlich. Sie dienen nämlich einer dritten Mikrobengruppe, die im Pansen lebt, als Wirt, den Archaeen, die im Wiederkäuermagen für die Produktion von Methan verantwortlich zeichnen. Durch ihre enorm große Zahl sind Rinder, respektive die in ihnen lebenden Archaeen, eine der wichtigsten Quellen dieses effektiven Treibhausgases.

Auch andere Pflanzenfresser können in diesem Zusammenhang ins Gewicht fallen. Als kürzlich in Australien darum gestritten wurde, wie man mit den verwilderten Kamelen verfahren solle, die zu Hunderttausenden im Outback leben, spielte neben Naturschutzaspekten auch deren Methanausstoß eine Rolle. Würde man sie als ehemalige Nutztiere nämlich in die Berechnung der Klimabilanz mit einbeziehen, ergäbe sich für Australien ein deutlich negativeres Bild. Man hat sie abgeschossen, so oder so, 160 000 Kamele innerhalb von nur vier Jahren, eines der größten Gemetzel an wild lebenden Tieren, das die Menschheit bislang zu verantworten hat.[8]

•••

Protisten, die im Verdauungssystem von Tieren leben und selbst wiederum als Wirte von anderen Mikrobenarten fungieren – derart ineinander verschachtelte Lebensformen findet man auch in der zweiten Tiergruppe, die hier unbedingt Erwähnung finden muss, den Termiten. Sie und ihre einzelligen Helfer gehören wie die Pansenmikroben der Wiederkäuer seit Jahrzehnten zu den Standardbeispielen, die in Biologielehrbüchern unter der Überschrift »Symbiose« behandelt wurden. Wir wissen heute, dass sie nur die Spitze eines riesigen Eisbergs darstellen, was allerdings nichts an ihrer Faszination und Bedeutung ändern sollte.

Dass Termiten in feuchtwarmen Weltgegenden gefürchtete Schädlinge sind, vor denen keine hölzerne Konstruktion sicher ist, zeigt, worauf es diese sozialen Insekten vor allem abgesehen haben: auf Holz, ob frisch oder verrottet. Allein die im Boden lebende Art *Coptotermes formosanus* verursacht in Japan und den USA jährliche Schäden in Höhe von über einer Milliarde Dollar.[9] Ursprünglich nur in China beheimatet, wurde sie mittlerweile durch den Menschen nach Afrika, Australien und Nordamerika verschleppt. Die Spezialisten der IUCN (*International Union for Conservation of Nature and Natural Resources*) zählen sie zu den hundert gefährlichsten Invasoren der Welt.[10]

Andere Arten fressen Humus oder trockenes Gras. Termiten haben sich damit eine Nahrung ausgesucht, die zum Unverdaulichsten gehört, was Lebewesen überhaupt herstellen und zu sich nehmen können. Holz und sein Hauptbestandteil, die Lignocellulose, wurde von Pflanzen erfunden, um ihnen Standfestigkeit zu verleihen, darunter auch riesigen Gewächsen, die viele Tonnen wiegen. Wer diesen Stoff knacken und als Energiequelle nutzen will, braucht mehr als nur ein paar scharfe Insektenkiefer. Termiten sind nahezu die einzigen Tiere, denen das gelingt, und wie sie das machen, ist seit vielen Jahren Gegenstand intensiver Forschung, nicht nur weil dadurch enorme Schäden entstehen, sondern weil diese Prozesse in Zeiten knapper werdender Ölvorräte auch von größter Bedeutung für die Produktion von Biokraftstoffen der zweiten Generation sein könnten. Ausgangsstoff wäre dann Holzabfall und nicht, wie oft zu Recht kritisiert, Pflanzen, die auf Flächen angebaut werden, die eigentlich der Nahrungsmittelproduktion vorbehalten bleiben sollten.

Obwohl in den letzten Jahren entdeckt wurde, dass einige der in riesigen Völkern lebenden sozialen Insekten selbst über Cellulasen verfügen, über Enzyme also, die die pflanzliche Zellwandsubstanz Zellulose spalten, weiß man, dass Termiten ohne eine hoch spezialisierte Mikrobengesellschaft niemals diesen Lebensstil pflegen könnten. Im Darm relativ ursprünglicher, ausschließlich Holz fressender Arten finden sich 1000 bis 100 000 strikt anaerobe Geißeltierchen, Protisten, die 90 Prozent des Enddarmvolumens ausfüllen und mehr als ein Drittel des Insektengewichts ausmachen können. Man kennt sie nur aus Termiten und einigen nah verwandten Schaben, und für Mikroben handelt es sich um wahre Riesen, da sie fast mit bloßem Auge zu erkennen sind.

Namen wie *Trichonympha* lassen es schon erahnen: Es sind außergewöhnliche Gestalten, denen die Termiten ihre Lebensweise verdanken. Eine Vielzahl von langen Geißeln verleiht ihnen das Aussehen verwahrloster Zellhippies, denen langes, dichtes Haar die Sicht nimmt und die seit Jahren keine Friseurschere mehr gesehen haben. Den lichtscheuen Termiten, die selbst keine Schönheiten sind, dürfte das seltsame Aussehen ihrer Symbionten egal sein, solange die Flagellaten nur ihrem Job nachgehen und die extrem widerspenstige Lignocellulose abbauen, ein komplexes dreidimensionales Kohlenhydratpolymer aus Zellulose, Hemizellulosen, Lignin und anderen Molekülen. Bisher schafft es der geballte Sachverstand der Industrie nicht, aus dieser Struktur mit ausreichender Effektivität Zuckermoleküle herauszulösen, um daraus Bioalkohole herzustellen.[11]

Die haarigen Einzeller sind demnach nicht nur optisch die Hauptdarsteller des Termitenmikrobioms. Wie sie ihr chemisches Zersetzungskunststück vollbringen, ist noch immer nicht ganz klar, obwohl man die Tierchen schon lange kennt. In Kultur sind sie kaum zu halten, deshalb ist es schwer, sie und ihre Fähigkeiten zu untersuchen. Die Verhältnisse sind äußerst verwickelt. Genetische Untersuchungen deuten darauf hin, dass die Aktivitäten der Termiten und von bis zu 20 verschiedenen Protisten auf komplexe Weise ineinandergreifen müssen, um dem Holz erfolgreich zu Leibe zu rücken.[12] Außerdem gingen den Forschern im Termitendarm noch einige Hundertschaften von Bakterien- und Archaeenarten ins metagenomische Netz, und viele davon sind ebenfalls an dieser mühsamen Art der Nahrungsbeschaffung beteiligt. In einer einzigen Termitenart wurden nicht weniger als 171 aktive Lignocellulase-Gene gefunden, die im Genom der Termiten, vor allem aber im Erbgut der Flagellaten und Bakterien stecken.[13] Sie alle bearbeiten das von den Termiten zerkleinerte Holz auf ihre spezielle Weise, als seien gleichzeitig Motor- und unterschiedlichste Handsägen, Fräsen, Äxte, Stechbeitel und Schnitzmesser am Werk. Falls dem Ganzen ein Plan zugrunde liegt, haben ihn die Menschen bislang noch nicht enträtseln können. Das Fressen und Verdauen von Holz ist jedenfalls Teamwork und der Termitenholobiont ein erstaunlich vielgestaltiges Wesen.

Die meisten der über 1500 Bakterienarten, die man bisher im Endgedärm von Termiten gefunden hat, scheinen nur dort zu leben, jedenfalls sind sie bislang keinem Forscher in irgendeinem anderen Lebensraum wiederbegegnet.[14] Viele von ihnen schwimmen sicher frei im Darm, andere, denen die Wissenschaftler besonderes Interesse entgegengebracht haben, leben zu Tausenden als Ekto- oder Endosymbionten an und in den viel größeren Geißeltierchen. Es sind Symbionten der Symbionten. Dahinter steckt ein Problem, unter dem die Termiten und ihre Protisten in gleicher Weise zu leiden haben.

Wer sich von Holz ernährt, muss viel Energie in mechanische und chemische Zerkleinerungsarbeit stecken und lebt doch nur schlecht, um nicht zu sagen: miserabel. Denn nicht einmal 0,05 Prozent der Trockenmasse von Holz ist Stickstoff, viel zu wenig, um all die lebenswichtigen Moleküle zu synthetisieren, die ein Insektenkörper und fleißige Geißeltierchen benötigen. Sowohl die Termitenwirte als auch ihre holzzersetzenden Helfer befinden sich daher in einer ähnlichen Situation wie die Steinkorallen, denen wir in Kapitel 2 begegnet sind: Stickstoffmangel begrenzt ihr Wachstum. Und sie praktizieren die gleiche Lösung: eine Symbiose mit Bakterien, die Luftstickstoff fixieren und daraus Aminosäuren und diverse Vitamine produzieren können.[15]

Im Jahr 2008 gelang japanischen Forschern ein bemerkenswertes Kunststück.[16] Aus einem einzigen termitendarmbewohnenden Geißeltierchen der Art *Pseudotrichonympha grassii* gewannen sie Tausende von endosymbiontischen Bakterien und sequenzierten deren Genom. CtPt1-2, wie das Bakterium damals noch genannt wurde, stellt 70 Prozent aller Bakterien im Darm des eingangs erwähnten gefürchteten Termitenschädlings, und es entpuppte sich als eine Art Universalgenie, als Traumpartner für symbiontenbedürftige Darmprotisten und deren Termitenwirte. Es besitzt nicht nur die vollständige Genausstattung, die für die Fixierung von Luftstickstoff erforderlich ist, es kann auch 19 verschiedene Aminosäuren synthetisieren und den als Nebenprodukt anfallenden Wasserstoff verwerten, eine Aufgabe, die sonst meist den Archaeen und damit weiteren Symbionten zufällt. Bei anderen Termitenarten sitzen die Stickstofflieferanten außen an den Geißeltierchen und erwiesen sich als nicht ganz so vielseitig.[17] Doch ob innen oder außen, ohne diese Bakterien wäre ein Leben als Holzfresser vermutlich unmöglich.

•••

Dass in diesem Gewimmel, in dieser dicht bevölkerten inneren Welt der Termiten auch Platz für Skurrilitäten ist, kann eigentlich kaum verwundern. Wenn die haarigen Flagellaten abgesehen von ihren chemischen Zersetzungskünsten über andere Besonderheiten verfügen, dann dürften es wohl ihre vielen Geißeln und die elegante, tanzende, nymphenartige Bewegung sein, die damit möglich wird. Umso seltsamer erscheint es da, dass eine dieser Protistenarten eine Verbindung mit Tausenden stabförmiger Bakterien eingegangen ist, die ebenfalls begeißelt sind. Die betroffenen Flagellaten bewegen sich nicht mehr mithilfe ihrer eigenen, sondern werden nun von den Bakteriengeißeln angetrieben, die in einer regelmäßigen, sich um die Achse des Tieres windenden Anordnung in ihre Zelloberfläche eingebettet sind. Die Zwischenräume werden von einer deutlich kleineren zweiten Bakterienart ausgefüllt, die eine Spindelform, aber keine Geißeln besitzt. Möglicherweise gibt sie den Peitschen der größeren Bakterien aber eine bestimmte Bewegungsrichtung vor.[18]

Was für ein seltsames Arrangement … oder wurde hier ein Geißeltierchen einfach durch Bakterien gekapert? Warum sollten die Protisten die eigenen leistungsfähigen Geißeln durch andere ersetzen? Eine »Bewegungssymbiose« zweier beweglicher Organismen? Das Ganze ist jedenfalls kein Zufall, dafür spricht die Tatsache, dass die Protisten noch nie ohne Bakterien gesehen wurden. Zwischen den verschiedenartigen Zellen existieren spezielle Befestigungsstrukturen, und die Bakterien zeigen eine angepasste Morphologie, da sie die Geißeln nur an der Zellseite tragen, die aus der Wirtszelle herausragt. Der Protist und sein multipler Bakterienantrieb sind ein seit Langem eingespieltes Team, daran kann kaum ein Zweifel bestehen.

Wenn man sich die Abbildungen ansieht, die der Amerikaner Sidney Tamm seiner Beschreibung dieser Mobilitätssymbiose beigefügt hat, und mehr noch, wenn man sich YouTube-Videos ansieht, die das im Enddarm von Termiten herrschende Gewimmel zeigen, beginnt man zu ahnen, worin der Sinn dieses Zusammenschlusses bestehen könnte. Die Geißeln der Protisten sind zwar hübsch, es ist aber zu bezweifeln, dass sie bei der im Termitendarm herrschenden Enge von großem Nutzen sind. Die Bakterienhülle stattet die Protisten dagegen mit einem ganz anderen Antrieb aus. Er ermöglicht eine schnelle Gleitbewegung, die nur in Kontakt mit einer festen Oberfläche funktioniert. Und genau darin könnte der Vorteil dieser Bewegungsvariante liegen. Im Enddarm der Termiten herrscht nämlich eine solches Gedränge, dass die Tierchen praktisch immer in Kontakt mit anderen Zellen oder der Darmwand sind, und um sich schnell aneinander vorbeizuzwängen, scheint der Bakterienantrieb der Symbionten ideal zu sein.

Die Forscher sprechen von einer der ungewöhnlichsten und seltensten Symbiosen, die es gibt. Man kennt nur einen ähnlich gelagerten Fall ... aus dem Darm einer australischen Termite, deren Geißeltierchen sich von korkenzieherartig gewundenen Spirochäten herumpropellern lassen. Seltsam, dass Bewegungssymbiosen ausgerechnet in einem Lebensraum entstanden sind, in dem es so gut wie keinen Platz für Bewegung gibt.

Grüne Kollektive – Die Pflanzen

Muss man noch erwähnen, dass natürlich auch Pflanzen in enger Gemeinschaft mit Mikroben leben? Gerade sie. Mindestens 20 000 Pflanzenarten sind vollständig von symbiontischen Mikroben abhängig.[1] Und auch für den Rest gilt: Eine Pflanze ohne Mikroben wäre eine exotische Ausnahme, nicht die biologische Regel.[2] Verwurzelt in ihrem Lebensraum und unfähig, sich von der Stelle zu bewegen, scheint die Kooperation mit einer Vielzahl potenter Partner, ob Mikroben oder nicht, in ihrer Natur zu liegen.

Von Rhizobien, den Knöllchenbakterien in den Wurzeln der Leguminosen, war schon die Rede: Luftstickstofffixierer, wie die kleinen Helfer der Korallen und Termiten. Sie sind vielleicht die prominentesten Partner der Pflanzen, weil sie seit Langem bekannt und einige Hülsenfrüchtler, die mit ihnen zusammenleben, für die Ernährung der Menschen und ihrer Tiere von Bedeutung sind: Soja- und andere Bohnen, Erbsen, Kichererbsen, Linsen – und nicht zu vergessen: die Erdnuss. Aber Rhizobien sind keineswegs die einzigen Symbionten der Pflanzen.

Sowohl einzellige Algen als auch Bäume, die kleinsten und die größten Pflanzen, haben sich auf sehr unterschiedliche Weise mit Pilzen eingelassen. In einem Fall sind dabei die Flechten herausgekommen, echte Mischwesen aus einem Pilz, der dem ganzen Gebilde seine Gestalt verleiht, und vielen Algenzellen.[3] Mehr als 25 000 verschiedene Arten sind bislang beschrieben worden. Als bunt gefärbte Krusten überziehen sie Steine und Baumrinden, hängen als lange Bärte von Ästen herab oder bedecken in dicken Matten den Boden.

Die Pilzpartner vieler Baumarten leben dagegen weitgehend unsichtbar im Boden, wo ihr Fadengeflecht, das Myzel, engen Kontakt zu den Wurzeln der Pflanzenriesen herstellt und die Aufgabe der Wurzelhaare übernimmt. Es kommt zu einem regen Stoffaustausch, wobei die Pflanze Kohlenhydrate und der Pilz Nährstoffe und Wasser liefert. Diese sogenannten »Mykorrhizen« schaffen im Boden komplizierte Netzwerke, indem sie über Pilzfadenbrücken und größere Entfernungen verschiedene Pflanzen, ja ganze Wälder miteinander verbinden. Ihr weitgehend unsichtbares Dasein ist zumindest den Pilzfreunden bekannt, weil die Objekte ihrer Suche, die Fruchtkörper der Mykorrhiza-Pilze, als Folge des engen unterirdischen Kontakts bevorzugt in der Nähe bestimmter Baumarten zu finden sind, was sich häufig auch in ihrem Namen ausdrückt: Birken-Rotkappe, Buchen-Täubling, Lärchen-Röhrling.

Doch Mykorrhizen sind nicht nur auf Birke, Buche und Co. beschränkt. Sie treten bei 80 Prozent aller Landpflanzen auf, ein faszinierendes Thema und für die beteiligten Organismen und Ökosysteme von enormer Bedeutung. »Die meisten höheren Pflanzen haben keine Wurzeln, sie haben Mykorrhiza«, beginnt ein Standardlehrbuch der Ökologie den Abschnitt über diese vielleicht wichtigste Symbiose der Welt.[4] Für die Nährstoffaufnahme der Pflanzen ist sie von entscheidender Bedeutung, und möglicherweise war dieser enge Kontakt zwischen Pflanzen und Pilzen sogar die Voraussetzung für die erste Besiedlung kahler Landmassen vor mehr als 450 Millionen Jahren. Mykorrhizen müssen deshalb hier erwähnt werden, auch weil im komplexen dreidimensionalen Gefüge des Bodens wirklich alles mit allem zusammenhängt. Als Symbiosen zwischen vielzelligen Lebewesen sind sie aber eigentlich nicht Gegenstand dieses Buches.

Uns geht es um Mikroben, und zahlreiche Studien der letzten Jahre haben gezeigt, dass diese, und allen voran die Bakterien, in schier überwältigender Zahl alle sichtbaren und unsichtbaren Teile von Pflanzen besiedeln und die Mykorrhiza-Pilze gleich mit. »Jenseits der Vorstellung« seien die Möglichkeiten, die sich Pflanzen mithilfe ihres Mikrobioms bieten würden, schwärmten niederländische Wissenschaftler angesichts der neuen Forschungsergebnisse.[5] Wurzeln, Blätter, Blüten, Samen, Früchte und Pollen, sie alle besitzen ihr eigenes Mikrobiom, sind eigene mikrobiologische Welten, die miteinander in Verbindung stehen. Was die Forscher in den letzten Jahren mit ihren neuen kulturunabhängigen Methoden zutage befördert haben, ist derart komplex und vielfältig, dass wir das Thema hier nur anreißen können.

Einige dieser Lebensräume sind von gewaltigen Dimensionen. Zum Beispiel der Blätterwald, das Reich der Phyllosphäre, diese wichtigste Schnittstelle zwischen den oberirdischen Pflanzenteilen und der Luft. Konservative Schätzungen gehen davon aus, dass die Blattoberflächen aller Landpflanzen zusammen etwa eine Milliarde Quadratkilometer umfassen, das Doppelte der Erdoberfläche, und von 10^{26} Bakterien bewohnt werden. Bis zu 100 Millionen sind auf nur einem Gramm Blattmasse zu finden.

Diese Bakteriengemeinschaft ist damit groß genug, um Einfluss auf die globalen Kohlenstoff- und Stickstoffkreisläufe auszuüben, von der einzelnen Pflanze, die sie bewohnt, ganz zu schweigen. Umso erstaunlicher ist es, dass Forscher sich erst spät den Mikroben der Blätter zuwandten. Lange interessierte sich die Wissenschaft nur für pathogene Pilze und Bakterien, die zu einem Problem der Landwirte und Gemüse- und Obstbauern werden könnten, und übersah die große Zahl harmloser oder gar nützlicher Mikroben. Außerdem standen die Blattbewohner im Schatten der Rhizosphäre, der unterirdischen Wurzelwelt, die man als Ort der Wasser- und Nährstoffaufnahme für wichtiger hielt.[6]

Oder wirkte die Größe der Phyllosphäre einschüchternd? Aufgrund ihrer Untersuchungen des Atlantischen Waldes im tropischen Brasilien schätzten amerikanische und brasilianische Wissenschaftler, dass auf den Blättern der dort wachsenden 20 000 Gefäßpflanzenarten zwischen 2 und 13 Millionen

Bakterienspezies zu erwarten seien. Nun ist dieser älteste Wald der Welt sicher spektakulär[7], aber er ist doch nur einer von vielen, und schon ein einziger Baum ist aus Sicht der Mikroben ein Universum mit sehr unterschiedlichen Lebensbedingungen. Ein vollständiges Bild seiner Blattmikroben erhielte man nur, wenn man ihn sehr intensiv in allen möglichen Kleinlebensräumen beproben würde. Außerdem schwanken die Verhältnisse auch im Jahresgang, was dramatische Auswirkungen auf das Blattmikrobiom zur Folge hat. Und neben Wäldern gibt es Wiesen und Savannen, Moore und alpine Rasen sowie eine große Zahl landwirtschaftlicher Kulturen, die natürlich von besonderem Interesse sind, weil sie der menschlichen Ernährung dienen und frei von pathogenen Erregern sein müssen. Angesichts solcher Dimensionen kann einen der Forschermut schon mal verlassen.

Dabei galten Blätter lange Zeit als ausgesprochen ungastliche Lebensräume. Ungeschützt trotzen sie den Kapriolen des Wetters, sind rasch schwankenden Temperaturen, häufig wechselnder Luftfeuchtigkeit und intensiver UV-Strahlung ausgesetzt, und an Nahrung haben sie Bakterien und anderen Mikroben kaum etwas zu bieten.

Tatsächlich belegen zahlreiche Studien den überragenden Einfluss klimatischer Faktoren auf die Zusammensetzung der Blattmikrobengesellschaft. Doch ganz so schlimm scheinen die Verhältnisse nicht zu sein. Blätter sind von einer dünnen Luftschicht umgeben, in der die aus den Spaltöffnungen auf der Blattunterseite dringende Feuchtigkeit teilweise gebunden und damit eine mögliche Trockenphase abgemildert wird. Gegen die Strahlung schützen sich viele Bakterien mithilfe einer Pigmentierung. Manche können ungemütliche Zeiten auch im Blattinneren in der Nähe der Spaltöffnungen überstehen. Viele Bakterien, etwa auch die Knöllchenbakterien, leben generell in der Pflanze, wobei sie aber nicht als Endosymbionten in die Zellen eindringen, sondern sich in Hohl- und Zellzwischenräumen ausbreiten. Es gibt auch Fälle, in denen Bakterien über die Wurzeln eindringen, dann durch die ganze Pflanze transportiert werden, um sich schließlich irgendwo auf der Oberfläche niederzulassen.[8]

Aus Mikrobensicht stellt die Blattfläche sich nicht so glatt und eben dar, wie sie uns erscheint. Sie ist vielmehr eine abwechslungsreiche Hügellandschaft. Neben den tiefen Kratern der Spaltöffnungen gibt es an den Zellgrenzen und entlang der Blattrippen auch Rinnen, Täler und Canyons, die Schutz bieten, dazwischen erheben sich Zellkuppen unterschiedlicher Höhe – eine Topografie, die natürlich auch die Form und Verteilung von Wassertropfen und Nährstoffen beeinflusst.

Die äußerste Blattschicht und damit der Untergrund für alle Bakterien wird von der Kutikula gebildet, einer je nach Pflanzenart unterschiedlich aufgebauten Wachsschicht, die den Zellwänden aufliegt. Sie ist wasserabweisend und schützt die Pflanze vor Austrocknung und Verletzungen, kurz: Sie müsste jeder rechtschaffenen Mikrobe eigentlich ein Dorn im Auge sein.

In Wirklichkeit stellt sie kein großes Problem dar. Wie die Wirtspflanzen und ihre Bewohner im Nahbereich interagieren, ist zwar weitgehend unbekannt, sicher ist aber, dass Mikroben die Fähigkeit besitzen, durch Abgabe bestimmter Substanzen Einfluss auf ihre Umgebung zu nehmen. So machen von Bakterien produzierte Pflanzenhormone die Blattkutikula durchlässiger, Biotenside verändern ihre Benetzbarkeit, sodass ein Wasserfilm entstehen kann, der verwertbare Stoffe löst und die Möglichkeit eröffnet, sich darin auf der Blattoberfläche zu bewegen. Zum Beispiel, um Nahrung zu suchen.

Nährstoffe sind auf Blättern knapp und ungleichmäßig verteilt. Sie stammen aus der Luft, kommen mit dem Regen, der sie auch wieder abspülen kann, gelangen durch Tiere oder andere Gewächse auf die Pflanze, quellen aus ihr selbst durch Wunden und eine Wachsschicht, die mit zunehmendem Alter der Blätter morsch und porös wird. Und so ungleichmäßig wie ihre Energiequellen verteilen sich auch die Mikroben auf der Blattoberfläche. Sie sammeln sich in Furchen und Vertiefungen, bilden, wo etwas zu holen ist, Klumpen und Aggregate, aus denen sie konkurrierende Arten fernhalten.

Wieder einmal – sofern man den Ast, sprich: die Substanz des Blattes, auf dem man sitzt, nicht angreift – geht es um einen Lebensraum, in dem Mangel herrscht; für Bakterien keine ungewohnte Situation. Ein Tropfen Honigtau oder eine Blattlausleiche sind seltene Leckerbissen. Im Normalfall müssen Bakterien sich mit weitaus weniger zufriedengeben. Metagenomische Analysen[9] haben gezeigt, dass viele Arten der Phyllosphäre Methanol verarbeiten, CH_3OH, einem für Menschen giftigen Alkohol, der nur ein einziges Kohlenstoffatom enthält. Satellitenmessungen zufolge ist Methanol hoch oben in der Stratosphäre eine der häufigsten organischen Verbindungen, vor allem über Wäldern. Abbauprozesse lösen es aus der pflanzlichen Zellwand, zur Abwehr von Fressfeinden setzen Pflanzen es aber auch aktiv frei.[10] Andere Bakterien bauen kohlenstoffhaltige Luftschadstoffe ab oder nutzen als Stickstoffquelle Ammoniak, der in großen Teilen der Menschenwelt im Überfluss vorhanden ist.

Blattmikroben verfügen aber noch über weitaus raffiniertere Möglichkeiten. Genügsamkeit allein reicht nicht. Dass manche auch molekularen Luftstickstoff verwerten wie die Knöllchenbakterien in den Wurzeln, ist schon fast der Normalfall und kaum noch der Erwähnung wert. Kürzlich gelangen jedoch unter Federführung israelischer Wissenschaftler

Entdeckungen, die man mit Fug und Recht als kleine Sensation bezeichnen kann.[11]

Blätter sind die Fotosyntheseorgane der Pflanzen, deshalb versucht jedes Gewächs, sie im Rahmen seiner Möglichkeiten optimal zu positionieren und der Sonne und ihren Strahlen entgegenzustrecken. Für kleine, im wahrsten Wortsinn lichthungrige Wesen könnten sie deshalb ein interessanter Lebensraum sein, dachten sich die Forscher, sammelten auf Ackerflächen und in einer Oase nahe dem Toten Meer Blätter verschiedener Pflanzen und machten sich in deren Mikrobiom auf die Suche nach einem Stoff, den man bislang nur aus dem Meer oder aus Lebensräumen des Süßwassers kannte. Sie sollten recht behalten. Denn nicht nur auf Blättern eines Oasengewächses, der Tamariske, auch auf dem weitverbreiteten Weiß-Klee und der Ackerschmalwand sowie auf den Kulturpflanzen Sojabohne und Reis wiesen sie erstmals außerhalb des Wassers Bakteriorhodopsin nach, ein extrem lichtempfindliches Protein. Wir sind ihm schon einmal im Zusammenhang mit metagenomischen Untersuchungen des Meerwassers begegnet (s. Kap. 1). Einige marine Bakterien sind in der Lage, mithilfe des Rhodopsins aus Licht chemische Energie zu gewinnen.

Wenn man über diese Substanz verfügt, sind lichtexponierte Blätter natürlich ein verlockender, wegen der intensiven Strahlung aber auch nicht ganz ungefährlicher Lebensraum. Bakterien geht es da nicht anders als uns: Zu viel Sonne ist ungesund. Es empfiehlt sich daher aufzupassen, und auch dabei erweist sich das Fotopigment als nützlich. Anhand bestimmter molekularer Details ermittelten die Forscher, dass nur ein Teil des Blattbakterienrhodopsins zur Energiegewinnung genutzt wird, zur Fototrophie. Der größere Rest erfüllt sensorische Aufgaben: »Die Mikroorganismen der Phyllosphäre sind intensiv damit beschäftigt, Licht wahrzunehmen, um sich den Schwankungen von Lichtqualität, -intensität und UV-Strahlung anzupassen.«[12]

Interessanterweise sind alle auf den Blättern gefundenen Bakterienrhodopsine so beschaffen, dass sie nur grünes Licht absorbieren – das Absorptionsmaximum liegt bei 545 Nanometer –, ein Spektralbereich, in dem das Chlorophyll der Blätter kein Licht absorbiert. Die Bakterien nehmen der Pflanze also kein Licht weg, möglicherweise schwächen sie sogar den grünen Lichtanteil, der pflanzliches Wachstum eher hemmt. Die Absorptionsspektren der mit Rhodopsin ausgestatteten Bakterien und ihrer Wirtspflanzen passen so perfekt zusammen, dass amerikanische Kreationisten wieder einmal göttliches Design am Werke sahen.[13]

Doch damit nicht genug. Oded Beja vom Israel Institute of Technology und seine Kollegen entdeckten auf den Blättern der gleichen Pflanzen noch etwas anderes: Gene, die einen dritten Weg der Lichtnutzung möglich machen, eine urtümliche Form der Fotosynthese, bei der kein Sauerstoff produziert wird und die, wie sich nun herausstellt, nicht nur bei einigen Spezialisten oder in grauer Vorzeit, sondern im Hier und Jetzt weit verbreitet ist.[14] Zu dieser anoxygenen Fotosynthese sind erstaunlicherweise nicht nur einzelne Bakterienarten, sondern ist eine hochdiverse Gesellschaft fähig. Die Zahlen schwanken von Pflanzenart zu Pflanzenart, gefunden wurden die erforderlichen Gene aber auf allen, auf Nadeln und Blättern von Kiefern, Tamarisken, Gräsern und Weiß-Klee, dem bisherigen Rekordhalter, bei dem immerhin sieben Prozent seiner Blattbakterien anoxygene Fotosynthese betreiben. Noch sind die Zusammenhänge nicht geklärt. Sollten diese Mikroben dabei aber wie die Purpurbakterien Schwefelwasserstoff verarbeiten, ergäbe sich eine faszinierende Möglichkeit der Zusammenarbeit, denn nicht wenige Pflanzen liefern dieses Gas. Was als bloßer Bakterienbewuchs erscheint, wären dann in Wahrheit probiotische Helfer, die ein giftiges Stoffwechselprodukt entsorgen, indem sie es in ihre eigene biochemische Fotosynthesemaschinerie einspeisen.

Damit sind wir bei einer entscheidenden Frage angekommen. Pflanzen verschaffen den auf ihnen lebenden Mikroben buchstäblich einen Platz an der Sonne, und diese wissen das auch auf verschiedene Weise zu nutzen. Doch was haben die Pflanzen selbst davon? Profitieren sie von der vielgestaltigen Gesellschaft dieser Mikroben, und wenn ja, in welcher Weise? Bilden die Pflanzen und zumindest einige Mikroben ihrer Phyllosphäre echte Symbiosen, so wie das unter der Erdoberfläche in und an den Wurzeln zweifellos der Fall ist?

Es muss nicht so sein. Viele Bakterien und Pilze in und an den oberirdischen Pflanzenteilen könnten bloße Trittbrettfahrer darstellen, sonnenhungrige Mitesser, Kommensalen, die keinen Schaden anrichten. Noch weiß die Wissenschaft wenig über diese Mikroben und ihre Bedeutung für die Pflanze, schon jetzt schreibt ihnen eine wachsende Zahl von Studien aber wichtige Funktionen zu.[15] Sie würden Pestizidrückstände und Luftschadstoffe abbauen, heißt es, trügen zu Wachstum und Gesundheit der Wirtspflanzen bei und wirkten Krankheiten und Schädlingsbefall entgegen. Gerade auf diese letzten Punkte konzentrieren sich die Forschungsbemühungen, denn hier werden vitale Interessen der Menschen berührt. Es geht um Ernten und Erträge, um die Ernährung einer stetig wachsenden Weltbevölkerung und natürlich um viel Geld.

Beim Kampf gegen Krankheitserreger und Fressfeinde berühren sich auch die Interessen von Pflanzen und Mikroben, er ist einer der Fixpunkte, der, wie das Beispiel der Insekten gezeigt hat, für alle Holobionten von Bedeutung ist. Nur gesund und halbwegs unversehrt kann eine Pflanze ihren Platz an der Sonne gegen alle Widerstände behaupten und viele Samen und Wurzelausläufer produzieren, kurz: ihren winzigen Bewohnern und Partnern ein dauerhafter und konkurrenzstarker Wirt sein.

Natürlich haben klimatische Faktoren Einfluss auf das Mikrobiom. Darüber hinaus sind es aber vor allem die Pflanzen selbst und ihre im Genom niedergelegten Eigenschaften, die über die konkrete Zusammensetzung ihres Mikrobioms an Wurzeln, Blüten und Blättern entscheiden. Das ist das vielleicht stärkste Argument dafür, dass hier eine weitaus engere und intensivere Beziehung gepflegt wird, als es auf den ersten Blick scheinen mag.[16] Nicht nur verschiedene Arten, auch Pflanzen unterschiedlichen Alters, verschiedene Typen, Varietäten und Sorten (die Botaniker sprechen hier von »Kultivaren«) tragen unterschiedliche Mikrobengemeinschaften.

Es scheint, als forme die Pflanze aus der in der Umwelt vorhandenen Vielfalt an Mikroben ein spezifisches, an die lokalen Verhältnisse angepasstes Mikrobiom[17], das ihr und letztlich dem ganzen Holobionten guttut. Im Boden ist das unübersehbar. Ein Gramm enthält Schätzungen zufolge 10 bis 100 Milliarden Bakterienzellen und 200 Meter Pilzhyphen.[18] In der Nähe der Wurzeln aber ist die Konzentration kohlenstoffhaltiger Substanzen, die von den Pflanzen abgegeben werden, stark erhöht, und das Gleiche gilt für die Zahl der Mikroben. In Böden mit experimentell vereinfachten Mikrobengemeinschaften wachsen kleinere Pflanzen mit geringerem Chlorophyllgehalt heran, die weniger Blüten hervorbringen und eine geringere Fruchtbarkeit aufweisen.[19]

Pflanzen locken, stimulieren, kultivieren und düngen in ihrer Rhizosphäre ein reges Mikrobenleben, das der Nutzbarmachung von Nährstoffen und als Schutzschild gegen unterirdische Angriffe von Krankheitserregern dient.[20] Beim Versuch, hinter das Geheimnis besonders schädlingsarmer niederländischer Zuckerrübenkulturen zu kommen, wiesen die Forscher DNA von über 33 000 verschiedenen Bodenbakterien- und Archaeenarten nach. Pflanzen, deren Wurzeln von einem pathogenen Pilz angegriffen werden, mobilisieren aus dieser Mikrobenvielfalt Hilfe in Gestalt zahlreicher Bodenbakterien, die chemisch gegen derartige Infektionen schützen.[21] Da Samen oft in unmittelbarer Nähe der Mutterpflanzen keimen, profitieren auch die Nachkommen und knüpfen da an, wo ihre Vorgänger aufhörten.

Blätter bieten auf ihrer Oberfläche nur wenig Nahrung, deshalb müssen die sie bewohnenden Mikroben ja zu raffinierten Methoden der Energiegewinnung greifen. Doch auch hier könnten die Pflanzen durch die Mikrostruktur der Oberfläche, die Beschaffenheit der Kutikula und Stoffabscheidungen beeinflussen, wer sich dauerhaft auf ihnen niederlässt. Der einfachste Schutz gegen Krankheitserreger besteht darin, ihnen durch eine dichte Besiedlung mit unschädlichen Mikroben keine Angriffsflächen und Entfaltungsmöglichkeiten zu bieten. Seit Jahren wird dies bereits im Obstanbau erfolgreich angewendet, indem zeitig Präparate mit harmlosen Bakterien gesprüht werden, ein chemiefreies Verfahren, das den Einsatz von Streptomyzin oder anderen Antibiotika deutlich reduziert hat. Aufgrund dieser und ähnlicher Erfolge besteht die begründete Hoffnung, dass bessere mikrobiologische Kenntnisse der Phyllosphäre wesentlich zu einem schonenderen und nachhaltigeren Pflanzenschutz beitragen werden.[22]

Aber das alleine reicht nicht. Gerade Blätter sind heiß begehrt. Ganze Armeen von Pflanzenfressern von der Ahornminiermotte bis zur Ziege haben es auf eine saftige Blattmahlzeit abgesehen, und da Pflanzen wie Schwämme und andere festsitzende Tiere des Meeresbodens vor einem solchen Angriff weder fliehen noch sich verstecken können, müssen sie sich ihm an Ort und Stelle widersetzen, zusammen mit ihren Mikroben. Nicht nur die Pflanze selbst, auch im Pflanzengewebe wachsende Pilze können Stoffe wie Alkaloide produzieren, die, giftig, unbekömmlich oder einfach nur widerlich schmeckend, hungrigen Fressfeinden den Appetit verderben sollen.[23] Auf den Chromosomen von Mais, einer der ökonomisch wichtigsten Kulturpflanzen, wurden sechs Regionen identifiziert, die Einfluss auf die Vielfalt der Blattbakterien haben. Bezeichnenderweise überlappen sie sich in hohem Maße mit DNA-Abschnitten, die für die Resistenz gegen eine gefürchtete Pilzkrankheit verantwortlich sind.[24] Mit vereinten Kräften versucht der grüne Holobiont, Angriffe abzuwehren oder den Schaden, den sie hervorrufen, in Grenzen zu halten.

Faszinierend ist, was Wissenschaftler über die gegenseitige Beeinflussung von unter- und überirdischer Sphäre herauszufinden beginnen.[25] Nicht nur, dass bestimmte Wurzelbakterien und -pilze über der Erde für besonders kräftige und widerstandsfähige Pflanzen sorgen, indem sie durch selbst produzierte Pflanzenhormone Wachstumsimpulse geben und die Stresstoleranz ihrer Pflanzenwirte verbessern.[26] Viele versetzen die chemischen Abwehrsysteme der Pflanze in eine Art Bereitschaftszustand, sodass diese bei Kontakt mit einem Erreger oder pflanzenfressenden Insekt schneller und heftiger reagieren können.[27] Erstmals wurde kürzlich auch gezeigt, dass eine Besiedlung durch bestimmte Bakterien die chemischen Alarm- und Hilferufe verändert, mit denen attackierte Pflanzen natürliche Feinde ihrer Angreifer herbeirufen, eine weitverbreitete Abwehrstrategie. Dabei setzen Pflanzen ein Gemisch leicht flüchtiger Substanzen frei, das Schlupfwespen und Raubinsekten anlockt. Bakterien können die Zusammensetzung dieses Stoffcocktails verändern, seine Attraktivität erhöhen und damit für einen noch wirkungsvolleren Einsatz der herbeigerufenen Helfer sorgen.

Bakterien produzieren Pflanzenhormone, Pflanzen operieren mit den Signalstoffen der Mikroben. Beide sind in der Lage, auf der Klaviatur des jeweils anderen zu spielen, können als Resultat eines langen gemeinsamen Evolutionsweges tief in die biochemischen Prozesse ihrer Partnerorganismen eingreifen. »Leistung und Aktivitäten von Pflanzen können nur dann vollständig charakterisiert und verstanden werden, wenn man den ›Holobionten‹ die Pflanze plus die eng assoziierten Mikrobiota, betrachtet«, betonen Wissenschaftler des Helmholtz-Zentrums München. Der evolutionäre Vorteil eines solchen integrierten Systems bestehe in einer besseren Anpassungsfähigkeit und Flexibilität in einer sich schnell verändernden Umwelt.[28]

•••

Gerade erst begonnen hat die Erforschung der Blüten und ihrer Nektarvorräte als Lebensraum für Mikroben, und schon eröffnen sich faszinierende Perspektiven und stellen sich viele Fragen.[29] Zwar geht es beim Blütennektar nur um winzige Mengen, in Anbetracht ihrer Bedeutung handelt es sich aber wohl um die wertvollsten Zuckerwassertröpfchen, die es auf der Welt gibt. Unzählige fleißige Blütenbesucher nehmen ihre wichtige, aber mühselige Bestäubungsarbeit nur auf sich, weil sie dafür mit diesen kleinen süßen Köstlichkeiten belohnt werden. Und die Pflanzen sorgen dafür, dass nach einem Nektarrezept »gekocht« wird, das optimal auf die anzulockenden Bestäubungsgäste abgestimmt ist. So werden in Blüten, die an Schmetterlinge, Fliegen oder Bienen angepasst sind, viel mehr

Aminosäuren beigemischt als in solchen, die Vögel oder Fledermäuse anlocken sollen. Letztere haben andere Möglichkeiten, ihren Stickstoffbedarf zu decken.[30]

Aufgrund seines hohen Zuckergehalts galt Nektar lange als Bakterienwüste, aber natürlich musste nur einmal jemand mit den richtigen Methoden genau nachschauen. Jetzt sind auch im Blütennektar neben Hefen und einigen anderen Pilzen, die man schon kannte, zahlreiche Bakterienarten entdeckt worden. Da diese kleine süße Leckerei von der Pflanze ausschließlich produziert wird, um Bestäuber anzulocken und die eigene Vermehrung zu sichern, stellt sich natürlich sofort die Frage, welche Rolle diese Nektarmikroben spielen. Ihre Anwesenheit kann nicht ohne Einfluss auf Geruch und Geschmack der begehrten Köstlichkeit bleiben. Sollten die Bestäuber aber fernbleiben, weil ihnen ein verändertes Aroma des Nektars nicht mehr zusagt und sie sich nun nach anderen Blüten umsehen, hätte das katastrophale Auswirkungen für das betroffene Ökosystem, von der Versorgung der Menschen mit Obst und Gemüse ganz zu schweigen.

Noch gehört es in das Reich der Spekulation und dient hier auch einer möglichst eleganten Überleitung zu den nächsten Kapiteln, aber erste Hinweise in diese Richtung gibt es tatsächlich, die ihrerseits eine ganze Reihe von wichtigen und spannenden Fragen aufwerfen. Bei Untersuchungen in Stanford, Kalifornien, reagierten Kolibris und Honigbienen sehr unterschiedlich, je nachdem, ob der begehrte Nektar mit bestimmten Bakterien oder mit einer häufigen Hefeart kontaminiert war. Letzteres behagte den Blütenbesuchern, Ersteres nicht. Bakterien und Hefen können also die Zusammensetzung und den Geschmack von Blütennektar verändern, und natürlich hat das Auswirkungen auf die Blütenbesuche potenzieller Bestäuber und damit auf die Menge des produzierten Samens.[31]

Sind die im Nektar lebenden Mikroben Störfaktoren in den oft intimen Beziehungen zwischen Pflanzen und ihren Bestäubern? Dienen bestimmte Substanzen wie die vor einigen Jahren entdeckten Nektarin-Proteine oder Wasserstoffperoxid dazu, den Nektar möglichst frei von Bakterien zu halten[32], damit potenzielle Bestäuber ihn in gewohnter Qualität und Reinheit vorfinden? Welche Rolle spielen Honigbienen und Co. bei der Übertragung dieser Mikroben von Blüte zu Blüte?

Oder ist es genau umgekehrt? Steuern Bakterien oder Hefen bestimmte Geschmacks- und Geruchskomponenten bei, die das charakteristische Aroma eines Nektarcocktails ausmachen und damit dessen Attraktivität für Bestäuber bestimmen? Sie halten das für eine absurde Idee? Das nächste Kapitel wird zeigen, dass Überlegungen in dieser Richtung nicht so weit hergeholt sind, wie Sie vielleicht denken.

Hyänen, Menschen und die Macht der Düfte

Zum Abschluss der Reise durch unsere Holobiontenwelt machen wir noch in Afrika Station, in der Savanne mit ihren (noch) imposanten Tierherden. Zu den Big Five der Großwildjäger – Elefant, Nashorn, Büffel, Löwe, Leopard – gehören sie nicht, und auf der Beliebtheitsskala der Safaritouristen dürften sie eher einen hinteren Platz einnehmen: Tüpfelhyänen (*Crocuta crocuta*). Sie haben aber nicht nur für Verhaltensforscher Spektakuläres zu bieten. Kein anderes Raubtier zeigt ein derart ausgeprägtes Sozialverhalten und lebt in so großen Verbänden. Innerhalb dieser Clans, die bis zu neunzig Tiere umfassen können, herrscht eine strikte Hierarchie, und im Gegensatz zur bei Säugetieren meist männlich dominierten Rangfolge haben hier die Weibchen das Sagen. Selbst das rangniedrigste Weibchen steht noch über dem ranghöchsten Männchen.

Über Hyänen wurde und wird eine Menge Unsinn verbreitet, nicht nur im afrikanischen Volksglauben. Sie besäßen magische Kräfte, und auf ihrem Rücken würden Hexen reiten, heißt es, sie seien Hermaphroditen, und ihre Körperteile wirkten als Aphrodisiakum. Natürlich stimmt nichts davon, und sogar die weitverbreitete Ansicht, Hyänen seien Aasfresser, hält einer genaueren Überprüfung kaum stand. Tüpfelhyänen fressen zwar auch Aas, sie sind gleichzeitig aber ausgezeichnete Jäger, die die meisten ihrer Beutetiere selbst zur Strecke bringen. Obwohl sie hundeähnlich aussehen, sind sie viel näher mit den Katzen und vor allem den Mangusten verwandt.[1]

Um die komplexen sozialen Beziehungen innerhalb der Clans auszubilden und zu pflegen, verwenden Tüpfelhyänen eine Vielzahl von taktilen, visuellen und vokalen Signalen. Ihr »Lachen« ist zwar legendär, insgesamt gilt das Repertoire ihrer Lautäußerungen jedoch als begrenzt, vor allem trägt es nicht über größere Entfernungen. Wie bei vielen anderen Säugetieren auch kommt den Geruchssignalen deshalb eine besondere Bedeutung zu. Beide Geschlechter der Hyänen besitzen eine Duftdrüse, deren Öffnung unter der Schwanzwurzel liegt. Das braune, im Englischen »*paste*« (Kleister oder Paste) genannte Sekret, das die Tiere an Pflanzen hinterlassen und dessen Geruch an fermentierten Mulch erinnern soll, ist ein komplexes Gemisch verschiedener chemischer Stoffe, darunter flüchtige Fettsäuren, Kohlenwasserstoffe, Alkohole und Aldehyde. Seine Zusammensetzung ist individuell unterschiedlich und variiert auch mit dem Geschlecht, der Gruppenzugehörigkeit und dem reproduktiven Zustand der Weibchen. Ähnliche Drüsen findet man bei vielen Säugetieren und an den unterschiedlichsten Körperstellen.

Das Ganze wäre wohl nur ein Thema für die Verhaltensforschung, hätte sich nicht herausgestellt, dass in diesen Duftdrüsen zahlreiche Bakterien leben. Natürlich wäre es denkbar, dass Mikroben die Drüsen nur bewohnen, um ein wenig von den dort produzierten nährstoffreichen Sekreten zu naschen, und ansonsten ohne Bedeutung für ihre Wirte sind. Schon in den 1980er-Jahren wurde aber die Vermutung geäußert, dass nicht der Wirt, sondern vor allem sie für die charakteristische Zusammensetzung des Drüsensekretes verantwortlich sein könnten. Träfe diese sogenannte »Fermentationshypothese für die chemische Erkennung« zu, käme Bakterien eine herausragende Bedeutung in der weitverbreiteten chemischen Kommunikation zu. Die meisten Tiere erkennen ihre Artgenossen am Geruch. Bei Reviermarkierung und Fortpflanzung spielen Duftsekrete eine entscheidende Rolle.

Schon damals gab es Hinweise, dass Bakterien tatsächlich an der Herstellung des Duftcocktails beteiligt sein könnten.[2] Rotfüchsen wurden Antibiotika verabreicht, um die Bakterien abzutöten, und tatsächlich zeigte sich, dass deren Duftdrüsen danach nicht mehr in der Lage waren, kurzkettige Fettsäuren herzustellen, ein wesentlicher Bestandteil des Sekrets. Andererseits produzierten aus den Drüsen isolierte Bakterien im Labor genau die Fettsäuren, die man auch im Parfüm der Füchse nachgewiesen hatte. Fettsäuren sind aber nur eine von mehreren Stoffgruppen, die in dem Drüsensekret enthalten sind, und die wenigen Drüsenmikroben, die damals kultiviert werden konnten, reichten bei Weitem nicht aus, um ein derart komplexes Duftgemisch herzustellen. Damit war die Fermentationshypothese vorerst vom Tisch. Und die Bakterien waren aus dem Spiel.

Bei vierzehn Säugetierarten[3] gelang es nun mit modernen kulturunabhängigen Methoden, sich ein realistischeres Bild vom Innenleben der Duftdrüsen zu verschaffen. Ein Team um den Amerikaner Kevin Theis betäubte in Kenia einige Dutzend Tüpfel- und Streifenhyänen, entnahm ihren Drüsen Proben, überführte sie vor Ort in flüssigen Stickstoff und machte sich dann daheim, an der Michigan State University, daran, sie mit modernen Sequenzierautomaten zu analysieren.[4] Die Forschergruppe stieß auf fast 500 verschiedene Bakterienarten, deren Gene sie als versierte Fermentierer auswiesen, die ein komplexes Stoffgemisch wie das Duftsekret durchaus produzieren könnten. Zumindest das Argument der zu geringen Bakterienzahl war damit widerlegt. Aber beweisen diese Ergebnisse auch, dass Beschaffenheit und Produktion der Düfte tatsächlich auf das Konto der Drüsenbewohner gehen?

Einige der überzeugendsten Hinweise, »dass Bakteriengemeinschaften Informationen über ihre Wirte signalisieren können«, wurden – selten genug – an Menschen gewonnen, genauer gesagt: an ihren Achselhöhlen. Sofern man sie nicht im Übermaß mit desodorierenden und die Drüsen blockierenden Deos behandelt, »sind sie warm und feucht und voller organischer Drüsenprodukte«. Und eines tun diese Drüsenprodukte mit Sicherheit nicht: riechen. Erst die zahlreichen auf der Haut und in den Achselhöhlen lebenden Bakterien fabrizieren daraus in einer komplizierten Serie von chemischen Umwandlungsprozessen den Geruch, der vielen Menschen unangenehm ist und den sie schamhaft zu überdecken versuchen.[5] Unsere individuellen Vorlieben für bestimmte Duftkomponenten scheinen allerdings zu einem nicht geringen Teil genetisch bedingt zu sein. Möglicherweise parfümieren wir uns genau mit den Produkten der Kosmetikindustrie, die unseren ureigenen Körpergeruch hervorheben oder verstärken.[6]

Neue Untersuchungen zeigen, dass sich unter unseren Armen Dutzende von Bakteriengattungen niedergelassen haben, in einer Dichte von bis zu zehn Millionen Zellen pro Quadratzentimeter, ein weites Feld für vielfältige und sehr spezifische Duftkreationen. Diese werden auch von der getragenen Kleidung beeinflusst. Wer stark schwitzt, sollte sich nicht in Trevira oder Diolen hüllen, denn Schweiß und Polyester, aus dem diese Stoffe bestehen, sind eine Kombination, die für intensive Körpergerüche sorgt. T-Shirts, die während einer intensiven Trainingseinheit getragen und danach einen Tag inkubiert wurden, rochen sehr viel erträglicher, wenn sie aus Baumwolle bestanden. Zwischen den Naturfasern fühlen sich andere Bakterien wohl als in synthetischen Stoffen. Mikrokokken, die aus den Drüsensekreten besonders unangenehme Duftkomponenten produzieren, finden in Trevira offenbar bessere Lebensbedingungen vor.[7]

Der reine, unverfälschte Achselgeruch, eine »moschus- und urinartige« Geruchsnote, stammt vom *Corynebacterium*, indem es Testosteron verstoffwechselt; andere verarbeiten Schweiß und Fett zu einem »zwiebelartigen«, nun ja, Duft. Der geruchliche Beitrag der meisten Haut- und Achselbakterien ist jedoch noch unbekannt.[8] Die von ihnen in verschiedenen Körperregionen erzeugte Duftmixtur ist so charakteristisch, dass sogar die für ihre guten Nasen berühmten Hunde, die auf den Duft eines bestimmten menschlichen Körperteils trainiert wurden, nicht zuverlässig in der Lage sind, die gleiche Person anhand von Düften anderer Körperteile wiederzuerkennen.[9]

Obwohl der menschliche Geruchssinn als nicht besonders ausgeprägt gilt, haben Testreihen bewiesen, wie erstaunlich feinfühlig wir auf Körper- und besonders Achselgerüche ansprechen. Männer, die man bat, eines von zwei identisch aussehenden, aber unterschiedlich komponierten Deodorants zu benutzen, zeigten schon bald deutliche Reaktionen. Die Versuchspersonen nämlich, die ein Produkt ohne Duftstoffe und antibakterielle Zusätze erwischt hatten, offenbarten in psychologischen Tests ein verringertes Selbstbewusstsein und schätzten ihre Chancen beim weiblichen Geschlecht pessimistischer ein als ihre Kollegen, die ein Deodorant mit allem Drum und Dran verwendet hatten. Diese veränderte Selbsteinschätzung hatte sogar Auswirkungen auf ihr Verhalten, denn Frauen, die sich Videoclips der Männer ansahen, fanden die Probanden attraktiver, die ein vollwertiges Produkt bekommen hatten.[10]

Die Frage, ob Körpergeruch genetisch bedingt ist, lässt sich besonders gut mithilfe von Zwillingsstudien beantworten. Tatsächlich verströmen eineiige Zwillinge einen sehr ähnlichen Duft. Hunde können zweieiige, also genetisch unterschiedliche Zwillinge auseinanderhalten, haben aber Schwierigkeiten mit eineiigen Zwillingen, die zusammen leben. Da eine geteilte Umwelt zu einem ähnlichen Geruch führen und damit das Ergebnis verfälschen könnte, achteten die Forscher bei späteren Versuchen darauf, dass die Zwillingspaare, von denen die Proben stammten, nicht unter einem Dach lebten. Als die Wattepads, die sie über Nacht unter ihren Achselhöhlen getragen hatten, Versuchspersonen unter die Nasen gehalten wurden, konnten diese die genetisch identischen Zwillinge in einer Häufigkeit identifizieren, die deutlich über dem Zufallswert lag und statistisch nicht von der Erkennung zweier Proben zu unterscheiden war, die von ein und derselben Person stammten. Zweieiige Zwillinge konnten dagegen nicht korrekt einander zugeordnet werden. Menschen verfügen also über individuelle und in hohem Maße genetisch bedingte Körpergerüche, die über längere Zeit konstant bleiben und von anderen Menschen (und Hunden) wahrgenommen werden. Auch Mütter und ihre Babys erkennen sich am Geruch. Neugeborene, die auf den Bauch der Mutter gelegt werden, kriechen in Richtung der

Brustwarzen, zeigen dieses Verhalten aber nicht, wenn die Warzen vorher gewaschen wurden.[11] Möglicherweise muss man den Geruchssinn viel weiter fassen, als das bisher getan wird. Die Gene bestimmter Geruchsrezeptoren sind nämlich auch in anderen Körperteilen als nur der Nase aktiv. Das könnte bedeuten, dass auch Spermien, der Darm und die Prostata »riechen« können. Riechen wir vielleicht auch mit unserer Haut?[12]

Nicht nur Menschen hat man unterstellt, ihr Geruchssinn sei im Vergleich zu anderen Säugetieren eher unterentwickelt. Auch die Nase unserer nächsten Verwandten hat man lange Zeit unterschätzt und äffischen Duftsignalen deshalb keine große Bedeutung beigemessen. Doch menschliche Versuchspersonen haben bewiesen, dass sie die einzelnen Individuen einer Gorillagruppe im Zoo von Belfast geruchlich auseinanderhalten können. Besonders sicher waren sie sich beim dominanten Silberrücken-Männchen. Und was Menschen können, dürfte den Gorillas erst recht gelingen.[13] Tatsächlich berichtet eine brandaktuelle Studie an Tieflandgorillas in der Zentralafrikanischen Republik von extrem intensiven und flexiblen Geruchssignalen des dominanten Männchens, die eindeutig im Zusammenhang mit bestimmten Interaktionen innerhalb seiner Gruppe oder mit anderen Gruppen standen. So verbreitete der Silberrücken besonders intensive Gerüche, wenn das verwundbarste Mitglied seines Harems, das Weibchen mit dem jüngsten Baby, nicht in seiner Nähe war. Es ist erstaunlich, dass man erst jetzt darauf aufmerksam wird. Möglicherweise sind Geruchssignale bei Gorillas von besonderer Bedeutung, weil der dichte Wald, in dem sie leben, die Sicht stark einschränkt. Bakterien waren nicht Gegenstand dieser Untersuchungen, die beiden schottischen Forscherinnen weisen aber darauf hin, dass unter den Menschenaffen nur Schimpansen und Gorillas vergleichbar viele Drüsen in den Achselhöhlen besitzen würden wie Menschen. Es seien Bakterien, die aus diesen Sekreten die individuellen Gerüche herstellten.[14]

Dass es bei Sendung und Empfang dieser chemischen Signale um viel mehr als um die schlichte Identifizierung von Personen geht, zeigen Versuche mit Frauen in unterschiedlichen Phasen ihres Zyklus.[15] Präsentiert man ihnen Achselduftproben von Männern, die vorher mittels eines Fragebogens hinsichtlich ihrer psychologischen Dominanz kategorisiert wurden, empfinden sie den Geruch dominanter Männer als besonders sexy, allerdings nur dann, wenn sie selbst in einer festen Partnerschaft leben und sich in der fruchtbaren Phase ihres Zyklus befinden. Außerhalb dieser Phase bewerten sie die Ausdünstungen von dominanten Männern und Softies ähnlich. Auch Single-Frauen tun das, unabhängig von ihrer Zyklusphase. Es ist hier nicht der Ort, die Fortpflanzungsstrategie des weiblichen Geschlechts zu diskutieren, die nach Ansicht der Evolutionspsychologie aus diesen und ähnlichen Ergebnissen spricht (obwohl es sich schon lohnt, darüber nachzudenken). Uns geht es nur um die von Frauen wahrgenommene chemische Geruchsbotschaft der Männer. Und die hat es offenbar in sich.

•••

»Sexiness«, Männlichkeit, Attraktivität, Verwandtschaft, Fruchtbarkeit, gute Gene – all das soll durch Düfte signalisiert werden, die von Bakterien produziert werden? Ein starkes Stück. Möglicherweise neigen Sie dazu, den Forschern, die für diese Studien verantwortlich zeichnen, einen Vogel zu zeigen. Die Auswahl unserer Partner, eine der wichtigsten Entscheidungen, die wir in unserem Leben zu treffen haben, würden wir schon gerne selbst übernehmen, und Bakterien haben bei diesem Prozess, der schwer genug ist, nichts, aber auch gar nichts verloren. Und doch spricht viel dafür, dass wir uns mit ihrer Beteiligung werden anfreunden müssen. Macht es denn einen Unterschied, ob Wirte von ihren Bakterien ernährt werden, ob sie sich von ihnen dabei helfen lassen, Krankheitserreger abzuwehren und ein Licht zu entfachen, oder ob Bakterien für sie wichtige Geruchssignale produzieren? Wirte benutzen chemisch versierte Symbionten, um von ihnen bestimmte Aufgaben erledigen zu lassen, zu denen sie selbst nicht oder nur unvollkommen in der Lage sind. Und Bakterien sind einfach die besseren Chemiker.

Die Gene der Wirte, ob Mensch oder Tier, sorgen für ein Milieu, das die Ansiedlung einer bestimmten Bakteriengemeinschaft zur Folge hat. Zweifellos produzieren einzelne Vertreter dieser Gemeinschaft aus den Körpersekreten intensiv riechende Substanzen, die den Körpergeruch ausmachen, aber kreieren sie auch die ganze komplexe Duftmixtur oder wenigstens deren wichtigste Komponenten? Das würde bedeuten, dass sich die Zusammensetzung ihrer Gemeinschaft mit dem Geschlecht, der Gruppenzugehörigkeit, dem sozialen Rang und dem physiologischen und psychologischen Zustand eines Individuums ändern müsste.

Noch ist die Wissenschaft weit davon entfernt, dies belegen zu können, doch Kevin Theis' Untersuchungen an wilden afrikanischen Hyänen deuten erstmals in diese Richtung.[16] Er und seine Kollegen konnten zeigen, dass die Zusammensetzung der Duftdrüsenflora je nach Art, Geschlecht, Clanzugehörigkeit und reproduktivem Zustand der Weibchen eine andere ist. Innerhalb eines Clans waren von 343 Bakterienarten 120 nur bei den Männchen vorhanden, 54 waren exklusiv milchgebenden Muttertieren vorbehalten, und 46 fanden die Forscher nur in den Drüsen schwangerer Weibchen.

Das ist ein wichtiger erster Schritt, dem bald weitere folgen werden, und er ist erstaunlich genug. Auch bei anderen Tierarten häufen sich entsprechende Befunde. So weisen auch die Chemosignale von Singvögeln eine individuelle Zusammensetzung auf, unterscheiden sich in Abhängigkeit von Geschlecht und Gruppenzugehörigkeit. Bei Fledermäusen und vor allem bei den putzigen und hochsozialen Erdmännchen konnten die verschiedenen Duftsignale sogar mit Veränderungen der Drüsenbakterienflora in Verbindung gebracht werden. Kevin Theis und seine Kollegen sind sicher, dass die von ihren Hyänen-Studien gestützte Fermentationshypothese für alle duftmarkierenden Tierarten Gültigkeit besitzt.[17]

Bakterien als Duftkomponisten – mich erinnert das Bild, das sich abzuzeichnen beginnt, an eine lebendige Duftorgel. Solange die Wirte an den Tasten sitzen und darauf ihre Musik spielen, kann ihnen egal sein, wie und von wem die Dufttöne erzeugt werden. Wichtig ist, dass die Botschaft stimmt, und mit den Bakterien ist der Tonumfang dieses Instruments so viel größer, der Gehalt der Duftmusik so viel differenzierter. Doch was wäre – ein wirklich unheimlicher Gedanke –, wenn gar nicht der Wirt, sondern seine Mikroben bestimmten, welche Duftmusik erklingt und was sie transportiert, womöglich ohne dass die Wirte dies bemerken? Wir werden noch hören, zu welchen erstaunlichen Manipulationen diese Winzlinge fähig sind.

Aber keine Angst, die Wirklichkeit ist natürlich viel profaner, und sie erzählt einmal mehr von der Macht der Koevolution. Es ist bekannt, dass sich die Bakterienflora der Scheide, des Darmes und des Mundraumes während einer Schwangerschaft dramatisch verändert, verständlich, angesichts der tiefgreifenden Veränderungen, die im Körper werdender Mütter vor sich gehen. Während der Schwangerschaft steigt der

Testosteron- und Östrogenspiegel weiblicher Tüpfelhyänen. Diese Sexualhormone sind auch in den Drüsen präsent. Sie verändern deren Produktion und Biochemie und damit auch die dort lebende Bakteriengemeinschaft. Gleichzeitig sind sie Ausgangsstoffe für bestimmte Duftstoffproduzenten. Was irgendwann als sinnloser Cocktail chemischer Substanzen begann, wurde durch die Koevolution von Wirt und Drüsenbewohnern zu einem mit Informationen beladenen Signal, das von Artgenossen verstanden wird. Lebende Duftorgeln, die ihre ganz eigenen Ziele verfolgen, gibt es nur in der Fantasie von Autoren – oder etwa nicht?

5. Im Darm

Bleiben wir noch einen Moment beim Geruch. Ein Darm mag ja Charme haben, das hat er bestimmt, aber jeder weiß: Sein Inhalt riecht, um nicht zu sagen: er stinkt, und wie die äußeren Gerüche unseres Körpers sind auch die inneren ein Produkt oder ein Nebenprodukt der von Bakterien durchgeführten Fermentationsprozesse. Natürlich hat der Darm mitsamt der Lebensgemeinschaft, die er beherbergt, Wichtigeres für den Holobionten zu tun, als Gerüche zu produzieren. Aber schließt das aus, dass er neben seinen Kernaufgaben, zu denen natürlich vor allem die Verarbeitung der Nahrung gehört, auch ganz andere Dinge miterledigt? Wir werden sehen, dass die Verdauungshilfe, die die Mikroben leisten, zu ihren leichtesten Aufgaben gehört. Lassen Sie uns mit der Liebe beginnen. Bei manchen Tierarten geht sie nämlich wirklich durch den Darm.

(Er-)Kennst du mich?

Stellen Sie sich vor, Sie begegneten einer Frau oder einem Mann, einem wirklich umwerfenden Exemplar des anderen Geschlechts (es geht hier um Heterosexualität im Dienste der Fortpflanzung). Sie sind fasziniert, begeistert. Es ist Liebe auf den ersten Blick. Sie können an nichts anderes mehr denken.

Sie begehren diese Person und möchten sie für sich gewinnen. Und das Schönste ist: Dieser Mann oder diese Frau wollen das auch.

Da klagt die begehrte Person eines Tages über Halsschmerzen, die sich verschlimmern. Der Arzt verschreibt Antibiotika, die auch fleißig eingenommen werden … und nach ein, zwei Tagen sind die Halsschmerzen weg. Doch leider ist mit den Beschwerden auch der Zauber verschwunden, der diese Person für Sie so unwiderstehlich gemacht hat. Weg. Gelöscht. Ausgelöscht. Auf Ihrer Seite gibt es nur noch Desinteresse, gepaart mit völligem Unverständnis, wie Sie dieser Person jemals heftige Gefühle entgegenbringen konnten.

Oder eine andere Geschichte: Diesmal klagt Ihr geliebtes fünfjähriges Kind über Halsschmerzen. Der Rachen ist himbeerrot. Streptokokken, sagt der Arzt. Das erste Mal Scharlach, nichts Schlimmes. Auch hier werden natürlich Antibiotika verschrieben. Was für eine segensreiche Erfindung, erläutert der Arzt, früher sei es in seltenen Fällen zu schweren Komplikationen gekommen. Schon zwei Tage später zeigt Ihr Kleines keine Symptome mehr, am vierten kann es wieder in den Kindergarten gehen. Und dann begegnet Ihnen eines Morgens ein verschlafenes Kind in Ihrer Küche. Es ist im gleichen Alter wie Ihres, zum Verwechseln ähnlich, die gleichen Haare, das gleiche Gesicht, aber etwas Entscheidendes hat sich verändert. Sie (er)kennen es nicht. Wer ist das? Sie wissen es nicht. Ist das mein Kind?

Das sind albtraumhafte Situationen, unter Menschen und im realen Leben undenkbar. Für Insekten und möglicherweise auch andere Tierarten, bei denen Geruchsreize eine überragende Rolle spielen, gilt das nicht. In wissenschaftlichen Labors haben einige von ihnen derartiges erlebt, und in beiden Fällen fragten sich die Forscher, ob eine bestimmte Verhaltensweise oder Fähigkeit der Tiere mit ihren Darmbakterien in Zusammenhang steht.

Nehmen wir die Geschichte von dem kranken Kind. In Wirklichkeit hat sie sich unter Termiten abgespielt, unter sozialen Insekten also, und es ging um die Frage, woran diese Tiere Nestgenossen oder Verwandte erkennen.[1] Für soziale Insekten ist das sehr wichtig. Die Fähigkeit, Nestgenossen von Fremden und verwandte von nicht verwandten Individuen unterscheiden zu können, wird als eine Voraussetzung für das Entstehen von Altruismus und Sozialität angesehen. Fremde im eigenen Nest können für die Gemeinschaft eine tödliche Bedrohung darstellen. Je nachdem, wie die Beurteilung ausfällt, entscheidet sich das prüfende Tier für Angriff oder liebevolle Zuwendung, für Alarm oder gelassenes business as usual.

Lebewesen, die in derselben Umgebung aufgewachsen sind, im selben Nest oder im selben Haushalt, weisen eine ähnliche Zusammensetzung ihrer Mikrobengemeinschaften auf – das gilt für Menschen wie für Insekten. Sie nehmen in der Regel die gleiche Nahrung zu sich und geben ihre Mikroben an Artgenossen weiter, mit denen sie viel Kontakt haben. Insofern böte das Mikrobiom eine gute Grundlage, um Nestgenossen zu erkennen. Den Beweis liefert das Experiment mit den Antibiotika. Wenn das Unterscheidungsvermögen nach einer Antibiotikagabe erlischt, sind Darmbakterien im Spiel, vermutlich indem eine bestimmte Zusammensetzung ihrer Gemeinschaft wie in den Duftdrüsen der Hyänen zu einem bestimmten Stoffgemisch führt, was wiederum einen charakteristischen Geruch zur Folge hat. Genau das ist bei einigen Termiten der Fall. Mischt man ihrer Nahrung Antibiotika bei und tötet so ihre Darmflora, können Nestgenossen sie nicht mehr von fremden Tieren unterscheiden.

Es gibt aber noch einen weiteren Grund, warum es wichtig ist, Verwandte zu erkennen: die Vermeidung von Inzucht. Dass auch dabei Bakterien des Darmes beteiligt sein können, zeigt ein Beispiel[2] aus der Verwandtschaft der berühmten Taufliege *Drosophila melanogaster.* Bei den winzigen Fliegen geht es zwar nicht um Liebe und Leidenschaft, wie in unserem ersten Szenario, sondern um so profane Dinge wie die Kopulationsdauer, die bei diesen zarten Wesen ausschließlich vom Männchen bestimmt wird. Die Zeit, die sich das Männchen für die Begattung nimmt, wird von Wissenschaftlern als wichtiges Maß dafür angesehen, wie viel seiner Fortpflanzungskapazität die männliche Taufliege in diesen Paarungsakt zu investieren bereit ist. Inzuchtvermeidung hieße, mit einem verwandten Weibchen kürzer zu kopulieren, denn die Gefahr ist größer als mit einer fremden Partnerin, dass dabei Nachkommen mit einem genetischen Handicap herauskommen. Andererseits … die Gelegenheit ganz ungenutzt verstreichen zu lassen empfiehlt sich auch nicht. Ein Taufliegenleben ist kurz und kann abrupt und jederzeit enden, und insofern ist keineswegs garantiert, dass das Männchen noch eine zweite Chance erhalten wird. Es ist aber ratsam, bei einer Verwandten nicht zu viel zu investieren, damit noch Spermien und Lebenszeit für zukünftige Tête-à-Têtes übrig bleiben.

Was die Taufliegenforscher finden, entspricht genau diesen Erwartungen. Und sie beobachten, dass der Unterschied in der Kopulationsdauer zwischen verwandten und nicht verwandten Partnern verschwindet, wenn den Tieren Antibiotika verabreicht wurden. Demnach erkennen Taufliegen verwandte Weibchen, und verantwortlich dafür scheinen deren Darmbakterien zu sein.

•••

Die winzigen Bewohner der Verdauungsorgane sind also vielseitiger einsetzbar, als man vielleicht denken würde. Sie können sogar entscheidend dazu beitragen, berühmt-berüchtigte, aber meist harmlose Insekten in biblische Plagen zu verwandeln. Gemeint sind etwa ein Dutzend Arten von Wanderheuschrecken. Damit die normalerweise unauffälligen und einzeln lebenden Insekten sich zu einem der gefürchteten Schwarmmonster aus Milliarden von Tieren zusammenrotten, müssen mehrere Stimuli zusammenkommen. Der vom Kot der Heuschrecken ausgehende Geruch ist dabei aber von besonderer Bedeutung. Er enthält – oder enthält nicht – das Aggregationspheromon, das Artgenossen magisch anzieht und im Gehirn die Produktion von Neurotransmittern ankurbelt, die notorische Einzelgänger plötzlich die Nähe von ihresgleichen suchen lassen. Die fünf leicht flüchtigen Komponenten dieses Stoffes sind alle ein Produkt der im Enddarm der Insekten lebenden Bakterien.[3]

Ein einzelliger Parasit der Heuschrecken, ein Microsporidium, ist in der Lage, diesen für Menschen mitunter verhängnisvollen Übergang zur Schwarmbildung zu unterbrechen. Wie er das macht, haben Forscher von der China Agricultural University in Peking herausgefunden. Kann man der biblischen Heuschreckenplage vielleicht ein für alle Mal Herr werden, wenn man die Methode dieses Parasiten kopiert? Offenbar verhindert er die Produktion des Aggregationsstoffes, indem er das im Heuschreckenenddarm herrschende Milieu derart sauer gestaltet, dass ein Großteil der Bakterien kapitulieren muss. Kein Wunder, dass eine gesunde Darmflora die Infektion durch den Parasiten normalerweise erschwert. Er ist ein Feind des Holobionten, des Insektenwirtes und seiner Mikroben.

Doch etwas an diesem Parasiten ist seltsam. Warum wirkt er der Schwarmbildung entgegen? Eigentlich kann das nicht in seinem Interesse liegen, denn von einer hohen Dichte seiner Wirtstiere würde er doch profitieren, weil die Heuschrecken sich leichter gegenseitig anstecken. Tatsächlich geschieht in Gegenwart des Parasiten das genaue Gegenteil. Die Heuschrecken werden »antisozial«, unterlassen die Schwarmbildung und verringern auf diese Weise ihr Infektionsrisiko. Ist die pH-Absenkung im Darm vielleicht gar nicht das Werk des Microsporidiums, sondern eine Abwehrreaktion der Heuschrecken gegen eine weitere Ausbreitung des Parasiten?[4]

Der dichtest besiedelte Ort der Welt

Vorausgesetzt, der pH-Wert bewegt sich im grünen Bereich, dann tun Mikroben im Darm nichts anderes als andere Mikroorganismen in anderen Lebensräumen auch. Mithilfe von Enzymen bauen sie unter Energiegewinn bestimmte Moleküle ihrer Umwelt ab und verändern sie. Anschließend kann der Wirt die Produkte dieser Fermentation aufnehmen oder er scheidet sie aus. Vielfach dienen sie aber auch als Ausgangsstoffe für andere spezialisierte Darmmikroben, sodass sich der ganze Vorgang wiederholt.

Für ungezählte Kleinstlebewesen ist dieser weitgehend anaerobe, also sauerstofffreie Lebensraum das Paradies auf Erden, gleichzeitig ist er eine entscheidende Schnittstelle zwischen Umwelt und Wirtsorganismus. Es klingt paradox: Darmbewohner leben zwar tief drinnen im Wirt, streng genommen sind sie aber nicht wirklich ins Innere seines Körpers vorgedrungen. Das verhindert die Darmschleimhaut, ein Abschlussgewebe, das in einem viel zu wenig gewürdigten Spagat verwertbare Nahrungsbestandteile resorbiert und gleichzeitig den Körper nach innen zum Darmlumen hin abgrenzt. Die Mikroorganismen leben quasi in einem für sie undurchdringlichen Schlauch, der an beiden Enden mit der Außenwelt in Verbindung steht, dazwischen in vielen dicht an dicht gelagerten Windungen durch den Wirtskörper führt und beim Menschen in ausgestreckter Form etwa acht Meter lang ist. Die Darmschleimhaut lässt, da ihre Zellen mit sogenannten »*tight junctions*« fest und eng miteinander verbunden sind, keine Mikroben durch und wird ihrerseits von einer mit antimikrobiellen Wirkstoffen gespickten Schleimschicht vor zudringlichen Mikroben geschützt. Bis zu 50 Tonnen Nahrung und 50 000 Liter Flüssigkeit sind im Verlauf eines Menschenlebens zu verarbeiten, eine anspruchsvolle Aufgabe, bei der die Epithelzellen schnell verschleißen. Nach nur 36 Stunden werden sie durch neue ersetzt.

Nirgendwo im Körper eines lebenden Tieres ist für Mikroben so viel zu holen wie im Darm, einem Eldorado aus Kohlenstoff, Mineralien und gelösten Nährstoffen.[5] Und der Wirt sorgt, solange er lebt, im ureigenen Interesse für kontinuierlichen Nachschub, im Falle der warmblütigen Tiere sogar für optimale und gleichmäßige Temperaturen. Deshalb gedeihen im Verdauungskanal, verglichen mit allen anderen Körperbiotopen, mit großem Abstand die meisten Mikroorganismen. Besonders im hinteren Abschnitt, dem Dickdarm, drängen sie sich mit bis zu einer Billiarde (10^{15}) Zellen pro Gramm in einer Dichte, die nirgendwo sonst auf diesem Planeten erreicht wird – ein Leben wie die sprichwörtliche Made im Speck. Manche Forscher sprechen von einem »Mikrobiota-Organ«, das für den Wirt lebenswichtige Aufgaben übernimmt, aber ausschließlich aus fremden Zellen besteht. Beim Menschen wiegt dieses Organ etwa zwei Kilogramm, bei manchen Tieren dürfte es, absolut oder prozentual auf ihr Körpergewicht bezogen, noch deutlich mehr sein. Etwa ein Drittel der Stuhltrockenmasse, die wir ausscheiden, besteht aus Mikroben.

Dass in ihren Körpern Bakterien leben sollen, erschreckte die Zeitgenossen des 19. Jahrhunderts, als sie dieser Tatsache gewahr wurden. Robert Koch hatte es doch gerade erst bewiesen: Bakterien sind die Verursacher von Krankheiten. Also konnte auch dieses Gewimmel im Darm nur eine krankhafte Erscheinung sein. Man gab ihr den Namen »intestinale Toxämie« und hoffte auf Heilung durch Darmreinigungen. Um die gefährlichen Winzlinge loszuwerden, empfahl der angesehene schottische Mediziner Sir William Arbuthnot Lane sogar, sich prophylaktisch große Teile des Dickdarms entfernen zu lassen. Der Mann hatte Mitglieder des britischen Königshauses operiert – allerdings nicht am Darm – und war deshalb zum Baron ernannt worden, eine chirurgische Kapazität.

Aus heutiger Sicht wäre zu wünschen, dass Sir Lanes Empfehlung damals ungehört verhallte – wir wissen nicht, wie viele ihr folgten –, denn mittlerweile ist durch eine Vielzahl von Studien belegt, dass eine artenreiche Darmmikrobengemeinschaft kein Zeichen von Krankheit, sondern im Gegenteil für die Entwicklung und Gesundheit des Menschen und jedes anderen Holobionten unerlässlich ist.

Wie sehr der Körper um seine Bewohner besorgt ist, zeigt sich in besonderer Weise, wenn er krank wird, seinen Appetit verliert und kaum noch etwas zu sich nimmt, um die Krankheitserreger mittels einer Art Fastenkur wieder loszuwerden. Was wird in solchen Krisenzeiten, in denen der Wirt an Gewicht verliert, weil die Nahrung nicht einmal für ihn reicht, aus seinen vielen Millionen kleinen Partnern im Darm? Sie einfach aufzugeben, scheint keine Option zu sein, im Gegenteil. Forscher aus Chicago entdeckten dieser Tage, dass der Körper auf seine Reserven zurückgreift und die Darmbewohner mit der Produktion und Ausscheidung eines besonderen Zuckers, der L-Fucose, über Wasser zu halten versucht, auch wenn es ihm selbst schlecht geht. Normalerweise ist Fucose im Darm kaum nachweisbar, liegt der Wirt aber infektionsbedingt danieder, beginnt sein Dünndarmepithel diese energiereiche Ersatznahrung zu produzieren, die von den Mikroben auch tatsächlich aufgenommen und verstoffwechselt wird.

Die Strategie scheint aufzugehen, denn Mäuse, die aus genetischen Gründen keine Fucose bilden können, benötigen nach Abklingen der Krankheit mehr Zeit, um sich zu erholen und wieder ihr Ausgangsgewicht zu erreichen. Die L-Fucose entfaltet gleich auf mehreren Ebenen ihre segensreiche Wirkung. Sie ist Energiequelle, bremst die Aktivität von Genen, die im angeschlagenen Wirt aus Partnern Pathogene machen könnten, und bietet einen gewissen Schutz gegen weitere Infektionen.[6]

Dass ein Holobiont in Bedrängnis sich so um seine Darmmikroben kümmert, mag im ersten Moment verwundern; hält man sich aber vor Augen, auf wie vielen Ebenen das Wohl des großen Ganzen mit dem Wohlergehen der vielen kleinen Wesen in seinem Inneren verknüpft ist, scheint diese Investition gut angelegt zu sein. Hier eine Auswahl, die sich auf fast 150 aktuelle, zum Teil sehr umfassende Studien der letzten Jahre stützt: Die Darmmikrobengemeinschaft regt Peristaltik und Geweberegeneration an, hat erheblichen Einfluss auf die Feinmorphologie der Darmschleimhaut, auf die Dichte der Blutgefäße, die sie durchziehen, und die Zahl der dort bereitgehaltenen teilungsfähigen Stammzellen. Sie ist entscheidend für die Ausbildung und Reifung des angrenzenden Lymphgewebes sowie die Dicke und Beschaffenheit der schützenden Schleimschicht im Darmlumen.[7]

Der Frage nach der Bedeutung oder Funktion einer Struktur, eines Stoffes oder eines Gens nähern sich Forscher in den Lebenswissenschaften gern, indem sie untersuchen und beobachten, was geschieht, wenn das fragliche Ding entfernt oder ausgeschaltet wird. So auch in der Symbioseforschung. Viele der oben aufgezählten Erkenntnisse sind dem Vergleich von konventionell aufgezogenen mit mikrobenfreien Tieren oder sogenannten »Gnotobionten« zu verdanken. Letztere besitzen ein Mikrobiom, dessen Zusammensetzung genau bekannt ist.[8] Man erhält gnotobiotische Tiere, indem man mikrobenfreien Exemplaren einen Bakterien-Cocktail verabreicht, der nur die Arten enthält, deren Wirkung und Bedeutung man untersuchen möchte. Das können einzelne oder wenige Arten, aber auch komplexe Gemische sein, etwa ein Transplantat menschlicher Darmmikroben, das in einem vorher keimfreien Mäusedarm quasi menschliche Bedingungen herstellt – oder zumindest etwas, das dem nahekommt. Diese gezielte Kolonisierung geht relativ leicht vonstatten. Die Tiere verfügen ja über keine alteingesessenen Mikroben, die ihr Terrain verteidigen könnten, und in der keimfreien Umgebung, in der derartige Untersuchungen durchgeführt werden, gibt es auch keine Konkurrenten, die den gleichen Lebensraum beanspruchen.[9]

Merkwürdig – auf nahezu jeder Seite dieses Buches ging es bisher darum, wie wichtig und unentbehrlich Mikroben für ihre Wirte sind (und umgekehrt). Aber legt die Existenz von Ratten, Mäusen, Meerschweinchen, Zebrafischen und Schweinen, in denen keine einzige Bakterie lebt, nicht eine ganz andere Sicht der Dinge nahe? Na bitte, mag vielleicht jemand denken, der mit der Vorstellung eines von Mikroben wimmelnden Körpers seine Probleme hat. Von wegen Holobiont – es geht also auch ganz allein, ohne Mikroben.

Stimmt, keimfreie Tiere sterben nicht an ihrem Partnermangel. Ohne jede Besiedlung durch Mikroben wachsen sie heran und pflanzen sich sogar fort. Es gibt sie bereits seit etlichen Jahrzehnten. Aber sie »leben« nur, weil Menschen sie künstlich in einer keimfreien Umwelt bei keimfreier Luft und Spezialnahrung halten. Ein Leben im Freiland wäre für sie der sichere Tod, ganz davon abgesehen, dass die Körper welcher Tier- und Pflanzenarten auch immer in der Natur unmöglich mikrobenfrei bleiben könnten, weil sie von den allgegenwärtigen Mikroorganismen sofort besiedelt werden würden.

Auf der Erde hat kein Organismus die Wahl, ob er in seinem Körper mit oder ohne Mikroben leben möchte. Er kann nur lernen, auf diese Besiedlung Einfluss zu nehmen, sie zu steuern und sich zunutze zu machen. Jede neue Lebensform war gezwungen, sich mit den Milliarden Jahre alten Herrschern der Welt zu arrangieren, und genau das haben Pflanzen und Tiere getan, von Anbeginn und letztlich zum gegenseitigen Vorteil. Leben kann man nicht alleine. Mikrobenfreie Tiere sind kein Beweis des Gegenteils. Es sind künstliche Wesen, vom Menschen mit erheblichem Aufwand zu Forschungszwecken erschaffen und nur unter keimfreien Bedingungen in Gefangenschaft zu erhalten. Außerhalb ihres Gefängnisses wären sie entweder tot oder nicht mehr frei von Mikroben.

Wenn jedes normale Meerschweinchen ein Holobiont ist, was ist dann ein mikrobenfreies Meerschweinchen? Es geht, darüber kann heute kein Zweifel bestehen, beim Vorhandensein oder Fehlen einer gesunden Darmflora um weit mehr als nur um Aminosäuren und Vitamine, die die Mikroben im Austausch für die ihnen gewährte Rundumversorgung zur Verfügung stellen und mit denen man uns lange Zeit die ein wenig unheimliche Existenz dieser inneren Welt schmackhaft und verständlich zu machen versuchte. Es geht um die Ausbildung hochkomplexer Strukturen wie der Darmwand mit den dazugehörigen Blutgefäßen und Nerven. Wichtige Komponenten des Immunsystems müssen gerade hier reifen, um Freund und Feind unter den Mikroorganismen erkennen zu lernen und den intensiven und unvermeidlichen Kontakt mit einer Außenwelt zu überwachen, von der ein kleiner Ausschnitt in jedem Bissen Nahrung steckt.[10]

Bei Insekten verhält es sich ähnlich. Tsetsefliegen, die Überträger der Schlafkrankheit, erhalten von einem Bakterium namens *Wigglesworthia* diverse Vitamine und Kofaktoren. Wachsen die Larven der Fliegen ohne diesen obligatorischen Symbionten heran, fehlen ihnen nicht nur wichtige chemische Substanzen, die Tiere besitzen auch nur ein rudimentäres Immunsystem und sind empfindlich gegenüber Infektionen von Allerweltskeimen. In ihrem Darm entwickeln sie nur eine unvollkommene Schleimschicht, die durchlässig und anfällig für Parasitenbefall ist.[11]

Keimfreien Säugetieren fehlt es nicht nur an ein paar Aminosäuren, sie »haben veränderte Immunsysteme, Herzen, Lungen, Lymphknoten, einen veränderten Stoffwechsel, sogar ihre Fortpflanzungsfähigkeit ist anders«.[12] Über chemische Kommunikationskanäle beeinflussen Darmmikroben die Knochenmasse und die Zahl synaptischer Verbindungen, modulieren Angstverhalten und Schmerzempfindlichkeit.[13] Keimfreie Tiere sind Wesen, die anschaulich machen, in welchem erstaunlichen Ausmaß Mikroorganismen die Körper von Säugetieren formen – auch den des Menschen, obwohl die Experimente, die dies zweifelsfrei belegen würden, nie durchgeführt werden können. Sie sind gewissermaßen die nackten Wirte, entblößt von all ihren kleinen Partnern und Nutznießern, hilflose, kranke, unvollständige, abhängige und empfindliche Wesen, die nur, weil Menschen sie erzeugen und unter speziellen Bedingungen am Leben erhalten, in dieser Welt sind. Keimfreie Menschen – das kann und darf es nie geben.

•••

Leben und Biologie eines Wirtes und seiner Darmmikroben sind im Holobionten auf vielen Ebenen derartig eng miteinander verwoben, dass man im Staunen darüber das eigentliche Kerngeschäft dieses Organsystems glatt vergessen könnte. Aber ob bei Menschen, Korallen oder Bartwürmern, bei Rindern, Blattläusen oder Termiten, die meisten Symbiosen mit Mikroben drehen sich ums Essen und dessen Verwertung, um Nahrung. Oft geht es um das Überleben in sehr speziellen Lebensräumen oder ökologischen Nischen, denen nur mithilfe von Mikroben etwas Nahrhaftes abzugewinnen ist. Diese müssen keineswegs so außergewöhnlich und abgelegen sein wie die Schwarzen Raucher der Tiefsee. Jedes Rind, jeder Hase, jedes pflanzenfressende Insekt oder Säugetier ist auf Verdauungshilfe durch Mikroben angewiesen. Auf diesem Planeten dürfte es kein einziges Tier geben, das ganz ohne diese Unterstützung auskommt. Auch wenn die Eukaryoten vor langer Zeit einmal aus den prokaryotischen Mikroben hervorgegangen sind, über deren breit gefächerte chemische Fähigkeiten verfügen sie nicht. Nicht wenige würden ohne ihre Mikrobenpartner mit vollem Bauch verhungern.

Gerade unter den Insekten gibt es unzählige Arten, die sich einer extrem einseitigen Diät verschrieben haben, bei der jeder Ernährungsberater entsetzt die Hände über dem Kopf zusammenschlagen würde. Pflanzensaft, Blut, Holz, Humus und Ähnliches kann ihnen nur deshalb als absolut einzige Kost dienen, weil das, was sie an lebenswichtigen Stoffen nicht enthält, von Bakterien geliefert wird, häufig von Endosymbionten, die im Insektenkörper in speziellen Zellen, den Bakteriozyten, und speziellen Organen leben, dem Bakteriom. Manchmal sind es auch mehrere Symbionten, von denen jeder einzelne nur bestimmte Komponenten, zum Beispiel Aminosäuren, beisteuert, die die schmale Kost des Wirts ergänzen.

Was leicht aufzuschließen ist, teilen sich Wirt und Mikroorganismen, wo besondere chemische Fertigkeiten zur Anwendung kommen müssen, sind zunächst die Bakterien gefragt. Nur sie verfügen zum Beispiel über die Enzyme, die komplexe Kohlenhydrate wie Polysaccharide zerlegen können, wovon auch der Mensch profitiert. Zellulose allerdings, ebenfalls ein Polysaccharid und Hauptbestandteil der pflanzlichen Zellwand, passiert unseren Darm weitgehend unzerstört, als sogenannter »Ballaststoff«. Uns fehlen eben die zuständigen Spezialisten unter den Darmmikroben. Ein Problem ist das nicht. Wir können es uns leisten, auf einen Abbau der Zellulose zu verzichten, weil wir als Allesfresser auch andere Nahrungsquellen nutzen. Reine Pflanzenfresser aber brauchen massiven bakteriellen Beistand, um die Zellulose zu knacken, sonst kommen sie nicht auf ihre Kosten. Die Lebensgemeinschaft ihres Darms ist besonders artenreich und vielgestaltig.[14]

Allerdings brauchen sogar die Spezialisten unter den Mikroben Zeit, um die Molekülketten der Zellulose zu spalten. Das Gedärm von Pflanzenfressern ist deshalb viel länger als das von Alles- oder gar reinen Fleischfressern, die mit erheblich weniger Darmschlingen auskommen. Damit die Bakterien in Ruhe ihrer Zersetzungsarbeit nachgehen können, bietet es zudem die Möglichkeit, den Pflanzenbrei für einige Zeit zu lagern. Der Pansen der Wiederkäuer ist so eine der bakteriellen Fermentation dienende Struktur, deren eukaryotische und prokaryotische Mikroben wir schon kennengelernt haben. Er befindet sich vor dem sauren Magen, der bei Rind und Co. »Labmagen« heißt. Unzählige einzellige Verdauungshelfer, die sich im Pansen mit dem Pflanzenbrei abgemüht haben, werden hier selbst verdaut.

Bei anderen Pflanzenfressern liegt die Fermentationskammer hinter dem sauren Magen, bei Pferden zum Beispiel in Gestalt eines stark vergrößerten Blinddarms. Er bildet den sackartigen Beginn des Dickdarms und kann bei manchen Pferderassen ein Meter lang werden und 30 Liter Rauminhalt umfassen.[15]

Ohne intensive Fermentation kommt nur die vielleicht seltsamste Erscheinung unter den großen Säugetieren aus: der Pandabär. Zoologisch gesehen ein Raubtier und dementsprechend mit einem kurzen Darm ausgestattet, besitzt er auch alle Gene, die ein Räuber zur Verdauung seiner Fleischnahrung braucht. Doch in Wirklichkeit ist der Große Pandabär ein sehr mäkeliger Esser und kaut im Wesentlichen auf nur einer einzigen Pflanzenart herum, auf Bambus, einem Riesengras, von dem er tagtäglich über zwölf Kilogramm zu sich nehmen muss, weil es so reich an unverdaulichen Fasern ist. Nur 17 Prozent davon werden verdaut, der Rest wird relativ rasch wieder ausgeschieden. Da die Tiere kein einziges zellulosespaltendes Enzym selbst herstellen können, sind sie auf bakterielle Symbiosepartner angewiesen. Forscher der Chinesischen Akademie der Wissenschaften konnten im Darmmikrobiom der Pandas, das vergleichsweise arm an Arten ist, gleich mehrere Bakterien finden, die über die entsprechenden Gene verfügen.[16]

Die wahren Dimensionen und die Zusammensetzung dieser Darmlebensgemeinschaften beginnen die Forscher erst jetzt zu erkennen, da sie nicht mehr auf die Kultivierung der Mikrobenarten angewiesen sind. Allein in den Därmen der Menschheit leben mehrere Zehntausend Mikrobenarten, vor allem Bakterien. Es gibt kaum eine bekannte Tierart, deren Darmmikroben nicht schon Gegenstand der Forschung waren, meist anhand von Kotproben, vom Alligator bis zur Ziege, vom Grünen Leguan bis zum Grizzlybär. Kot oder Fäzes sind relativ leicht zu bekommen, mit ein wenig Zeit und Mühe auch von wild und in abgelegenen Gegenden lebenden Arten, es ist aber umstritten, welche Aussagekraft die Untersuchung dieser Ausscheidungen für das hochdifferenzierte Innenleben des ganzen Darms besitzt. Sie enthalten nur das Mikrobenleben des letzten Abschnitts, und man erfährt wenig oder nichts über andere Darmteile und die Schichtung der Lebensgemeinschaft von außen nach innen. Dazu müsste man Biopsien vornehmen und Stücke der Darmwand entnehmen, was den Aufwand solcher Untersuchungen enorm erhöhen würde und bisher in den wenigsten Fällen geschehen ist, von den Gefahren und Schmerzen, die damit für die untersuchten Tiere verbunden wären, gar nicht zu reden. Und trotzdem: Jedes Mal, wenn Kotproben einer neuen Spezies untersucht werden, stoßen die Forscher auf viele neue unbekannte Mikroben. Eine Studie, die 60 verschiedene Säugetierarten verglich, kam zu dem Ergebnis, dass durchschnittlich fast zwei Drittel ihrer Darmmikroben bislang nirgendwo anders gefunden wurden.[17]

Auch wenn wir es nicht gern hören: Kot ist nahezu überall. Wussten Sie, dass mit jeder Spülung ein kleiner Teil des Toiletteninhalts als feiner Aerosolnebel in der Badezimmerluft verteilt wird? Und wo befindet sich Ihre Zahnbürste? Das Labor des gebürtigen Neuseeländers Rob Knight in Boulder, Colorado, eine wichtige Adresse in der Mikrobiomforschung, hat Zahnbürsten untersucht. Und was war wohl das Ergebnis? Michael Pollan, ein bekannter Journalist und Buchautor, der für die *New York Times* recherchierte, bekam, ohne dass er nach Einzelheiten gefragt hätte, eine Antwort, die ihm zu denken gab. »Sie sollten Ihre Zahnbürste mindestens einen Meter achtzig von der Toilette entfernt aufbewahren«, teilte ihm einer der Forscher mit. »Die Welt ist von einer feinen Patina aus Fäzes bedeckt«, bestätigt Stanley Falkow, Mikrobiologe an der renommierten Stanford University.[18] Das ist allerdings weniger ein hygienisches Problem als eine der Voraussetzungen dafür, dass Mikroben überhaupt in ihre Wirte gelangen.

Wie spezifisch diese Darmmikrobengemeinschaft ist, ermittelte der amerikanische Molekularbiologe Howard Ochman 2010 am Beispiel des Menschen und einigen seiner nächsten Verwandten, den in Afrika lebenden Menschenaffen.[19] Bis dahin waren nur gefangene Affen untersucht worden, mit unbefriedigenden Resultaten. Die Proben für die Untersuchungen von Ochman und seinem Team stammten dagegen von wild lebenden Tieren und wurden vor Ort, also in einem halben Dutzend afrikanischer Staaten gesammelt. Das Ergebnis entschädigte für die Mühen. Neben den Enddarmmikroben eines Afrikaners und eines Amerikaners, die in diesem Fall den *Homo sapiens* repräsentierten, lagen nun auch die von drei Unterarten der Schimpansen, von Bonobos sowie von Westlichen und Östlichen Tieflandgorillas vor. Und verblüffenderweise stellte sich heraus, dass das verzweigte Verwandtschaftsdiagramm, das sich aus der Zusammensetzung dieser Mikrobengemeinschaften ergab, mit der genetischen Verwandtschaft der beprobten Tiere und Menschen exakt übereinstimmte.[20] Obwohl der Darm der Primaten über Millionen Jahre hinweg kontinuierlich intensiven Kontakt mit Bakterien der Außenwelt hatte, blieb die von den Vorfahren übernommene Mikrobengemeinschaft im Kern erhalten und veränderte sich im Gleichtakt mit ihren Wirten, als sei sie von Generation zu Generation vererbt worden. »Die Stammesgeschichte der Wirte ist der maßgebliche Faktor, der die Zusammensetzung der Darmmikrobiota bestimmt«, schrieben Howard Ochman und seine Kollegen – ein Ergebnis, das nicht überall auf Begeisterung stieß.[21]

Eine Industrie, die den Menschen probiotische, also Mikroorganismen enthaltende Präparate und Nahrungsmittel verkaufen möchte, hört natürlich nicht gern, dass der Lebensgemeinschaft des Darmes uralte stammesgeschichtliche Grenzen gesetzt sind. Auch wenn man beim Blick auf die Angebotspalette eines modernen Großstadtsupermarktes und die Zutatenliste der zahllosen Fertigprodukte daran zweifeln könnte, seinem Darmmikrobiom nach ist der moderne Mensch ein typischer allesfressender Primat geblieben, trotz Tiefkühlkost und Büchsenravioli, allerdings auf deutlich verarmtem Niveau. Jeder einzelne wild lebende Affe besitzt eine erheblich größere Vielfalt an Darmmikroben als ein Mensch.[22]

Natürlich ist Nahrung ein wesentlicher Faktor, der Einfluss auf die Häufigkeit von Darmmikroben hat. Kühe vertragen statt Gras oder Heu auch Getreide; wenn die Ernährungsumstellung aber zu schnell erfolgt, können die Tiere erkranken und sogar sterben, weil mikrobielle Profiteure dieser Veränderung sich in ihrem Darm unkontrolliert vermehren. Das Angebot prägt gewissermaßen die mikrobielle Nachfrage, innerhalb gewisser Grenzen, die in unserem und vielen anderen Fällen die Stammesgeschichte gesetzt hat.[23] Als Allesesser sind wir allerdings wenig spezialisiert und dank einer robusten Mikrobengemeinschaft in der Lage, mit unterschiedlichster Nahrung fertigzuwerden, von Käsespätzle über saure Yak-Milch bis zur Rinderblutdiät der Massai. Jede Ernährungsumstellung ruft, schnell und reproduzierbar, Spezialisten innerhalb der Gemeinschaft auf den Plan, die sich rasch vermehren und genauso rasch wieder in den Hintergrund treten, wenn die Angebotslage sich ändert.[24]

Zwei Beispiele sollen das verdeutlichen. Das erste liefert eine aktuelle Untersuchung zweier auf Vieques, einer kleinen Nachbarinsel von Puerto Rico, lebender karibischer Volksgruppen.[25] Das Besondere ist in diesem Fall: Es handelt sich bei den untersuchten Proben nicht um Kot lebender Menschen, sondern um Paläofäzes, um die harten, trockenen Hinterlassenschaften von Menschen, die ihre Notdurft hier vor mehr als 1500 Jahren verrichtet haben. Mit ihrer Hilfe gelang es jetzt, ein Rätsel aufzuklären, das sogenannte »Huecoid-Problem«, das Archäologen allein nicht zu lösen vermochten. Damals gab es auf Vieques nämlich zwei Völker, die der Nachwelt klar zu unterscheidende Artefakte hinterlassen haben. Aber handelte es sich wirklich, auch nach mehreren Hundert Jahren Koexistenz, um zwei unterschiedliche Kulturen, oder war die eine, die Huecoid-Kultur, nur eine Untergruppe der anderen?

Dies ist ein guter Moment, um rasch ein Versäumnis auszugleichen. Sicher ist Ihnen aufgefallen, dass ich bisher fast völlig auf die Namen der verschiedenen Bakterien- und Mikrobengruppen verzichtet habe. Sie sind meist recht kompliziert, und als Laie kann man sie mit keinerlei Merkmalen verbinden, etwa einem langen Hals oder einer auffälligen Färbung. Für das unbewaffnete Auge sind sie alle gleich unsichtbar. Die vier folgenden sollten in einem Buch über Körpermikroben aber wenigstens einmal erwähnt werden, denn es handelt sich um die Bakterienstämme, die über 90 Prozent unserer Darmmikroben stellen: Actinobacteria, Firmicutes, Bacteroidetes und Proteobacteria. In sehr viel geringerer Zahl sind darüber hinaus mindestens ein Dutzend weitere Bakterienstämme vertreten.

Die Häufigkeitsverhältnisse zwischen diesen großen Mikrobengruppen waren in den karibischen Paläofäzes andere, als man sie bei heutigen Menschen findet – eine Folge ihres Alters. Untereinander kann man sie aber vergleichen, denn die Veränderungen, die auf das Alter der Funde zurückzuführen sind, betreffen ja die Ausscheidungen beider Volksgruppen in gleicher Weise. Die Fundstellen lagen zum Teil keine hundert Meter auseinander, doch die Bakterien-DNA in den alten Kotresten zeigte markante Unterschiede, was die Forscher mit einer unterschiedlichen Ernährung erklären. Beide Volksgruppen aßen viele Meeresfrüchte, eine proteinreiche Diät, erkennbar an Fischknochen, Muschelschalen und Krebspanzern, die man in den Siedlungen gefunden hat. Nur in den Paläofäzes der Huecoid-Kultur konnte darüber hinaus Mais nachgewiesen werden. Und ein Fischparasit, der nur in den Ausscheidungen der zweiten Volksgruppe gefunden wurde, gab den entscheidenden Hinweis, dass diese offenbar viel rohen Fisch konsumiert hatten. Es handelte sich also tatsächlich um zwei Kulturen. Sie lebten zwar Tür an Tür, pflegten aber jeweils eigene Ernährungsgewohnheiten. Noch tausend Jahre später ist das Echo des davon geprägten Mikrobioms in den DNA-Überresten ihrer Darmbakterien nachweisbar.

Während die in diesem Beispiel gefundenen Unterschiede auf zwei ernährungsbedingte Spielarten desselben Mikrobioms zurückzuführen sind, geht es im Folgenden um eine echte Novität. Auch in Japan haben die Menschen spezielle Vorlieben, zu denen eindeutig das mittlerweile auch bei uns geschätzte Sushi gehört. Blätter der Alge *Porphyra* werden dabei benutzt, um die beliebten Reis- und Fischhäppchen einzuwickeln. Um sie und die in ihnen vorkommenden Kohlenhydrate auch zu verdauen, braucht man allerdings Bakterien, die über spezielle Enzyme verfügen, sonst rutscht die Alge als unzersetzter Ballaststoff einfach durch. Auch den Polysacchariden von Landpflanzen können wir nur mit bakterieller Hilfe zu Leibe rücken, verfügen aber über viele Verbündete, die dafür mit mehreren Hundert verschiedenen chemischen Verbindungen enzymatisch bestens ausgestattet sind. Wie ist es zu dieser Enzymvielfalt gekommen?

Algen kann nicht jeder verdauen. Nur Japaner, die im Durchschnitt täglich 14,2 Gramm davon zu sich nehmen, verfügen über die nötigen Enzyme. Sie stecken in einem Bakterium namens »*Bacteroides plebeius*«, das man im Darm von Nordamerikanern bislang vergeblich gesucht hat. Japaner, in deren Därmen dieses Bakterium sehr häufig ist, scheinen da also über etwas zu verfügen, das außerhalb des normalen menschlichen Mikrobenspektrums liegt, auch wenn es sich nur um eine einzige Mikrobenart handelt. Das Interessante ist nun aber, dass auch *Bacteroides plebeius* nicht der Eigentümer und Erfinder der algenabbauenden Enzyme ist. Die Gene, die man für die Produktion dieser Enzyme braucht, stammen ursprünglich von einem algenfressenden Meeresbakterium namens »*Zobellia galactanivorans*«. Vermutlich haben die Japaner zusammen mit ihrer geliebten Algenkost wiederholt auch dieses Bakterium zu sich genommen, das seine Gene dann irgendwann per horizontalem Transfer an *Bacteroides plebeius* weitergegeben hat. Möglicherweise war es vorher sehr selten. Die Forscher sehen in diesem Mechanismus auch eine Erklärung für die große Vielfalt an Polysaccharid-abbauenden Enzymen. Darmbakterien könnten die zu ihrer Produktion erforderlichen Gene irgendwann von frei lebenden Spezialisten übernommen haben.[26] Spannend ist die Frage, wann beziehungsweise ob die Sushigene auch in amerikanischen oder europäischen Därmen angekommen sein werden.

Auch wenn hier ein Weg aufgezeigt wird, wie neue und bisher nicht verwertbare Nahrungsquellen in den Speiseplan eines Lebewesens aufgenommen werden können, so handelt es sich doch wohl eher um einen seltenen Vorgang. Studien, die die Darmflora gesunder Menschen bis zu zwölf Jahre lang untersuchten, fanden, bei starken Schwankungen, vor allem eine überraschende Konstanz des Mikrobioms, und zwar unabhängig von zwischenzeitlichen Antibiotikaeinnahmen, Diäten und Fernreisen. Natürlich können solche Störungen zu heftigen Turbulenzen im Darm führen, jeder Mensch kennt das, in der Regel beruhigen sich die Ausschläge aber wieder.[27]

Das gilt allerdings nur für Individuen eines gewissen Alters, bei denen bereits stabile Darmverhältnisse eingekehrt sind. Australische Babys, die mit Ziegen-, Kuh- oder Muttermilch ernährt wurden, reagierten schnell und wiesen unterschiedliche Bakterien im Stuhl auf, wobei die Ziegenmilch der Muttermilch im Ergebnis ähnlicher war als Kuhmilch.[28] Babys und Kleinkinder befinden sich noch in einem Stadium, das äußerst empfindlich auf Veränderungen reagiert. Studien mit ursprünglich keimfreien Mäusen, deren Defizit man mit Mikrobengaben ausglich, zeigen eindeutig, dass es ein Zeitfenster für diesen ersten Kontakt zwischen den Symbiosepartnern gibt. Erfolgt die Kolonisierung mit Darmbakterien zu spät, können die entstandenen Defizite nicht mehr ausgeglichen werden.[29] Zu einem gesunden Holobionten gehört ein gesundes, ausgewogenes Mikrobiom, das sich in einem bestimmten Zeitraum herausbilden muss.

Wie das geschieht, wie Wirte und Mikroben zusammenkommen, ist Gegenstand des sechsten Kapitels. Störungen dieses holobiontischen Selbstfindungsprozesses können unter Umständen lebenslange Folgen haben, und leider deutet viel darauf hin, dass derartige Probleme beim Menschen zunehmen.

Krank – Dysbiosen und das Spiel mit dem antibiotischen Feuer

Dieses Buch widmet sich seinem Thema aus biologischer Sicht, nicht aus medizinischer. Im Mittelpunkt steht primär der gesunde Körper, nicht der kranke.[30] Doch natürlich darf nicht unerwähnt bleiben, wie viel bei diesem komplexen und fein austarierten Miteinander von Wirt und Mikroben aus dem Gleichgewicht geraten kann, gerade im Darm, wo die große Masse der Körpermikroben lebt. Dass Darmmikroben erheblichen Einfluss auf die menschliche Gesundheit haben, ist keine neue Erkenntnis und war einer der Gründe, warum nur wenige Jahre nach der Sequenzierung des menschlichen Genoms das *Human Microbiome Project* ins Leben gerufen wurde, finanziert von den US-amerikanischen National Institutes of Health. Den Initiatoren war klar, dass ihr Bild vom Menschen unvollständig bleiben würde, solange sie nicht die Mikroben mit einbezögen. Wer den *Homo sapiens* (oder irgendeine andere Spezies) verstehen will, ob krank oder gesund, muss das Ganze im Blick haben, den Holobionten. Die Forscher bevorzugten allerdings das Wort »Supraorganismus«.[31]

Eine Symbiose, in der das Miteinander der Partnerorganismen eines Holobionten reibungslos funktioniert, kann aus verschiedenen Gründen in Unordnung geraten. Die Wissenschaftler sprechen dann von einer »Dysbiose«, so wie eine negative Utopie wie Georg Orwells *1984* auch als »Dystopie« bezeichnet wird. Dysbiosen können harmlos und von vorübergehender Natur sein, ein leichtes Unwohlsein, ein unangenehmes Aufstoßen, Völlegefühl, aber auch einen chronischen Verlauf nehmen und mit gravierenden gesundheitlichen Problemen verbunden sein. Wir sind es gewohnt, dass die meisten Krankheiten durch pathogene Bakterien, Viren oder Pilze verursacht werden, die irgendwo in der Umwelt (oder in anderen Kranken) lauern und sich überfallartig Zugang zu unserem Körper verschaffen. Sie infizieren ihn, vermehren sich und verursachen Krankheitssymptome wie Ausschlag oder Fieber.

Manchmal werden Dysbiosen von Infektionen begleitet, weil ein Erreger die momentane Schwäche der Symbionten ausnutzt. Aber in der Regel gibt es keinen Erreger, der *eine* Verursacher existiert nicht. Deshalb sind diese Krankheiten so schwer zu verstehen und zu heilen. Sie gehen mit komplexen und hartnäckigen Verschiebungen und Ungleichgewichten innerhalb eines Holobionten einher, einem Zuwenig an Bakterien hier und einem Zuviel da, mit auffälligen Veränderungen ihrer Artenzusammensetzung, Entwicklungen, die meistens eine lange Vorgeschichte haben und mit vererbten genetischen Dispositionen für das eine oder andere Krankheitsbild einhergehen. Statt von einer Salmonellen- oder Streptokokken-Infektion zu sprechen, müssten wir umständlich zu erklären versuchen, dass unsere Firmicutes-Bakterien auf Kosten der Actinobakterien stark zugenommen hätten, dass andere Gruppen wiederum …

Solche Zustände, Schwankungen und Erschütterungen im Partnergefüge des menschlichen Holobionten, hat es sicher schon immer gegeben. Aber sie nehmen seit Jahren dramatisch zu, und es mehren sich die Hinweise, dass wir durch unsere Lebensweise an dieser Zunahme nicht ganz unbeteiligt sind. Es geht hier nicht um Bagatellen. Die Menschen haben die früher oft tödlich verlaufenden Infektionskrankheiten (zumindest vorübergehend) besiegt und damit für eine beispiellose Zunahme ihrer Lebenserwartung gesorgt, um sich nun mit neuen, oft langwierigen oder gar chronisch verlaufenden Gesundheitsproblemen konfrontiert zu sehen, die viel schwieriger zu verstehen und zu handhaben sind: Fettleibigkeit oder Adipositas, Diabetes, chronische Darmentzündungen wie Morbus Crohn und Colitis ulcerosa, Refluxösophagitis (Sodbrennen) und Speiseröhrenkrebs, der sich daraus in seltenen Fällen entwickeln kann, Zöliakie (Glutenunverträglichkeit), Asthma, Allergien, Neurodermitis, Autismus.

Viele dieser Krankheiten haben mit Fehlentwicklungen des

Immunsystems zu tun, das, wie wir gehört haben, nicht zuletzt im Kontakt des Wirtes zu seinen Darmmikroben reift. Bei anderen, wie etwa Adipositas, sind Veränderungen im Mikrobiom des Darmes eindeutig nachgewiesen worden. Diese lassen sich sogar mitsamt der damit verbundenen Symptome auf keimfreie Mäuse übertragen.[32] Wer die Fotos kugelrund gefressener Nager gesehen hat, denen das zweifelhafte Vergnügen zuteil wurde, Darmmikroben fettleibiger Menschen zu erhalten, kann nur staunen. Haben keimfreie Mäuse dagegen Darmbakterien eines schlanken Menschen empfangen, bleiben auch sie, bei gleicher Nahrung wie ihre pummeligen Artgenossen, schlank und rank. Es ist offenbar nicht zuletzt die Zusammensetzung des Mikrobioms, die darüber entscheidet, wie viel Energie der Nahrung entzogen und für den Wirt verfügbar gemacht wird. Wurden die beiden Mäusegruppen im selben Käfig gehalten, blieben alle schlank, weil die Mäuse mit den Mikroben übergewichtiger Menschen von ihren schlanken Artgenossen Arten übernommen hatten, wahrscheinlich, indem sie ihren Kot fraßen.[33]

Mit dem »Konsum hyperhygienischer, in Massen produzierter, in hohem Maße industriell verarbeiteter, kalorienreicher Nahrung«, so der Stanford-Mikrobiologe Justin Sonnenburg[34], hätten die westlichen Industriestaaten eine Art evolutionären Großversuch gestartet, um herauszufinden, ob und wie schnell sich ihr Mikrobiom an solche – scheinbar – verlockenden Bedingungen anpassen könne. Mäuse, denen man durch Transplantation ein stabiles menschliches Darmmikrobiom verpasst, stellen sich rasch und problemlos von einer pflanzlichen Low-Fat- auf eine »westliche« High-Fat-/High-Sugar-Diät um. Innerhalb nur eines Tages verändert sich die Struktur des menschlichen Mikrobioms im Mäusedarm, gewinnen andere Stoffwechselwege die Oberhand, werden Gene an- und andere abgeschaltet, und im Ergebnis erhalten die Forscher nach ein paar Wochen einen höheren Anteil fettsüchtiger Mäuse.[35] Das Mikrobiom kann sich also anpassen, aber die Menschen zahlen möglicherweise einen hohen Preis dafür und verlieren auf diesem Weg viele ihrer altbewährten Partner, die für die Verarbeitung modernen High-Energy-Foods nicht mehr gebraucht werden.

Gerade hat das Buch *Missing Microbes: How Killing Bacteria Creates Modern Plagues* in den USA hohe Wellen geschlagen.[36] Der Verfasser, Martin Blaser, ist nicht irgendwer. Blaser ist Direktor des *Human Microbiome Program* der New York University und Präsident der Infectious Diseases Society of America, der Amerikanischen Gesellschaft für Infektionskrankheiten, ein Mann, der die medizinische Forschung über fast vierzig Jahre an vorderster Front verfolgt und mitgestaltet hat, ein ausgewiesener Experte, der sich als junger Arzt den Kampf gegen Bakterien auf die Fahnen geschrieben hatte und nun nach vielen Jahren der Forschung fürchtet, dass wir uns in unserem Kampf gegen Mikroben bald zu Tode siegen könnten. Deshalb will er, wie er selbst in der Einleitung seines Buches schreibt, »Alarm schlagen«. Etwas läuft schrecklich falsch. Wir seien im Begriff, unseren mikrobiellen Partnern großen Schaden zuzufügen, lautet seine zentrale Aussage. Die in den letzten Jahren zu beobachtende starke Zunahme immunologischer Krankheiten sei eine Folge dieser Fehlentwicklung. Und wenn wir so weiter machten, werde es noch schlimmer kommen.[37]

Natürlich ist das Problem überaus vielschichtig, die Beweislage lässt in vielen Punkten noch zu wünschen übrig, und Blasers Schlüsse überzeugen nicht jeden – wie könnte es bei einem so komplexen Thema auch anders sein? Es geht um die bedenkliche Zunahme der Kaiserschnittgeburten, von der noch die Rede sein wird, und um die vielen Reinigungsmittel, mit denen wir unser Wohnumfeld zu sterilisieren versuchen. »Desinfektionsmittelspender, die früher in Krankenhäusern verwendet wurden, hängen heute in Hotels«, schimpft auch der Kieler Biologe Thomas Bosch.[38] »Das ist doch Wahnsinn.« Und völlig überflüssig. Wir führen unseren Kampf gegen Bakterien an vielen Fronten und mit allen uns zur Verfügung stehenden Mitteln, jeder für sich in seinem eigenen Lebensumfeld, in der industriellen Nahrungsmittelproduktion, in der Landwirtschaft und seit Jahrzehnten schon in der Tierproduktion, wo Antibiotika nicht nur prophylaktisch und in akuten Fällen, sondern auch als Nahrungsmittelzusatz in subtherapeutischen Dosen verabreicht werden, weil die Tiere dabei an Gewicht zulegen. Kein Wunder, dass Antibiotika-Rückstände in Fleisch, Milch und Wasser nachgewiesen worden sind. Selbst Salat wird heute mit Chlorwasser gewaschen, nicht nur in den USA. »In Finnland verwenden wir keine Chlorreinigung«, sagt Marjo Särkkä-Tirkkonen von der Universität Helsinki, die an dem EU-Projekt *QualityLowInputFood* (QLIF) beteiligt ist. »Aber die Briten setzen diese in einem solchen Maß ein, dass selbst ihr Kopfsalat nach Chlor riecht, was sie mit Frische assoziieren.«[39]

Mit wissenschaftlichen Erkenntnissen ist ein solches Verhalten nicht zu begründen, im Gegenteil. Studien zeigen, dass nicht ein Zuviel, sondern ein Zuwenig an Mikrobenkontakt zu Problemen führt. Wie sollte es in einer Welt der Holobionten auch anders sein? Leben kann man nicht alleine – und jeder Versuch, daran etwas zu ändern, hat etwas von einem schleichenden Selbstmord an sich.

Eltern reagieren alarmiert, wenn ihre kleinen Kinder wiederholt unter pfeifendem Atem leiden, mit Recht, denn solche Atemschwierigkeiten gelten bei Vorschulkindern mit einer Neigung zu allergischen Reaktionen als Risikofaktor für Asthma. Eine Studie an 560 Großstadtkindern in Baltimore, Boston,

New York und St. Louis kam kürzlich zu dem Ergebnis: »In innerstädtischer Umgebung weisen die Kinder, die während ihres ersten Lebensjahres am meisten Kontakt mit spezifischen Allergenen und Bakterien hatten, die geringste Wahrscheinlichkeit auf, unter wiederkehrenden Anfällen von Pfeifatmung (*wheezing*) und allergischer Sensibilisierung zu leiden.«[40] Ein früher gleichzeitiger und intensiver Kontakt zu bestimmten Allergenen und Bakterien sei daher für Kleinkinder von Vorteil.

Die größte Gefahr für das Mikrobiom des Menschen, und gerade für das der Kinder, droht paradoxerweise vonseiten der Medizin. Was Fachleute wie Martin Blaser am meisten beunruhigt, ist der aus dem Ruder laufende Einsatz von Antibiotika. Was uns drohen könnte, wenn diese Schwerter durch ihren bedenkenlosen Einsatz stumpf werden, nennt er einen »antibiotischen Winter«.

Ein Wirt, der über effektive Waffen verfügt und Mikroben auf breiter Front den Kampf angesagt hat, der sich dabei wie ein Elefant im Porzellanladen aufführt und ungewollt das Millionen Jahre alte Zusammenspiel der Partner im eigenen Superorganismus durcheinanderbringt, dürfte ein echtes Novum in der Geschichte des Lebens darstellen. Er hätte ohne Zweifel das Potenzial, zu einer tragikomischen Figur zu werden, die im Glauben, sich abgrenzen und schützen zu müssen, auch die Verbindungen und Äste kappt, die ihn am Leben und bei guter Gesundheit erhalten. Das Ganze erinnert an einen König, der sein gesamtes Volk töten lässt, weil einige wenige Untertanen ihm nach dem Leben trachten. Bis er selbst verhungert, weil niemand mehr für ihn Nahrung produziert.

Die Zahlen sind in der Tat erschreckend. Fettleibigkeit oder Adipositas hat sich zu einer weltweiten Epidemie entwickelt, die nicht nur in Industrieländern grassiert. Nach Angaben der Weltgesundheitsorganisation[41] waren im Jahr 2008 weltweit

1,5 Milliarden Menschen übergewichtig, darunter 200 Millionen Männer und 300 Millionen Frauen, die als adipös gelten.[42] Nicht wenige davon leben in Ländern, in denen gleichzeitig bittere Armut und Hunger herrschen. In Deutschland ist etwa ein Viertel der Menschen fettleibig, in den USA mehr als ein Drittel, wobei Fachleute befürchten, dass sich dieser Anteil bis 2030 auf 42 Prozent erhöhen wird. Zum ersten Mal seit vielen Jahren wird demnächst die Lebenserwartung in den Industrienationen sinken, verkündete Matthias Blüher am 15. Juni 2014 zur besten Fernsehzeit[43] – kaum dass die Jubelfeierlichkeiten der deutschen Fußballnationalmannschaft vor dem Brandenburger Tor vom Bildschirm verschwunden waren. Professor Blüher, Adipositas-Experte an der Universität Leipzig, begründete diesen Tritt auf die Euphoriebremse mit der starken Zunahme von Adipositas und den damit verbundenen Zivilisationskrankheiten. Noch habe die Gesellschaft gar nicht recht zur Kenntnis genommen, was da auf sie zurolle. Dabei ist Adipositas nicht einmal eine anerkannte Krankheit. Behandlungskosten werden von den Krankenkassen nicht übernommen.

Das ist eine alarmierende Entwicklung. Die laut Martin Blaser »wirklich schockierende Tatsache ist aber, dass diese Akkumulation menschlichen Körperfetts in nur zwei Jahrzehnten« stattgefunden habe.[44] Und in etwa dem gleichen Zeitraum haben auch die anderen »modernen Plagen« drastisch zugenommen: Die Zahl der Kinder, die unter Neurodermitis leiden, hat sich in den Industrienationen verdreifacht; ein Drittel aller britischen Kinder leidet unter Heuschnupfen; in nur zehn Jahren stiegen die Fälle von Asthma unter US-amerikanischen Kindern um 50 Prozent; etwa alle zwanzig Jahre verdoppeln sich in den reichen Ländern die Fälle von Kindheits-Diabetes (Typ 1), eine Autoimmunerkrankung; in Finnland haben sie sich seit 1950 mehr als verfünffacht. Mithilfe von Insulin können diese früher dem Tode geweihten Kinder heute gerettet werden. Doch die Krankheit tritt heute schon bei Kleinkindern auf. Früher lag das Durchschnittsalter bei Stellung der Diagnose bei neun Jahren. »Heute«, beklagt Martin Blaser, »liegt es ungefähr bei sechs Jahren, und manche Kinder bekommen Diabetes, wenn sie drei sind. Aber die Krankheit selbst hat sich nicht verändert, etwas in uns hat sich verändert.«[45]

Und Blaser glaubt die Art der Veränderung zu kennen: Unser Mikrobiom schrumpft oder kommt in unseren Kindern gar nicht erst zur Entfaltung. Schon bei Bagatellinfekten verpassen wir ihnen Antibiotika-Nackenschläge, von denen sich die noch junge Mikrobengemeinschaft nicht mehr erholt, oft wird die Antibiotikakeule sogar noch früher, während der Schwangerschaft und Geburt, geschwungen.

Gerade konnte Martin Blaser mit einem 14-köpfigen Forscherteam nachweisen, dass frühe Störungen des Mikrobioms durch niedrige Dosen von Penizillin schon während der Stillphase oder unmittelbar danach bei Mäusen Wochen später tatsächlich zu einer starken Gewichtszunahme und hohen Anteilen an Körperfett führen. Obwohl das Antibiotikum nur für wenige Wochen verabreicht wurde, blieb der veränderte Stoffwechsel ein Mäuseleben lang erhalten. Dass tatsächlich ein quasi fehlprogrammiertes Mikrobiom für die ungewöhnliche Gewichtszunahme verantwortlich ist, zeigen die von den Forschern durchgeführten Fäkaltransplantationen. Keimfreie Mäuse, die Darmbakterien der übergewichtigen Artgenossen erhielten, legten ebenfalls kräftig zu, obwohl schon lange keine Antibiotika mehr gegeben wurden.[46]

Sind diese Ergebnisse auf den Menschen übertragbar? Ist die starke Zunahme von Adipositas tatsächlich eine Folge veränderter Mikrobiome? Welche Veränderungen des Mikrobioms haben welche Krankheitsbilder zur Folge? Wir wissen es nicht, noch nicht. Die Wissenschaftler stehen bei all diesen Fragen noch ganz am Anfang eines langen Forschungsweges, aber die grundsätzliche Überzeugung vieler Wissenschaftler, dass man im Mikrobiom an der richtigen Stelle sucht, wächst. In den Wechselwirkungen von Darmmikroben, Umwelt und Wirt – davon sind immer mehr Wissenschaftler überzeugt – könnten Erklärungen für viele bislang rätselhafte moderne Krankheitserscheinungen zu finden sein. So kommt eine brandaktuelle Studie zu dem Ergebnis, dass Kaiserschnittgeburten (s. Kap. 6) und Antibiotikaeinnahme während der Schwangerschaft das Risiko der Kinder, stark übergewichtig zu werden, beträchtlich erhöhen. Über sieben Jahre untersuchten die Forscher 436 Mutter-Kind-Paare. Hatten die Mütter im zweiten und dritten Drittel ihrer Schwangerschaft Antibiotika eingenommen, trieb das die Chance auf pummelige Nachkommen um 84 Prozent in die Höhe, bei einer Geburt per Kaiserschnitt waren es 46 Prozent.[47]

Antibiotika wirken, glücklicherweise, und sie wirken, nicht nur bildlich gesprochen, wie ein heftiger Schlag in die Magengrube.[48] Das Ergebnis wird innerhalb weniger Tage nach Beginn der Einnahme sichtbar und betrifft etwa ein Drittel aller Darmbakterienarten. Es kommt zu starken Häufigkeitsverschiebungen und einer Abnahme der Artenvielfalt, wobei jeder Mensch, oder besser: jeder Holobiont, anders reagiert.

Schon eine Woche nach dem Absetzen der Medikamente beginnt sich die Darmbakteriengemeinschaft wieder zu erholen, und vier Wochen später ähnelt sie stark dem Ausgangszustand, manche Bakterien aber sind davon ausgenommen. Sie erholen sich viel langsamer und sind auch nach sechs Monaten noch weit von ihrer ursprünglichen Anzahl entfernt. Obwohl Ausgangs- und Endzustand des Darmmikrobioms sich im Großen und Ganzen ähneln, identisch sind sie nicht. Die

Einnahme eines Antibiotikums hat den Darm und seine Mikrobiota in einen anderen Zustand versetzt. Für den Wirt ist das allerdings kaum spürbar. Obwohl ihre innere Lebensgemeinschaft im Verlauf der Behandlung heftig durcheinandergewirbelt wurde, klagte keine einzige Versuchsperson über Probleme – für die Forscher eine weitere Bestätigung der funktionalen Redundanz, die innerhalb der Darmmikrobengemeinschaft herrscht. Was dort von unseren kleinen Partnern zu erledigen ist, kann zumeist mehr als nur eine Spezies übernehmen, und in die alten Nischen sind nun zum Teil neue Akteure geschlüpft, Arten, die vielleicht vorher eher am Rand standen. Das Antibiotikum hat die Karten neu gemischt. Was das auf längere Sicht und bei wiederholter Einnahme zu bedeuten hat, ist heute noch nicht zu beantworten.

Tatsache ist aber, dass dieser innere Lebensraum von uns westlichen Wohlstandsbürgern wohl nicht mehr viel mit der dort früher herrschenden Mikrobenwildnis zu tun hat. Er ist eher mit einer Kulturlandschaft zu vergleichen, einer regelmäßig gemähten und überdüngten Wiese. Wie groß der Anteil der Antibiotika an dieser Entwicklung ist, kann niemand beantworten, sie werden aber ihren Teil dazu beigetragen haben. Ein Vergleich mit Menschen aus dem ländlichen Malawi und dem Amazonasgebiet in Venezuela, die nur wenig Kontakt zum westlichen Lebensstil hatten, spricht eine deutliche Sprache. Ihre Mikrobenvielfalt ist erheblich größer, andere Arten dominieren.[49] Maria Gloria Dominguez-Bello, Martin Blasers Ehefrau und selbst eine prominente Mikrobiologin, sieht in deren »lebenssprühenden, hochdiversen und antibiotika-naiven Mikrobiomen« eine mögliche Erklärung, warum Indianer so selten an Allergien, Asthma, Diabetes und Herzkreislauferkrankungen leiden.[50]

•••

Martin Blaser und seinen New Yorker Kollegen fielen bei ihren Untersuchungen an Mäusen, die über einige Wochen niedrige Dosen von Penizillin bekommen hatten, charakteristische Veränderungen der Darmschleimhaut auf – ein aufregender Befund, denn er bestätigte Beobachtungen, die einige Jahre zuvor bereits von Patrice Cani in Brüssel gemacht worden waren.[51] Diabetes, Adipositas und andere chronische Krankheiten sind mit leichten Entzündungen im ganzen Körper verbunden, deren molekulare Ursachen bis dahin unbekannt waren. Jetzt sah es so aus, als könnten Darmbakterien eine Erklärung liefern.

Es zeigte sich nämlich, dass fettreiches Junkfood und die durch Antibiotikagabe ausgelösten Veränderungen im Darmmikrobiom zu einer erhöhten Durchlässigkeit der Darmwand führen. Bakterien, deren giftige Stoffwechselprodukte und Proteine können durch die Darmwand in den Blutkreislauf gelangen, dort eine Immunantwort des Wirtes auslösen und schließlich zu einer leichten Entzündung führen, die vom Darm ausgehend den ganzen Körper erfasst. Eine solche chronische Entzündung könnte das auslösen, was man unter dem Oberbegriff »Metabolisches Syndrom« zusammenfasst: die Ansammlung von Bauchfett, Bluthochdruck, erhöhten Blutfettwerten und Insulinresistenz – das tödliche Quartett, unter dem 34 Prozent aller Amerikaner leiden sollen. Koronare Herzkrankheiten, Diabetes und Adipositas sind das Resultat, vielleicht auch Krebs.

Doch wodurch wurde das sonst so zuverlässige Darmepithel leckgeschlagen? Wieder eine Frage der Ernährung. Das Darmepithel wird weniger über das Blut versorgt als durch die Fermentationsprodukte im Kolon, dem Dickdarmabschnitt zwischen Blind- und Enddarm, vor allem durch die von Bakterien beim Abbau der Polysaccharide produzierten kurzkettigen Fettsäuren. Die Vielfalt der dort lebenden Bakterien hängt von der Vielfalt der dort ankommenden pflanzlichen Kohlenhydrate ab. »Es gibt Hunderte von verschiedenen Polysacchariden in Pflanzen«, erklärte der Mikrobiologe Justin Sonnenburg dem Journalisten Michael Pollan, einem begeisterten Koch und Gärtner, der für seine Recherchen sogar die eigenen Darmmikroben analysieren ließ. »Und verschiedene Bakterien mögen es, auf unterschiedlichen Polysacchariden herumzumampfen. Der sicherste Weg, deine mikrobielle Diversität zu erhöhen, besteht darin, eine Vielzahl von Polysacchariden zu essen.«[52] Vollkornprodukte also und verschiedene Obst- und Gemüsesorten.

Wird die übliche westliche Kost verzehrt, die all das nicht oder nur in geringen Anteilen enthält, gibt es für die Bakterien im Kolon kaum noch etwas zu tun. Sonnenburg nennt das: »*Starving our microbial self*«, das Aushungern unseres mikrobiellen Selbsts.[53] Keine Fermentation bedeutet keine kurzkettigen Fettsäuren und damit ein schlecht versorgtes Darmepithel, das daraufhin möglicherweise löchrig wird. So einfach und zugleich so kompliziert könnte es sein. Sollte sich diese Sicht der Dinge bestätigen, könnten Cani, Blaser, Sonnenburg und Co. auf der Spur einer »Großen Vereinigten Theorie der Chronischen Krankheiten« sein, wie Pollan es nennt. Und im Zentrum dieser Theorie stünden dann die Darmmikroben.

Die Mikrobiologen, die Michael Pollan bei seinen Recherchen für die *New York Times* interviewte, waren sehr zurückhaltend, wenn es um konkrete Empfehlungen und Prognosen ging. Das war einerseits enttäuschend, andererseits auch sympathisch, wenn man an die vollmundigen Ankündigungen ihrer molekularbiologischen Kollegen zehn, fünfzehn Jahre zuvor denkt, die sich allesamt als heiße Luft entpuppten. Pollan fand schließlich einen Trick, um doch noch etwas aus ihnen herauszulocken. Er fragte sie, was sie selbst in ihrem Leben verändert hätten, seitdem sie an diesen Themen arbeiteten. Ihre Antwort: Zurückhaltung mit Antibiotika, besonders bei Kindern, daheim keine übertriebene Sauberkeit und die Aufforderung an die lieben Kleinen, draußen und mit Tieren zu spielen, sowie *last but not least* eine Ernährung, die weitgehend auf industrielle Fertigprodukte verzichtet. Klingt eigentlich nicht so, als seien für diese Erkenntnisse zehn Jahre intensiver Mikrobiomforschung nötig gewesen.

6. Holobionten intern

Pflanzen und Tiere sind Holobionten, Wesen, die sich aus einem gestaltgebenden großen und vielen sehr kleinen Organismen zusammensetzen. Damit ein solches Biokonglomerat zum Vorteil aller beteiligten Lebensformen funktioniert, müssen diese Organismen zusammenfinden, sich erkennen, und sie müssen miteinander kommunizieren, um die Interna des Holobionten zu organisieren und Angriffe feindlicher Mikroben abzuwehren. Dass Symbionten ihre Wirte dabei unterstützen, über Geruchssignale Informationen auszutauschen, haben wir schon gesehen (s. Kap. 4). Darüber hinaus sind aber weitere Kommunikationskanäle zu beachten, je nachdem, wer mit wem Informationen austauscht. Zwischen Wirt und Mikrobe wird möglicherweise anders gesprochen als zwischen den Mikroben untereinander. Eines haben all diese unterschiedlichen Sprachen jedoch gemeinsam: Ihre Worte und Signale sind pure Chemie.

Voraussetzung einer solchen chemischen Kommunikation ist eine längere Phase des gemeinsamen Lernens und Kennenlernens von Sendern und Empfängern – wie sonst sollten die Zellen von Menschen, Hyänen, Steinkorallen oder Sojabohnen verstehen, was Mikroben ihnen mitzuteilen haben? Von der langen Koevolution, die die Organismengemeinschaft eines Holobionten hinter sich hat, war schon mehrfach die Rede. Sie hat diese Gemeinschaft geformt und mehr oder weniger eng zusammengeschweißt. Der Ursprung dieser chemischen Verständigung ist schon sehr alt, denn von so unterschiedlichen Lebewesen wie dem *Homo sapiens* und der Stummelschwanzsepie *Euprymna* werden ähnliche Wege der Kommunikation mit den Partnermikroben beschritten.

Prokaryoten tauschten vermutlich schon auf der Urerde chemische Signale aus, und sie tun es noch heute. Wir Menschen (und alle anderen Lebewesen) sind nicht nur von dem immer komplexer werdenden Wirrwarr elektromagnetischer Wellen umgeben, das wir für unsere eigene Kommunikation und Unterhaltung geschaffen haben, sondern auch von einer Mixtur stofflicher Signale, dem chemischen Mobilfunk des uns umgebenden und durchdringenden Mikrokosmos. Nicht weniger als ein Drittel aller Stoffe, die mit dem Blut durch unsere Körper transportiert werden, stammt von Mikroben. Ihr chemischer Einfluss reicht mithilfe des Kreislaufsystems bis in entlegenste Körperregionen. Experten gehen davon aus, dass er »die Physiologie und den Stoffwechsel weit entfernter Organe und vielleicht andere bakterielle Gemeinschaften beeinflusst«.[1]

Bakterien hatten mehr als zwei Milliarden Jahre Zeit, um ihren Bedürfnissen angepasste Kommunikationswege zu entwickeln, und nichts spricht dafür, dass diese interorganismischen Informationskanäle versagten, als aus den Prokaryoten durch Endosymbiosen neuartige Zelltypen mit Organellen und Zellkern hervorgingen. Falls doch Verständigungsprobleme zwischen den alten und den neuen Mikroben bestanden haben sollten, boten die vielen Hundert Millionen Jahre, die noch bis zur Entstehung komplexerer Lebensformen vergehen sollten, genügend Zeit, sie zu lösen. Daher ist mit großer Wahrscheinlichkeit davon auszugehen, dass die ersten vielzelligen Pflanzen und Tiere den alten prokaryotischen Herrschern der Erde keineswegs verständnislos gegenüberstanden. Sie konnten auf einem altbewährten chemischen Wortschatz aufbauen, um ihn dann im weiteren Evolutionsverlauf zu verfeinern und den Erfordernissen der jeweiligen Holobionten anzupassen.

Wie Holobionten zu ihren Mikroben kommen

Symbiontische Mikroben sind für ihre Wirte nützlich, nicht selten sogar überlebenswichtig. Das ist der Preis, wenn man sich in Abhängigkeit von Partnerorganismen begibt. Steinkorallen bleichen ohne ihre Algen aus, darmlose *Riftia*-Würmer würden ohne ihre chemosynthetisch aktiven Bakterien augenblicklich verhungern, *Euprymna*-Sepien könnten nicht leuchten und würden im Maul irgendeines Räubers enden, Hyänen verstünden die Signale ihrer Artgenossen nicht mehr, und wie es Menschen ergeht, deren Darmflora aus dem Gleichgewicht gerät, hat jeder schon einmal erlebt, der sich als Reisender in fernen Ländern einen hartnäckigen Durchfall zugezogen hat.

Für das Wohlergehen eines Holobionten ist es deshalb von entscheidender Bedeutung, dass die richtigen Partner zueinanderfinden. Am einfachsten wäre das zu gewährleisten, wenn die Eltern ihrem Nachwuchs gleich eine Gründerpopulation der wichtigsten Mikroben mit auf den Lebensweg geben würden. Tatsächlich wird diese vertikale Weitergabe von Symbionten von einer Generation zur nächsten bei immer mehr Tier- und Pflanzenarten beobachtet. Prominente Forscher sprechen schon von einem Paradigmenwechsel[2]: Die Weitergabe der Symbionten durch die Mutter, früher als seltene Ausnahmeerscheinung angesehen, habe sich in den letzten Jahren als bei Tieren nahezu universell verbreitetes Phänomen entpuppt.

Besonders Endosymbionten, die in den Zellen ihrer Wirte leben, nutzen diesen Weg, indem sie sich Zugang zum Plasma der mütterlichen Eizellen verschaffen – oder anders und aus Sicht des Wirts formuliert: indem ihnen Zugang gewährt wird. Vor allem bei Insekten werden viele symbiontische Bakterien wie die eigenen Gene regelrecht vererbt. Japanische Wissenschaftler haben kürzlich auch den ersten Fall einer Weitergabe durch Spermien beschrieben, dabei hatte man diese Variante bislang für nahezu unmöglich gehalten. Eizellen sind groß und bieten viel Platz, in den Köpfen der extrem schnittig gebauten männlichen Keimzellen schien es jedoch zu eng für mikrobielle Passagiere zu sein. Eine als Reisschädling bekannte Zwergzikade und ihre Symbionten zeigen nun, dass es doch funktioniert.[3] Um ihre Reise in die nächste Zikadengeneration anzutreten, zwängen sich bis zu 23 Rickettsien-Zellen in die winzigen Spermienköpfe, und das, ohne die Befruchtungsfähigkeit der Spermien zu beeinträchtigen oder gar deren wertvolle Genomfracht zu beschädigen.

Umso erstaunlicher ist es, dass es vor allem unter Meeresbewohnern nicht wenige gibt, die ihre Nachkommen ganz ohne Unterstützung durch Symbionten in die Welt entlassen. Wie die kleinen Stummelschwanzsepien müssen sich auch *Riftia* und die meisten anderen in chemosynthetischen Symbiosen lebenden Meeresbewohner selbst mit Mikrobenpartnern ausstatten. Eine riskante Strategie, könnte man meinen. Nicht, dass ich mir um die Riesenbartwürmer ernsthaft Sorgen machen würde, aber mutet es für Tiere ohne Mundöffnung, Darm und After nicht geradezu selbstmörderisch an, ihren Lebensweg ohne die sie ernährenden Symbionten anzutreten? Es ist, als würde man sich ohne Wasser in die Wüste begeben …

Die Entwarnung erfolgt aus berufenem Mund. Nicole Dubilier, die Symbiose-Expertin vom Max-Planck-Institut für

Marine Mikrobiologie, schmunzelt, als ich ihr meine Bedenken mitteile. Das sei kein Problem, sagt sie und deutet auf einen anderen Lebensraum, in dem Millionen von speziellen Mikroben leben: auf ihren Unterarm. »Der Kontakt ist nicht selten, im Gegenteil. Er findet dauernd statt, in jedem Moment. Unaufhörlich versuchen Bakterien, bei uns Fuß zu fassen.«[4]

Für Nicole Dubiliers Unterarm mag das ja zutreffen, aber können sich auch die Bartwürmer in der Tiefsee darauf verlassen, die in ganz anderer Weise als wir auf diese Begegnung angewiesen sind? Tatsächlich haben Kolleginnen von Nicole Dubilier nachgewiesen, dass die *Riftia*-Symbionten in der näheren und weiteren Umgebung hydrothermaler Quellen des Ostpazifiks sehr häufig sind, in den oberen Wasserschichten aber fehlen.[5] Mithilfe von *Alvin*, dem berühmten Tauchboot, deponierten die Forscherinnen aus Harvard und Wien sterile gläserne Objektträger in der Tiefsee. Nach einem Monat und erst recht nach einem Jahr fanden sich auf allen Objektträgern die für *Riftia* so wichtigen Bakterien, sogar in hundert Metern Entfernung von den Bartwurmansammlungen. Was uns schon bei den Stummelschwanzsepien und ihren Leuchtsymbionten begegnete, scheint auch für die Knöllchenbakterien der Hülsenfrüchtler, für *Riftia* und viele weitere Symbiosen zuzutreffen. »Endosymbionten und frei lebende Populationen könnten einander über positive Feedback-Zyklen beeinflussen«, vermuten die Forscher, »wobei die Wirte die frei lebende Population beimpfen und die frei lebende Population die Wirte beimpft.«[6] Manche Holobionten, die sich ihre Partner aus der Umwelt suchen müssen, helfen also ein wenig nach, damit das Zusammentreffen mit ihren zukünftigen Partnern nicht allein dem Zufall überlassen bleibt.

Der zunächst riskant erscheinende Erwerb von Symbionten aus der Umwelt hat sogar einen entscheidenden Vorteil:

Die Wirte können sich mit den Bakterien zusammentun, die optimal an die lokal herrschenden Bedingungen angepasst sind. Ob zu Lande oder zu Wasser, kein Boden, keine hydrothermale Quelle, kein Riff ist wie das andere und die jeweiligen Standortspezialisten findet man am besten vor Ort. Auch Steinkorallen scheinen diesem Prinzip zu folgen, wenn sie je nach den äußeren Bedingungen mit unterschiedlichen *Symbiodinium*-Typen zusammenleben oder diese sogar austauschen, wenn die Verhältnisse sich ändern.

•••

Das Beispiel der Riesenbartwürmer bietet sich auch an, um einige fundamentale evolutionäre Konsequenzen herauszuarbeiten, die mit diesen unterschiedlichen Wegen des Symbiontenerwerbs verbunden sind.[7] Wenn Bakterien erst aus der Umwelt aufgenommen werden, bedeutet dies für beide, für Wirt und Mikrobe, dass sie zeitweilig ohneeinander auskommen müssen. Für den Wirt ist diese Phase von begrenzter und meist kurzer Dauer. Sie umfasst nur seine Embryonalentwicklung im Ei (oder im Mutterleib – wir werden darauf gleich zurückkommen) und eine mehr oder weniger lange Zeitspanne als Jungtier oder Larve, bis es zur Aufnahme der Symbionten kommt. Da diese Phase besondere Gefahren mit sich bringen könnte, wird sie entweder möglichst kurz gehalten – denken Sie an die Stummelschwanzsepie, die sofort nach dem Schlüpfen mit dem Einsammeln der Leuchtbakterien beginnt –, oder es werden besondere Vorkehrungen getroffen.

Während erwachsene Riesenbartwürmer vollkommen auf die Versorgung durch ihre Symbionten angewiesen sind, gilt dies für ihre Larven nicht. Sie besitzen nämlich sehr wohl einen Darmtrakt mit Ein- und Ausgang und sind daher in der

Lage, Nahrung aufzunehmen, was auch dringend erforderlich ist. Die Weibchen stoßen die befruchteten Eizellen einfach ins Wasser aus. Dort entwickeln sie sich zu Larven, die etwa einen Monat lebensfähig bleiben und mit der Strömung über weite Strecken verdriftet werden können. Hydrothermale Quellen versiegen und entstehen an anderer Stelle neu. *Riftia* ist daher darauf angewiesen, stets neue Lebensräume zu besiedeln. Dafür sorgen ihre frei schwimmenden symbiontenfreien Larven. Erst wenn sie sich an einem geeigneten Standort niederlassen und beginnen, ihre Röhren abzuscheiden, nehmen sie Kontakt zu den Symbionten auf.

Lange Zeit glaubte man, die Aufnahme der Bakterien würde über den Larvendarm erfolgen; sorgfältige mikroskopische Untersuchungen zeigten aber, dass die zukünftigen Symbionten in Wirklichkeit über die Haut eindringen und sich im Inneren ihrer Wirte frei bewegen, bis sie auf bestimmte Zellen der Körperhöhle treffen.[8] Haben Wirt und Mikrobe zueinandergefunden, wird der Mund verschlossen und der Darm zurückgebildet, um die Ernährung der schnell wachsenden Würmer zukünftig ganz den Mikrobenpartnern zu überlassen. Für sie wächst ein vollkommen neues Organ heran, das schließlich einen Großteil des Wurminneren ausfüllt, das Trophosom.

Für die frei lebenden Mikroben hat diese Art der Partnerfindung jedoch weit gravierendere Konsequenzen als für den Wirt, denn es ist ja keineswegs garantiert, dass sie einmal mit einer bedürftigen *Riftia*-Larve zusammentreffen werden. Sie sind also gezwungen, sich auf zwei ganz unterschiedliche Lebenswege einzustellen: wohlbehütet als quasi domestizierter Bewohner eines Bartwurmtrophosoms oder als frei lebende Bakterie. Letztere haben sich dem Wettbewerb mit zahllosen anderen Mikroben zu stellen. Sie laufen Gefahr, gefressen, von Viren attackiert oder verdriftet zu werden und sich plötzlich weit entfernt von hydrothermalen Quellen wiederzufinden. Neue metagenomische Untersuchungen des *Riftia*-Holobionten zeigen, dass die Bakterien nicht auf Schwefelwasserstoff und Sulfide als Energiequelle angewiesen sind, sondern auch über Gene verfügen, die für den Abbau von organischen Kohlenstoffverbindungen zuständig sind. Es handelt sich eben um »wilde« Kreaturen, die »physiologisch viel plastischer sind als früher gedacht«.[9] Unter dem Druck der natürlichen Selektion haben sie, wie viele andere frei lebende Bakterien auch, gleich mehrere Existenzoptionen entwickelt, die Symbiose mit Bartwürmern ist nur eine davon.

Ganz anders ergeht es vielen Bakterien, die von ihren Wirten an kommende Generationen vererbt werden.[10] Zwar werden auf diese Weise die Schwierigkeiten, die mit der Symbiosepartnerfindung verbunden sind, umgangen, die Sicherheit dieser Weitergabe wird aber vor allem aufseiten der Mikroben teuer erkauft. Es sind nur wenige Zellen, die meist über die Eizellen vererbt werden und aus denen dann die gesamte Symbiontenpopulation der neuen Generation hervorgeht. Die Folge ist eine genetische Verarmung, da immer nur ein kleiner, zufällig ausgewählter Teil des gesamten Genpools der symbiontischen Bakterien in die folgende Generation gelangt. Die Fachleute sprechen von einem »Flaschenhals«. Auch die Menschheit hatte vor 70 000 bis 80 000 Jahren einen solchen Populationsengpass zu passieren. Infolge klimatischer Veränderungen schrumpfte die Zahl fortpflanzungsfähiger Individuen in Afrika damals auf wenige 100 oder 1000 Individuen zusammen. Die Folgen, die dieses Ereignis im menschlichen Genom hinterlassen hat, sind noch heute nachweisbar und erklären die große genetische Ähnlichkeit aller heute lebenden Menschen.

Endosymbiontische Bakterien passieren einen solchen genetischen Flaschenhals nicht nur ein, sondern jedes Mal, wenn sie an eine neue Generation vererbt werden. Das hat dramatische Konsequenzen. Da die Symbionten in den Zellen ihres Wirts von Einflüssen der Außenwelt weitgehend abgeschirmt sind und kein Wettbewerb mit anderen Mikroben herrscht, kann die natürliche Selektion nicht greifen und keine Auswahl treffen. Negative Mutationen sammeln sich immer weiter an, das gesamte Gefüge des Bakteriengenoms wird mit der Zeit labil und gerät in Unordnung. Die unvermeidlichen Folgen sind der Verlust einzelner Gene oder deren Inaktivierung. Das Bakteriengenom schrumpft und die Mikroben verlieren wichtige Fähigkeiten, etwa zur Reparatur ihrer DNA, zur Produktion von Stoffen, die ihnen nun der Wirt liefert, oder zur Ausbildung einer Zellwand, die in den Wirtszellen nicht mehr gebraucht wird.[11] Dieser Genschwund kann so weit gehen, dass schließlich genau die Fähigkeiten der Bakterien betroffen sind, die die Basis ihrer Symbiose bilden. Was dann? Der Wirt kennt keine Loyalität gegenüber seinem alten Partner und sucht sich einen neuen.

Nicole Dubilier gerät ins Schwärmen, wenn sie davon erzählt: »Da wird es ganz spannend. Die Gene gehen verloren, und irgendwann sind die Bakterien so weit degeneriert, dass sie dem Wirt nichts mehr nützen. Der nimmt dann einen zweiten Symbionten auf. Das ist absolut genial.«[12] Anders als bei den Symbiosen in der frühen Erdgeschichte, die zu den Organellen der Eukaryoten führten, gelingt das »Feintuning« zwischen Wirt und Symbiont nicht. »Da hat man sich wirklich in eine Sackgasse manövriert«, stellt Nicole Dubilier fest. »Es gibt wunderschöne Untersuchungen an Insekten, die zeigen, dass der neue Symbiont genau das eine Vitamin in großer Menge produziert, das der alte aufgrund seiner Degeneration nicht mehr liefern kann.«[13]

In vielen Fällen praktizieren Wirtsorganismen aber nicht nur einen Weg der Symbiontenaufnahme, sondern kombinieren beide. Bei Schwämmen mit ihrer überaus vielfältigen Mikrobengemeinschaft blieb die Herkunft vieler Bakterien lange Zeit ein Rätsel. Zwar hat man in Embryos und Eizellen mehrere Mikroorganismen unterschiedlicher Größe und Gestalt gefunden, was für eine mütterliche Weitergabe spricht, ein Großteil der Bakterienpartner wurde aber noch nie irgendwo anders als in und an den erwachsenen Wirten nachgewiesen und galt deshalb als schwammspezifisch. Woher stammen sie? Erst im Jahr 2010 wurde man mithilfe modernster DNA-Sequenzierungstechniken fündig.[14] Die vermeintlich schwammspezifischen Bakterien sind im Meerwasser weit verbreitet, aber extrem selten, ein Teil der weitgehend rätselhaften »seltenen Biosphäre«, die möglicherweise auch für viele andere Tiere ein Reservoir an Genen und Symbionten bereithält. Mit den Methoden, die früher zur Verfügung standen, waren sie kaum zu erfassen.

Dialoge

Wo bleibt die Kommunikation? Manchmal beginnt sie schon, bevor Wirt und Mikroben sich überhaupt in persona begegnen.

»Hierher!« Auf diese chemische Botschaft warten unzählige Larven von Korallen, Röhrenwürmern, Schwämmen und vielen anderen bodenbewohnenden Tiergruppen, die auf der Suche nach einem geeigneten Lebensraum mit der Strömung durch das Meer driften. Einige wie Seesterne und Seeigel bleiben auch nach dem Übergang zum Bodenleben noch bewegungsfähig, ihr Aktionsradius ist aber begrenzt. Sie und vor allem die, die sich später gar nicht mehr von der Stelle rühren können, treffen mit der Wahl des Standorts die wichtigste Entscheidung ihres Lebens. Deshalb ist es überaus vorteilhaft, wenn ihnen dabei kompetente Ratgeber zur Seite stehen.

»Hierher! Uns geht es bestens. Es gibt hier unten alles, was du brauchst.«

Das Signal kommt von Bakterien, die das Bodensubstrat und dort wachsende krustenförmige Algen besiedeln, und ist wahrscheinlich gar nicht als Botschaft gemeint, sondern schlicht ein Nebenprodukt ihrer Existenz, quasi ein chemischer Fußabdruck im Wasser. Doch viele Meeresorganismen haben gelernt, diese Spuren als Botschaft wahrzunehmen, weil es sich als vorteilhaft erwiesen hat, ihnen zu folgen. Sie sind das Produkt einer Mikrobengemeinschaft, die die gleichen Lebensbedingungen bevorzugt wie die suchenden Larven und zu der auch deren potenzielle Symbionten gehören. Die Botschaft lautet also auch: »Hier unten warten eure Partner auf euch.« Geeignete Lebensbedingungen und Symbiosepartner – wer könnte dieser freundlichen Einladung widerstehen?

Die meisten Korallen geben ihren Nachkommen keine Symbionten mit, weder Algen noch Bakterien. In einer koordinierten Aktion stoßen sie nur Wolken von Eizellen und Spermien aus, und die winzigen bewimperten Larven, die aus deren Verbindung hervorgehen, werden für Tage oder Wochen zum Teil des Planktons. Wenn sie den chemischen Ruf empfangen, ihren Platz gefunden und sich festgesetzt haben, erfolgt die Metamorphose von der Larve zum jungen Polypen. Laborversuche zeigen, dass auch diese komplizierte Umwandlung von Bakterien getriggert wird, die an dem Landeplatz der Larven leben. Erst danach beginnt die Symbiontenaufnahme, wobei über die genauen zeitlichen Abläufe noch keine Klarheit besteht. Kommen zuerst die Algen, die die wachsende Kolonie mit

Fotosyntheseprodukten versorgen werden, und erst dann die Bakterien? Dafür spräche, dass wahrscheinlich nicht nur die Polypen, sondern auch ihre *Symbiodinium*-Partner Einfluss darauf nehmen, welche Bakterienarten in den neuen Korallenholobionten aufgenommen werden. Es könnte sogar sein, dass schon die frei lebenden Algen mit symbiontischen Bakterien verbunden sind und diese in die neue Beziehung mit einbringen.[15]

Aber wie läuft diese Kontaktaufnahme ab? Es sind nicht beliebige Bakterien, die zum Teil des Holobionten werden, also muss eine Auswahl getroffen werden – ein Problem, das alle Lebewesen, ob Pflanze, Tier oder Mensch, zu bewältigen haben. Woran erkennen sich die Partner und wie organisieren sie ihr gemeinsames Leben?

Eine Antwort liefert die Hawaii-Stummelschwanzsepie *Euprymna scolopes,* deren Gemeinschaft mit dem Bakterium *Vibrio fischeri* wir schon kennengelernt haben. Sie kommt hier ins Spiel, nicht weil ich von meinen Tintenfisch-Freunden nicht lassen kann, sondern weil an kaum einem Wirt-Mikroben-System so viel über diese Vorgänge herausgefunden wurde wie an der Symbiose zwischen den kleinen Sepien und ihren Leuchtbakterien. Beide lassen sich problemlos und unabhängig voneinander im Labor züchten beziehungsweise kultivieren. Die DNA von *Vibrio fischeri*, dem Bakterienpartner, wurde vollständig sequenziert. Man kennt eine Fülle von Mutanten und kann sie genetisch manipulieren. Bald wird auch das Genom der Sepie entziffert sein, das ein wenig größer ist als das des Menschen – ideale Voraussetzungen, um sich der Beziehung dieser ungleichen Partner auch experimentell zu nähern. Margaret McFall-Ngai und ihr Mann Edward Ruby tun dies mit ihren Arbeitsgruppen seit vielen Jahren. Was sie über »die geheimen Sprachen einer koevolvierten Symbiose« herausgefunden haben, besitzt weit über diesen konkreten Fall hinaus Gültigkeit.[16] Wie bei allen Symbiosen geht es um die Aufnahme, die Entwicklung und die Erhaltung einer für beide Seiten vorteilhaften Beziehung, und Margaret McFall-Ngais »Take-Home-Message nach fünfundzwanzig Jahren Forschung lautet: Sogar in einer scheinbar einfachen binären Assoziation«, einer Beziehung zwischen nur zwei Partnern, »kann es hochkomplex zugehen«.[17] Hochkomplex – wir hatten es schon befürchtet.

Versuchen wir uns der Sache möglichst einfach und ohne viel Chemie zu nähern. Denn was wir hier erfahren, spielt sich in abgewandelter Form auch in uns ab. Natürlich weist jede Interaktion zwischen Wirt und Mikrobe spezielle Geheimnisse auf, die die Forscher noch lange beschäftigen werden. Während wir aber dem Gespräch von Sepie und Bakterie lauschen, werden in uns und in jedem anderen Lebewesen ähnliche Dialoge geführt, eine chemische Konversation, die in zahllosen Dialekten daherkommt, oftmals aber verwandte Worte verwendet und einer ähnlichen Grammatik gehorcht.

Zur Erinnerung: Die frisch geschlüpften Tintenfischchen besitzen schon Leuchtorgane, die in ihrer Umwelt seltenen lichtproduzierenden Bakterien müssen sie aber erst noch einsammeln, sonst können sie sich bei Dunkelheit nicht tarnen und laufen Gefahr, selbst zur Beute zu werden. Diesem Zweck dient ein Wimpernfeld mit drei Poren, die in einen inneren Gang und schließlich in das eigentliche Leuchtorgan führen.

Wimpern oder Cilien gibt es an vielen Epithelien im ganzen Organismenreich, und seit Kurzem wissen wir, dass es sich dabei nicht nur um Bewegungsorganellen handelt. An den bewimperten Zellen, die die Luftröhre des Menschen auskleiden, entdeckten Forscher einen Sinn fürs Bittere.[18] Setzt man sie einem bitteren Geschmacksstoff aus, erhöht sich ihre Schlagfrequenz. Der Sinn liegt auf der Hand: Die Zellen sollen mit ihrem Cilienschlag schädliche Substanzen von der Lunge fernhalten. Zweifellos ist es da von Vorteil, wenn sie eine mögliche Gefahr selbst wahrnehmen können.

Ähnliches ist daher auch cilientragenden Zellen in anderen Lebewesen zuzutrauen. Ursprünglich hatten die Forscher vermutet, die Auswahl von *Vibrio fischeri* als einzigem Symbionten finde in den Leuchtorganen selbst statt, also ganz am Ende der Besiedlung. Dass dieser Prozess schon am Wimpernepithel stattfinden könnte, erschien als unwahrscheinlich, denn hier treffen Hunderte, wenn nicht Tausende von verschiedenen Meerwasserbakterien zusammen, und nur 0,5 Prozent davon gehören zu den richtigen.

Ein Irrtum, wie sich herausstellte. Denn heute weiß man, dass die Cilien den ersten engen Kontakt mit den Symbionten herstellen, und diese Cilien mögen es süßlich. Sie tragen Rezeptoren, die mit bestimmten Aminosäure-Zucker-Verbindungen, den Peptidoglycanen, reagieren, einem wichtigen Bestandteil der bakteriellen Zellwand.[19] Außerdem haben die cilientragenden Epithelzellen schon bei der ersten Annäherung von Bakterien begonnen, einen Schleim zu produzieren, der eine ganze Palette antimikrobieller Wirkstoffe enthält. Er sorgt dafür, dass Mikroben an dem Flimmerepithel haften bleiben, und ist gleichzeitig Teil des Auswahlprozesses.

Das chemische Pingpong geht weiter. Die Oberflächenmoleküle der Bakterien haben im Blut der Sepien eine Wanderung bestimmter Abwehrzellen ausgelöst, die sich nun auf den Weg zum Wimpernepithel machen. Kurz nachdem sie Kontakt zu den Cilien aufgenommen haben, binden sich die Leuchtbakterien über Oberflächenstrukturen auch aneinander. Sie formen ein charakteristisches Aggregat aus nur drei bis fünf Zellen, das nach zwei bis drei Stunden zusammen die Reise ins Innere des Wirts antritt. Was genau in dieser Zeit geschieht, welchen chemischen Dialog die zukünftigen Partner führen, ist unbekannt, aber er muss hochspezifisch sein, denn am Ende bleibt nur *Vibrio fischeri* übrig.[20]

Neben der Abwehr anderer Mikroben dient diese Ruhephase wahrscheinlich vor allem dem »Priming«, der Vorbereitung der zukünftigen Symbionten. Der Schleim und seine Bestandteile stimmen die Leuchtbakterien auf das ein, was sie im Inneren der Sepie erwartet, und nur *Vibrio fischeri* ist in der Lage, diese Signale zu verstehen und sich adäquat für das Kommende zu rüsten. Die Bakterien tun dies, indem sie sich durch den Ausstoß kleiner Signalmoleküle (den sogenannten »Autoinduktoren«) gegenseitig animieren, wie Sportler, die sich in Vorbereitung eines kommenden Spiels motivieren – eine Fähigkeit, die vielen Bakterien eigen ist und die mit der geheimnisvoll klingenden Bezeichnung »Quorum« (oder »Quorum sensing«) belegt wurde. Als Forscher ein Gen der Bakterien ausschalteten, das für die Produktion eines solchen Signalstoffes sorgt, konnten die Zellen das Leuchtorgan nicht mehr besiedeln. In der Politik bezeichnet das Quorum die Zahl der Wahlberechtigten, die an einer Abstimmung teilnehmen müssen, damit das Ergebnis Gültigkeit besitzt. In der Mikrobiologie ist damit die kritische Dichte an Zellen und damit an Signalstoffen gemeint, die nötig ist, um in den Bakterienzellen eine Veränderung der Genaktivität herbeizuführen. Im Falle der Leuchtbakterien heißt das: Sie aktivieren Erbanlagen, die mit ihrer Bewegungsfähigkeit zu tun haben, und sie alarmieren genetische Entgiftungsprogramme, die ihnen helfen, die Abwehrmaßnahmen des Wirts zu überstehen. Wer dazu nicht in der Lage ist, wird dem, was nun folgt, nicht gewachsen sein.[21]

Denn der Kontakt der Cilien mit den Peptidoglycanen in der Zellwand der Bakterien hat in den Zellen des Leuchtorgans fieberhafte Aktivität ausgelöst. Um ganz sicher zu gehen, dass sie den Richtigen Zugang gewährt, hat die Sepie in dem Gang, der in die Leuchtorgane führt, einen chemischen Hindernisparcours aufgebaut, den die Bakterien auf ihrem Weg zu den Leuchtorganen zu absolvieren haben, die zweite entscheidende Phase des Auswahlprozesses. Wer es in das Schlaraffenland der Sepien schaffen will, muss gegen einen von Cilien erzeugten Wasserstrom und durch ein lebensfeindliches Milieu schwimmen, das nur die meistern können, die sich entsprechend gewappnet haben.

Aber das ist noch nicht alles. Man muss unwillkürlich an Zuckerbrot und Peitsche denken, wenn man hört, dass gleichzeitig Gene, die für den Abbau von Chitin nötig sind, angeschaltet wurden und ihre Produktion aufgenommen haben.[22] Ein Stoff namens Chitobiose entsteht, und in dem Gang wird ein Gradient aufgebaut, dem die Symbionten nur in Richtung steigender Konzentrationen folgen müssen, um ins Ziel zu gelangen.

Natürlich setzt das voraus, dass *Vibrio fischeri* diesen vom Wirt angebotenen Stoff attraktiv findet, so attraktiv, dass die Bakterien sich in dem Gradienten tatsächlich in die gewünschte Richtung bewegen. Laborversuche zeigen aber, dass Chitobiose sie im Normalfall ziemlich kalt lässt. Was nun?

Forscher aus Kiel, Lyon und aus Margaret McFall-Ngais Arbeitsgruppe in Madison, Wisconsin, hatten eine Idee. Sie vermuteten, dass *Vibrio fischeri* während der stundenlangen Wartezeit im Schleim des Wimpernepithels als Teil des Primings schon mit geringen Mengen des Stoffs in Kontakt kommt. Vielleicht legen die Sepien dort einen Köder aus, damit ihre begehrten Symbionten auf den Geschmack kommen. Und tatsächlich: Setzt man dem Kulturmedium der anfangs desinteressierten Leuchtbakterien im Labor für eine gewisse Zeit Chitobiose zu, finden sie zunehmend Gefallen daran. Bietet man ihnen danach in Kapillarröhrchen einen Konzentrationsanstieg an, machen sie sich sogleich auf den Weg, um in den Genuss größerer Mengen des Stoffes zu kommen.

Wenn die Bakterien endlich im Organ angekommen sind und ihre Leuchtarbeit aufgenommen haben, ist der Dialog mit dem Wirt keineswegs beendet. Jetzt geht es um die Aufrechterhaltung einer fruchtbaren Zusammenarbeit, und aus Sicht des Wirts ist diese sofort beendet, wenn der Symbiont seinen Job nicht erledigt. Molekularbiologische Untersuchungen haben gezeigt, dass in den Zellen des Leuchtorgans Gene aktiv sind, die für die Wahrnehmung von Licht gebraucht werden. Das Organ erzeugt also nicht nur ein Leuchten, indem es dazu befähigten Bakterien ein attraktives Zuhause bietet, es ist gleichzeitig ein »inneres Auge«, das Licht erspüren kann.[23] Die Ernährung der Leuchtbakterien ist für die kleinen Sepien sehr energieaufwendig. Offenbar können sie es sich nicht leisten, einen Partner durchzufüttern, der zwar die Erkennungsmerkmale eines Symbionten besitzt und deshalb die raffinierten Eingangskontrollen passieren konnte, der aber nun, da er die wertvollen Plätze in den Leuchtorganen einnimmt, keine Leistung bringt.

Der Stummelschwanzsepie reichen zu Beginn wenige sorgfältig ausgewählte Symbiontenzellen. Bei der intensiven Pflege in den Leuchtorganen vermehren sie sich so schnell, dass sie ungefähr zwölf Stunden nach dem ersten Kontakt die nötige kritische Dichte erreichen, um mit dem Leuchten zu beginnen – auch das ein Quorum-Effekt. Endlich kann den Tintenfischchen nun ein Licht aufgehen. Dass ihre Symbionten angekommen sind, erkennt die Sepie wieder an den Peptidoglycanen und einem anderen Bestandteil der Bakterienzellwand, den Lipopolysacchariden, die nun auf entsprechende Rezeptoren in den Krypten des Leuchtorgans treffen. Dieses Signal setzt einen Mechanismus in Gang, der die Wimpernepithelien abbaut und den Zugang zu den Leuchtorganen etwa 96 Stunden nach dem Schlüpfen der Tintenfische unumkehrbar verschließt.[24] Sie haben ihre Aufgabe erfüllt und werden nicht mehr benötigt. Vielleicht wären sie sogar eine Gefahr, ein potenzielles Einfallstor für Krankheitserreger. Die Sepie und ihre Symbionten haben zusammengefunden. Das Tor ist verschlossen. Nun heißt es gemeinsam leben oder sterben.

Vielleicht erinnern Sie sich (s. Kap. 4), dass im Leuchtorgan der Stummelschwanzsepie auch nach dem Zustandekommen der Symbiose alles andere als Ruhe herrscht. Denn jeden Morgen setzt die Sepie einen Großteil ihrer mühsam erworbenen Symbionten wieder vor die Tür. Sicher, sie erweist ihren Artgenossen damit einen wichtigen Dienst, indem sie ihren Lebensraum mit tüchtig leuchtenden *Vibrio*-Zellen anreichert. Aber diese seltsam anmutende Prozedur der Sepie dient vor allem auch ihr selbst, dem guten Auskommen mit den Fremdlingen in ihrem Körper. Sie muss ihre Symbionten unter Kontrolle behalten, denn die würden unter den optimalen Bedingungen, die sie ihnen bietet, kein Halten kennen und sich uneingeschränkt vermehren. Das ist überaus kostspielig und möglicherweise auch gefährlich. Also entledigt sie sich ihrer Kostgänger, solange sie sie nicht braucht und selbst, ohne Nahrung aufzunehmen, versteckt im Sand liegt. Bis zur abendlichen Jagd haben ihre Partner das nötige Quorum wieder erreicht und sind einsatzbereit.

Dieser tägliche Rhythmus geht mit einem Umbau der Epithelzellen im Leuchtorgan einher, was offenbar mit einer radikalen Ernährungsumstellung zu tun hat, die *Euprymna* ihren Bakterien zumutet. Des Nachts, wenn sie am hellsten leuchten, werden die *Vibrios* mit Zuckermolekülen versorgt (dem Monomer des Chitins), tagsüber jedoch mit direkt verwertbaren Fettsäuren gepäppelt, was den Bakterien eine erhebliche Umstellung ihres Stoffwechsels abverlangt. Das Hin und Her scheint sie aber auch auf ihre morgendliche Freisetzung vorzubereiten. Die langen, peitschenförmigen Geißeln, mit deren Hilfe sich ihre Ahnen in die Leuchtorgane vorgearbeitet hatten, waren dort nutzlos geworden und wurden abgeworfen. Doch schon während der Nacht werden die einschlägigen Gene wieder aktiv und bei Einbruch der Dämmerung erwarten die Bakterienzellen ihren Rauswurf mit einem Satz nagelneuer Geißeln. Wenn das keine optimale Vorbereitung auf die Freiheit ist.[25]

•••

Falls Sie nun stöhnen oder die Lektüre sogar abgebrochen haben, weil Sie es so genau gar nicht wissen wollten …, dann seien Sie versichert: Ich habe Ihnen nicht einmal die Hälfte der Geschichte erzählt. »Hochkomplex« hat Margaret McFall-Ngai die Interaktionen von *Euprymna* und *Vibrio* genannt, und hochkomplex sind sie in der Tat. Dutzende von Forschern und Forscherinnen haben viele Jahre harte Arbeit investiert, um all das herauszubekommen, und noch immer bleiben viele ungeklärte Fragen – dabei handelt es sich »nur« um eine Symbiose von *einem* Wirt mit *einer* Bakterienart. Beim Menschen und anderen Organismen haben wir es mit Hunderten, mit Tausenden zu tun …

Es ist wichtig, wenigstens an einem Beispiel im Detail zu beschreiben, was alles dazugehört, damit eine solche Verbindung zustande kommt und erhalten bleibt: die chemischen Erkennungszeichen des Symbionten, die penible Einlasskontrolle durch den Wirt, seine rigorosen Abwehrmaßnahmen, die nur von potenziellen und quasi geschulten Symbionten pariert werden können, die Aktivierung ganzer Genkaskaden in Wirt und Mikrobe, der Auf- und Abbau anatomischer Strukturen. Ein Selbstläufer ist dieses Zueinanderfinden zweier biologischer Welten sicher nicht. Das System scheint doppelt und dreifach abgesichert zu sein. Aus gutem Grunde.

Denn die Peptidoglycane und andere molekulare Strukturen, die *Vibrio* die Türen seines Wirts öffnen, sind auch beim Angriff pathogener Keime von zentraler Bedeutung. Das Problem ist, dass die Wissenschaft erst in den letzten Jahren begonnen hat, die Interaktionen wohltätiger Mikroben mit ihren Wirten genauer unter die Lupe zu nehmen, während Krankheitserreger bereits seit hundert Jahren im Fokus des Interesses stehen. Wir wissen einfach noch viel zu wenig, doch ein lange Zeit gültiges Dogma der Mikrobiologie scheint bereits gefallen zu sein: Die evolutionären Zwänge, denen wohltätige und pathogene Mikroben ausgesetzt sind, und die Mechanismen, die sie verwenden, um ihre Wirte zu infizieren und sich gegen ihre Abwehr zu verteidigen, sind nicht so unterschiedlich wie gedacht.[26] So wird auch verständlich, wie eine Bakterienart in einem Wirt, zum Beispiel einem Egel, als Symbiont auftreten kann, in Säugetieren dagegen als Krankheitserreger[27], ja, wie sie sogar innerhalb desselben Wirts vom wohltätigen Symbionten zum Parasiten mutieren kann oder umgekehrt.[28]

Ähnliches kennt man auch von Pflanzenbakterien. Von *Pseudomonas syringae* gibt es harmlose Stämme, die auf den Blättern vieler Pflanzen zu finden sind, und pathogene, die bei so unterschiedlichen Pflanzenarten wie Ahorn, Gerste oder Tomate Krankheiten hervorrufen können. Viele dieser Stämme produzieren einen Stoff namens »Syringomycin«. Bei den pathogenen Formen induziert er die Bildung von Ionenkanälen in der Membran der Pflanzenzellen, führt schließlich zum Absterben der Zellen und damit zu unschönen Nekrosen. Die harmlosen Stämme veranlassen ihren Pflanzenwirt mithilfe derselben Substanz, nahrhafte Stoffe abzugeben, offenbar ohne ihn nachhaltig zu schädigen. Der Unterschied scheint rein quantitativer Natur zu sein.[29]

Freund und Feind bahnen ihren Kontakt zum Wirt auf ähnliche Weise an, ja, sie besitzen mitunter das gleiche Gesicht. Die Unterschiede liegen im Detail; deshalb die geradezu paranoid wirkende Vorsicht aufseiten des Tintenfischwirts, schließlich ist er es, der einem Bakterium Zutritt zu seinem Körper gewährt. Nur eine lange gemeinsame Vorgeschichte kann ein derart raffiniert aufeinander abgestimmtes Frage-und-Antwort-Spiel entstehen lassen. Das ist der Grund, warum Margaret McFall-Ngai ausdrücklich von »den geheimen Sprachen einer *koevolvierten* Symbiose« spricht. Der Dialog, den die Forscher jetzt zu verstehen beginnen, ist das Ergebnis einer Entwicklung, die Jahrmillionen benötigte.

Viele Elemente dieser Sprachen sind uralt. Die Gene für die chemischen Namensschilder der Bakterien und ihr Gegenstück, die Rezeptoren aufseiten der Wirte, sind hochkonserviert, das heißt, sie haben sich über sehr lange Zeiträume hinweg kaum verändert. Es kann daher nicht verwundern, dass Untersuchungen der Darmbakterien so unterschiedlicher Lebewesen wie der Taufliege *Drosophila* und des Menschen in den letzten Jahren auf die gleichen chemischen Erkennungsstrukturen gestoßen sind. Bakterien-Peptidoglycane und -Lipopolysaccharide, die im Dialog der Stummelschwanzsepie mit ihrem Symbionten von so großer Bedeutung sind, sorgen auch im Darm von Fliege und Mensch für ein harmonisches Miteinander und senden die entscheidenden Signale für die Ausbildung des angrenzenden Lymphgewebes, einem wichtigen Teil des Immunsystems.[30] Auch der Kontakt von Pflanzen mit bestimmten Wurzelbakterien, der die Gewächse schließlich in eine Art Alarmzustand versetzt, wird über die gleichen Zellwandmoleküle angebahnt.[31]

Sogar der seltsame tägliche Rhythmus, der das gemeinsame Leben der Sepie mit ihren Leuchtbakterien strukturiert, findet sich im Darm von Säugetieren und Menschen als wesentliches Element einer gesunden Homöostase wieder.[32] Seit Jahren ist bekannt, dass Schichtarbeiter und Vielflieger, die häufig Jetlags erleiden, einem erhöhten Risiko für eine ganze Reihe ernsthafter Erkrankungen ausgesetzt sind, darunter Diabetes, Adipositas, Krebs und Herzkreislauf-Krankheiten. Der Zusammenhang blieb lange Zeit weitgehend rätselhaft, bis Wissenschaftler des Weizmann Institute of Science im israelischen Rehovot sich kürzlich eingehender mit den biologischen Rhythmen der Darmbewohner von Maus und Mensch beschäftigten.[33]

Sowohl die Häufigkeitsverteilung als auch die Aktivität der Darmbakterien ändern sich im Tagesverlauf erheblich. Wenn ein Organismus aktiv ist, sind eben andere Aufgaben zu erledigen, als wenn er ruht. So nutzen die Mikroben der nachtaktiven Nager die hellen Stunden des Tages zur Entgiftung und um die Chemikalien in ihrer Umwelt wahrzunehmen, während in den Nachtstunden Stoffwechselwege dominieren, die dem Energiehaushalt und dem Wachstum, der Verwertung der Nahrung und der Reparatur der DNA dienen.

Andere Aufgaben erfordern oft auch andere Akteure, und so fluktuieren viele Darmmikroben in ihrer Häufigkeit. Sechzig Prozent von ihnen zeigen im Tagesgang ein geregeltes Auf und Ab. Entscheidender Zeitgeber ist dabei nicht das Licht – im Darm ist es immer dunkel –, sondern der Input durch den Wirt, die Nahrungsaufnahme. Erfolgt sie unregelmäßig und zu ungewohnten Zeiten, gerät die biologische Rhythmik der Mikroben aus dem Takt. Die Abstimmung innerhalb des Holobionten stimmt nicht mehr, sowohl zwischen dem Wirt und seinen Mikroben als auch den Mikroben untereinander. Sollten diese Störungen sich häufig wiederholen oder längere Zeit andauern, kann aus der Symbiose, von der die Partner profitieren, eine Dysbiose werden, mit möglicherweise ernsthaften gesundheitlichen Konsequenzen. Eine fettreiche Ernährung führte bei Jetlag-Mäusen, deren Tag-Nacht-Rhythmus alle drei Tage um acht Stunden verschoben wurde (vergleichbar etwa einem Transatlantikflug), zu Übergewicht und Glucoseintoleranz, einer Vorstufe von Diabetes. Übertrug man Darmbakterien dieser Tiere auf mikrobenfreie Mäuse, litten auch diese bald unter erhöhtem Blutzuckerspiegel und nahmen zu. Das Gleiche geschah, als man keimfreien Mäusen Bakterien von Menschen übertrug, die unter echtem Jetlag litten. In deren Darm gewannen vorübergehend Bakterienarten an Bedeutung, die auch bei stark übergewichtigen Personen auffällig sind. Mit einer Lebensweise, die keine Rücksicht auf uralte biologische Rhythmen nimmt, haben unsere Mikroben offenbar ihre Schwierigkeiten.

•••

Einem anderen Instrumentarium, das bei der Kontaktaufnahme von Wirt und Mikrobe eine entscheidende Rolle spielt, sind der Zoologe Thomas C. G. Bosch und seine Kieler Arbeitsgruppe auf der Spur. Es geht um eine Gruppe von Peptiden, kleiner Proteine also, die eine derart spektakuläre antimikrobielle Wirkung entfalten, dass noch vor nicht allzu langer Zeit Patente auf sie gesichert wurden und euphorisierte Unternehmensvertreter in Boschs Büro saßen und ihm und seinen Kollegen goldene Fahrräder versprachen. Dass daraus bis heute nichts wurde, hat mit der Tücke des Objekts zu tun, mit der chemischen Natur dieser Stoffe und den Schwierigkeiten, die ihre Anwendung als Arzneimittel beim Menschen mit sich bringt. Die Wirksamkeit der Peptide im Organismus steht außer Zweifel. Es gibt sie in Insekten, in Mäusen, und es gibt sie auch im menschlichen Organismus.

Am Anfang standen einfache Tests, die der Neu-Kieler Bosch damals auf Anregung seines Kollegen Jens Schröder durchführte. Der Dermatologe hatte Boschs Antrittsvorlesung gehört und darüber nachgedacht, wie sich die zarten Süßwasserpolypen, die kaum mehr als lebende Hautsäcke sind, wohl gegen Krankheitserreger schützen. Also »zermatschten« sie ein paar Polypen, gaben den Brei auf Bakterienkulturen ... und staunten über die durchschlagende Wirkung. *Hydra*-Gewebe entpuppte sich als außerordentlich effektiver Bakterienkiller.

Heute, gut zehn Jahre später, wissen die Forscher, dass schon so einfache Organismen wie die Süßwasserpolypen über ein effektives angeborenes Immunsystem verfügen.[34] Bei Kontakt mit bestimmten Mikroben schlagen Rezeptorsysteme[35] der Polypen Alarm und schalten über eine Signalkette die biochemischen Fließbänder zur Herstellung von selektiven Abwehrstoffen an. Jede *Hydra*-Art, die bislang untersucht wurde, kann einen charakteristischen Satz dieser antimikrobiellen Peptide, kurz AMPs, produzieren. Ihre Wirkmechanismen sind sehr unterschiedlich, manche erzeugen Löcher in der Zellwand und -membran der Bakterien, andere zerstören deren DNA und RNA. Eines dieser Peptide von *Hydra*, das Arminin 1a, das René Augustin[36], Thomas Bosch und andere im Jahr 2009 beschrieben haben, erwies sich sogar als äußerst wirksam gegenüber dem gefürchteten multiresistenten Krankenhauskeim *Staphylococcus aureus* (MRSA).

Braucht *Hydra* ein derartiges Arsenal hochwirksamer Substanzen? Ist die Gefahr, in ihrem Süßwasserlebensraum von

Krankheitserregern attackiert zu werden, wirklich so groß? Eigentlich nicht, sagt Thomas Bosch.[37] Dass derartige Stoffe nützlich bei der Abwehr von Krankheitserregern sein können, liegt auf der Hand, bis heute haben er und seine Mitarbeiter aber kein einziges Pathogen gefunden, das *Hydra* ernsthaft zu schaffen machen würde, nur einen Pilz, gegen den sich die Polypen mithilfe ihrer Bakterien zur Wehr setzen. Wenn es keine gefährlichen Krankheitserreger gibt, was soll dann der ganze Aufwand? Wozu dieser gut gefüllte Giftschrank, diese waffenstarrende Abwehr? Warum investiert *Hydra* einen beträchtlichen Teil ihres Genoms in die Produktion hocheffektiver Abwehrstoffe gegen Gegner, die möglicherweise gar nicht existieren oder zumindest nicht besonders häufig sind?

Der Denkfehler, so Thomas Bosch, liege in unserer Fokussierung auf Pathogene, und seine vielen prominenten Kolleginnen werden ihm vehement zustimmen. Auch Nicole Dubilier betont, dass der Schwenk, den die Mikrobiologie mithilfe der neuen technologischen Möglichkeiten gerade vollziehe, weg von den wenigen Krankheitserregern und hin zu den viel zahlreicheren Wohltätern unter den Mikroben, nicht jedem passe, schon gar nicht den lange Zeit mit üppigen Forschungsgeldern ausgestatteten Mikrobiologen alter Schule, deren Hauptaugenmerk nach wie vor den Pathogenen gilt. Unsere gesamte Vorstellung von Bakterien und Mikroben ist, auch in der Wissenschaft, jahrzehntelang von dieser Fixierung auf Krankheiten und ihre Verursacher bestimmt worden, nicht aus Kalkül, sondern weil wir es nicht besser wussten. Demzufolge wurde die Existenz eines Immunsystem, ob angeboren oder nicht, als eine Antwort auf diese Bedrohung verstanden, als ein internes Bollwerk gegen allgegenwärtige feindliche Mikroben.

Doch nicht nur Thomas Bosch ist heute überzeugt, dass diese Ansicht falsch ist.[38] Die Peptide sind für *Hydra* nämlich noch in einem anderen Zusammenhang von Bedeutung: bei der Selektion einer artspezifischen Bakteriengemeinschaft. Ausgestattet vom Muttertier verfügen selbst kleinste *Hydra*-Embryonen schon über antimikrobielle Peptide. Es entlässt sie also nicht schutzlos in eine Welt voller Mikroben, sondern folgt einer einfachen Strategie: *be prepared*, sei vorbereitet. Später übernimmt mehr und mehr der Embryo selbst die Kontrolle über seinen Giftschrank. Und nicht nur die Entscheidung, welche Stoffe er daraus wann zum Einsatz bringt, auch die Zusammensetzung der mit dem heranwachsenden Polypen assoziierten Mikroben folgt einem bestimmten Zeitplan, bis sich irgendwann der arttypische Holobiont mit allen daran beteiligten Organismen konstituiert hat. Mithilfe gentechnischer Methoden gelang kürzlich der Nachweis, dass die artspezifische Mikrobengemeinschaft sich nur dann einfindet, wenn die Polypen auch über das arttypische Arsenal an antimikrobiellen Peptiden verfügen. Sie halten die fern, die nicht bekannt oder nicht erwünscht sind. Manipulieren die Forscher die Menge einzelner Peptide, ändert sich auch das Mikrobiom.

Das Gleiche geschieht im Darm von Nagetieren, die bestimmte AMPs nicht bilden können. Antimikrobielle Peptide schützen das Darmepithel und Stammzellen von Maus und Mensch genauso effektiv wie *Hydra*-Embryonen. Wie bei den Polypen entscheidet die Ausstattung ihres Giftschrankes mit antimikrobiellen Peptiden über die Zusammensetzung der Darmmikrobengemeinschaft, und es sind die gleichen Rezeptortypen, die bei Kontakt mit Mikroben deren Produktion ankurbeln.[39]

Das angeborene Immunsystem mit seinen Rezeptoren und antimikrobiellen Peptiden dient jedoch nicht primär der Abwehr von Krankheitserregern, davon sind Bosch und seine Kollegen überzeugt. Dass es auch das leisten kann, ist natürlich ein willkommener und nützlicher Nebeneffekt. Seine wichtigste und vorrangige Aufgabe aber ist komplexer. Sie besteht in der Auswahl und Gestaltung der arttypischen Mikrobengemeinschaft, die zeitlebens erhalten und an die jeweiligen Gegebenheiten angepasst werden muss. Da schon einfachste Vielzeller wie *Hydra* dieser Aufgabe bemerkenswert gut gewachsen sind, ist es eine sehr alte Fähigkeit. Wenn ich mich in einer Welt der Mikroben behaupten will, kann ich die Entscheidung, mit wem ich mich einlasse, nicht den Mikroben überlassen. Ich muss das selbst entscheiden oder zumindest mitentscheiden. Diese Lektion haben vielzellige Lebewesen offenbar früh gelernt.

Mom knows best? – Wie der Mensch zum Holobionten wird

Auch der Mensch folgt beim Erwerb seiner Mikroben einer Art Mischstrategie. Einen Teil übernimmt er aus der Umwelt, vor allem von den nächsten Familienangehörigen, auch von Haustieren wie Hunden. Die erste und wichtigste Quelle seiner Symbionten aber ist die eigene Mutter. »*Mom knows best*«, überschrieben zwei prominente amerikanische Mikrobiologen ihre Darstellung der mütterlichen Weitergabe von Mikroben.[40] Doch weiß Mama wirklich immer am besten, was ihren Kleinen guttut? Seit einigen Jahren sind leider Zweifel angebracht.

Die Frage, wie der Mensch zu seinen Mikroben kommt, schien seit Langem gelöst. Schon im Jahr 1900 stellte der französische Kinderarzt Henry Tessier fest, dass Kinder (und alle anderen Säugetierbabys) im Bauch der Mutter in einer sterilen Umgebung heranwachsen und ihren ersten Kontakt mit Körperbakterien während der Passage durch den Geburtskanal erleben – ein Dogma, das bis in die heutige Zeit hinein wirkt und die Erforschung dieser Vorgänge nicht unwesentlich behindert hat. Viele Studien der letzten Jahre haben die Wissenschaftler jedoch zum Umdenken veranlasst. Es gilt nun im Gegenteil als sehr wahrscheinlich, dass der Fötus es schon im Mutterleib mit Mikroben zu tun bekommt, ja, dass dieser Kontakt sogar »ein universeller Teil der menschlichen Schwangerschaft sein könnte, der der ersten Inokulation (Beimpfung) mit wohltätigen Mikroben noch vor der Geburt dient«.[41]

Skeptiker könnten darauf verweisen, dass Frühgeburten, weltweit einer der Hauptgründe für Kindersterblichkeit, in hohem Maße mit bakteriellen Infektionen der Gebärmutter korreliert sind, vor allem wenn sie vor der dreißigsten Schwangerschaftswoche erfolgen. Auch Entzündungen der Vagina erhöhen das Risiko einer Frühgeburt. Bakterien im Uterus, das bedeutete Gefahr für das ungeborene Kind, und so wurde viel Forschungsenergie darauf verwendet, die bakteriellen Schuldigen zu ermitteln.

Dabei hat man jedoch vernachlässigt, sich mit den Verhältnissen während einer problemlos verlaufenden Schwangerschaft und Geburt zu beschäftigen. Mittlerweile haben mehrere Studien bei gesunden Müttern und Kindern, die keinerlei Anzeichen einer Entzündung aufwiesen, in der als steril geltenden mütterlichen Umgebung Bakterien aufgespürt: im Blut der Nabelschnur, in Membranen des Fötus, im Fruchtwasser und im Mekonium, dem sogenannten »Kindspech«, einer schwärzlichen Darmausscheidung von Neugeborenen, die in den ersten beiden Tagen nach der Geburt abgegeben wird.[42]

Offenbar kommt es darauf an, mit welchen Bakterien das Baby im Mutterleib Kontakt hat. Die, die bei den gefährlichen Uterusinfektionen auftreten, entstammen meist der normalen weiblichen Scheidenflora. Zum denkbar ungünstigsten Zeitpunkt und am falschen Ort können sie zur Bedrohung von Mutter und Kind werden. Im Kindspech fanden sich jedoch vor allem Darmbakterien, wie man sie in ähnlicher Zusammensetzung noch bei mehrere Monate alten Kleinkindern, nicht aber bei Erwachsenen findet, und das, obwohl die Proben unmittelbar nach der Geburt genommen wurden und die Babys noch keine Muttermilch getrunken hatten.[43]

Wie können Darm- und Mundbakterien der Mutter in den Fötus und die Muttermilch gelangen? Woher stammen die ersten im Kindspech nachgewiesenen Darmbewohner?

Spanische Forscher näherten sich dieser Frage mit einem genetischen Trick.[44] Sie isolierten Darmbakterien der Gattung *Enterococcus* aus der Milch gesunder Mütter und markierten sie mit einer bestimmten DNA-Sequenz, um die Zellen später wieder identifizieren zu können. Dann verfütterten sie die so präparierten Mikroben zusammen mit einer kleinen Menge Milch an schwangere Mäusemütter, deren Babys schließlich unter sterilen Bedingungen per Kaiserschnitt zur Welt gebracht wurden. Um jegliche Kontamination zu vermeiden, entnahmen die Forscher unmittelbar danach eine Probe aus dem Inneren des Darms und übertrugen sie auf mehrere Kulturmedien. Würden die markierten Bakterien im Mekonium wieder auftauchen? Die Forscher fanden sie – ein eleganter Nachweis, dass Bakterien aus dem Darm der Mutter tatsächlich über die Plazentaschranke, die das Blut von Mutter und Kind trennt, in das Verdauungsorgan ihrer ungeborenen Nachkommen gelangen können. Wie ist das möglich? Das einschichtige Epithel, das den Darminnenraum auskleidet, ist für Bakterien nahezu undurchdringlich.

Mailänder Wissenschaftlern um die Immunologin Maria Rescigno gelang Anfang des neuen Jahrtausends die möglicherweise entscheidende Entdeckung.[45] Es sind nicht die Bakterien, die sich irgendwie durch die Darmwand bohren, sondern spezielle Zellen des Wirtes, die die festen Verbindungen zwischen den Epithelzellen lösen (und wieder verschließen) können, um im Darmlumen mit langen Fortsätzen aktiv nach Bakterien zu fischen und sie sich einzuverleiben. Diese dendritischen Zellen, die beweglich sind und durch ihre Fortsätze eine typische sternförmige Gestalt besitzen, wurden erstmals 1973 durch Ralph Steinman beschrieben, eine Entdeckung, die dem gebürtigen Kanadier im Jahr 2011 den Nobelpreis für Medizin eintrug. Tragischerweise war Steinman drei Tage vor Bekanntgabe der Preisträger an einer Krebserkrankung gestorben. Er bekam den Preis postum.

Dendritische Zellen findet man in allen Schleimhäuten und Oberflächengeweben des Körpers, also überall dort, wo Kontakt mit gefährlichen Mikroben droht. Für den Organismus haben sie eine herausragende Bedeutung, weil sie die spezifische Immunabwehr auf den Plan rufen können und gleichzeitig helfen, Immunreaktionen gegen körpereigene Antigene zu unterdrücken.

Seit Maria Rescigno und ihre Kollegen ihnen beim Bakterienfischen zusahen, gelten sie gleichzeitig als die einzigen Zellkandidaten, die für einen Darmbakterientransfer innerhalb des mütterlichen Körpers sorgen könnten, zunächst zu lymphatischen Organen, dann über den Blutkreislauf bis in die Plazenta … und durch sie hindurch in den Fötus. Untersuchungen an Mäusen deuten sogar darauf hin, dass dieser Bakterientransport während der Schwangerschaft stark zunimmt.[46] Der Mutterholobiont rekrutiert aus seinem Symbiontenbestand die Gründerpopulation für sein Kind.

•••

Wahrscheinlich werden Menschen- und andere Säugetierkinder also schon im Leib der Mutter auf das vorbereitet, was sie »draußen« erwartet. Möglicherweise schützt diese bakterielle Erstausstattung das Neugeborene auch gegen Infektionen durch weniger freundliche Mikrobenstämme. Eine massive Bakteriendusche erfolgt dann während der Passage durch den Geburtskanal, bei der das Baby quasi eine probiotische Ganzkörperbehandlung mit der mütterlichen Vaginal- und Enddarmflora erfährt.[47] Auch wenn die Neugeborenen nach dieser Tortur gesäubert werden, viele Bakterien bleiben im Mund, in Hautfalten, Ohrmuscheln und anderen Körperteilen erhalten, um sich von dort bald über den kleinen neuen Wirt auszubreiten, und die zarte Haut des Babys saugt sie auf wie ein Schwamm.

Später, mit jeder Berührung und vor allem während des intimen Stillens an der Brust, gesellen sich die Hautbakterien der Mutter dazu. Mit jedem liebevollen Kuss auf die Wangen des Kindes überträgt sie die Bakterien ihres Mundes. Ihre Milch, die man früher ebenfalls für steril hielt, übernimmt den nächsten Part. Heute weiß man, dass sie alles andere als keimfrei ist, sondern das Baby mit bis zu 600 Bakterienarten versorgt, die kurz nach der Geburt von Milchsäurebakterien, sechs Monate später aber vor allem von Arten der Darm- und Mundflora dominiert werden. Die Mutter liefert also nicht nur eine Gründerpopulation für die kindliche Darmflora, sondern bereitet das Baby ein halbes Jahr später auch auf die feste Nahrung vor, die es bald zu sich nehmen wird.[48] Ihre Milch enthält auch Harnstoff. Er könnte den Bakterien als Stickstoffquelle dienen, damit das Kind nicht mit seinen eigenen Darmbewohnern um den wertvollen Ausgangsstoff konkurrieren muss.[49]

Erstaunlicherweise besteht die nach Fetten und Milchzucker drittgrößte Fraktion der Muttermilch aus Zutaten, die das

Kind gar nicht verwerten kann. Es handelt sich um über 200 verschiedene kurzkettige Kohlenhydrate, sogenannte »Oligosaccharide«. Was sich zunächst wie ein evolutionärer Unfall anhört, entpuppt sich mehr und mehr als ein weiteres faszinierendes Kapitel mütterlicher Fürsorge, die dem Kind und seinem sich entwickelnden Mikrobiom gilt. Lars Bode, ein deutscher Wissenschaftler, der eine Arbeitsgruppe an der University of California leitet, hält diese Stoffe für so wichtig, dass er seinem Fachaufsatz zum Thema eine gänzlich unwissenschaftliche Überschrift verpasste, die man nicht übersetzen muss: »*Every baby needs a sugar mama*«.[50]

Offenbar sind die *Human Milk Oligosaccharides*, kurz HMOs, nämlich nicht für das Baby gedacht, sondern für Mikroben in seinem Darm. Sie unterstützen die Ansiedlung bestimmter Bakterienarten und halten andere daraus fern. Den einen dienen sie als Nahrung, den anderen täuschen sie eine Bindungsalternative vor. Denn um ihre verhängnisvolle Wirkung zu entfalten, müssen pathogene Bakterien an bestimmten Zuckermolekülen in den Membranen der Darmepithelzellen andocken. Sind im Darm aber HMOs präsent, besetzen sie die für das Anlegemanöver erforderlichen Rezeptoren der Bakterien, verhindern so deren Kopplung an die Darmzellen und sorgen dafür, dass die potenziellen Störenfriede mit dem nächsten Stuhlgang in der Windel landen. HMOs sind also nicht nur »*food for bugs*«, wie es eine Zeit lang hieß. Dieser Tage gelang es erstmals, die wunderbaren Zuckermoleküle auch im Blut der Babys nachzuweisen. Was andere Studien schon vermuten ließen, scheint sich damit zu bestätigen.[51] Mithilfe des Blutkreislaufs können HMOs ihre segensreiche Wirkung im ganzen Körper des Kindes entfalten. Sie wirken entzündungshemmend und bewahren das ohnehin strapazierte Immunsystem der Kinder vor Überreaktionen.

Babys, die mit der Flasche aufgezogen werden, müssen ohne diese Unterstützung auskommen. Zwar hat die Industrie ihrer Ersatznahrung einige Oligosaccharide beigemischt, die zum Teil komplexen Verbindungen, die die Forscher nun in der Muttermilch aufgespürt haben, sind aber nur mit sehr großem Aufwand zu synthetisieren, was die Produkte unerschwinglich teuer machen würde. Nun sucht man in Kuhmilch danach, unglücklicherweise ist deren Gehalt an HMOs jedoch viel geringer. Eine andere Möglichkeit böte die biotechnologische Herstellung mithilfe gentechnisch veränderter Bakterien. Auch daran wird gearbeitet.[52]

Besonders für Frühchen wären solche Produkte ein Segen. Bis zu sieben Prozent entwickeln eine lebensbedrohende Krankheit, die sogenannte »Nekrotisierende Enterokolitis«. Dabei wird das Darmepithel zerstört und bakteriellen Infektionen Tür und Tor geöffnet. So schrecklich, wie der Name klingt, kann auch das werden, was auf diese kleinsten aller Patienten zukommt, viele sterben. Auch reifgeborene Kinder können daran erkranken. Noch sind die Ursachen nicht geklärt, der fatalen Entzündung scheint aber eine Veränderung der Darmflora vorauszugehen. Muttermilch senkt das Erkrankungsrisiko erheblich, doch was ist, wenn die eigene Mutter keine oder nicht genug Milch produziert? Und bei Müttern von zu früh geborenen Kindern hat sie oftmals noch nicht die optimale Zusammensetzung. Der Neonatologe Mark Underwood und der Mikrobiologe David Mills, zwei kalifornische Kollegen von Lars Bode, konnten zeigen, dass ein bestimmtes HMO das in Aufruhr befindliche Gedärm von Rattenbabys beruhigt. Seitdem sehnen die beiden den Tag herbei, an dem mit Oligosacchariden angereicherte Milch ihrer Mütter den Kindern helfen wird, die schwere Krankheit zu überstehen.[53]

Doch die bemerkenswerte mütterliche Vorsorge geht noch

darüber hinaus. Zunächst gilt sie der Mutter selbst, ihrem während der Schwangerschaft und Stillzeit steigenden Kalorienbedarf. Die Mikrobengesellschaft ihres Darmes verändert sich, um mehr Energie zur Verfügung stellen zu können, was sich in höheren Blutzuckerwerten und einigen hartnäckigen Fettpölsterchen äußert, die ehemals schlanken Frauen während und nach der Schwangerschaft zu schaffen machen. Als eine Forschergruppe fäkale Bakterien schwangerer Frauen in den Darm keimfreier Mäuse transplantierte, zeigte die Reaktion der Tiere große Unterschiede, je nachdem, wann diese Bakterien gewonnen wurden. Befanden sich Frauen im letzten Drittel ihrer Schwangerschaft, legten die Mäuse deutlich stärker an Gewicht zu und besaßen einen höheren Blutzuckerspiegel.[54]

Dann, in Vorbereitung der kommenden Geburt, verändert sich auch die Zusammensetzung der mütterlichen Scheidenflora.[55] Die bakterielle Vielfalt in der Vagina nimmt insgesamt ab, dafür blühen bestimmte *Lactobacillus*-Arten auf. Auch wenn ein Beweis kaum zu führen sein wird, wer wollte bestreiten, dass diese Umstellung dazu dient, das Kind während des Geburtsvorgangs mit den Bakterien auszustatten, die es für die Verdauung seiner Muttermilch-Diät brauchen wird. *Lactobacilli* spalten Milchzucker, um Energie zu gewinnen. Sie sind genau die Unterstützung, die ein Säugetierbaby braucht, um das nahrhafte Sekret der Mutter verwerten zu können.

Wer sich vor Augen führt, welche komplexen Abstimmungsprozesse zwischen dem mütterlichen Organismus und seinem Mikrobiom dieser vorausschauenden Fürsorge zugrunde liegen müssen, kann darüber nur ehrfürchtig staunen. Nichts scheint hier dem Zufall überlassen zu sein. Dabei wird deutlich, welchen Stellenwert der Organismus der Mutter dem Symbiontenerwerb des Kindes beimisst. Es geht nicht nur darum, das Baby in die Lage zu versetzen, problemlos Nahrung zu sich zu nehmen. Durch die frühzeitige Versorgung mit wohltätigen Mikroben erhalten diese einen Entwicklungsvorsprung, und jeder von ihnen im Kind eingenommene Platz verringert die Gefahr, dass dort pathogene Keime Fuß fassen. *Lactobacilli* sind mit antibiotisch wirksamen Substanzen bewaffnet, die konkurrierende Bakterienarten fernhalten. Zusammen mit der ersten Milch der Mutter, dem Kolostrum, das reich an Antikörpern ist, erhält das empfindliche Neugeborene den Schutz, den es in den ersten Lebenstagen braucht.

•••

Nach der Geburt wird aus dem Fötus ein kindlicher Holobiont, zweifellos ein einschneidender Vorgang für das gerade erst geborene Wesen. Es wird etwa drei Jahre dauern, bis das Mikrobiom ausgereift ist und seine individuelle Gestalt angenommen hat. Für das Kind und seine Mikroben sind es drei turbulente und entscheidende Jahre. Wie wichtig diese Zeit für die Etablierung einer gesunden Darmflora ist, zeigt eine aktuelle Studie an schwer mangelernährten Kindern. Die kleinen Bangladescher im Alter von sechs bis zwanzig Monaten nahmen zwar kräftig zu, als man sie im Krankenhaus mit den bei solchen Behandlungen üblicherweise verwendeten Medikamenten und Nährstoffpräparaten aufpäppelte. Auch die Vielfalt ihrer Darmbewohner wurde größer. Doch nach dem Ende der Behandlung fiel sie schnell wieder auf das verarmte Ausgangsniveau zurück. Die Kinder wuchsen kaum und blieben kleiner und leichter als ihre Altersgenossen. Werden in den ersten Lebensmonaten nicht die Grundlagen für ein gesundes Miteinander von Wirt und Mikroben gelegt, drohen unter Umständen lebenslange Konsequenzen.[56]

Alle Eltern wissen, dass dieser Prozess am Anfang nicht ohne Komplikationen vonstattengeht. Man muss sich nur klarmachen, was neugeborene Babys in den ersten Lebenstagen und -wochen zu leisten und zu ertragen haben, um für ihr Geschrei viel Verständnis aufzubringen. Konfrontiert mit ungewohnten Geräuschen, Empfindungen und Lichtern, muss sich ihr kleiner Körper daran gewöhnen, selbst über die Lunge zu atmen, er muss eine deutlich kühlere Umgebung aushalten und sich von kontinuierlicher Ernährung über die Nabelschnur auf eine gelegentliche und noch dazu anstrengende Nahrungsaufnahme umstellen ... und wird gleichzeitig von mehreren Hundert Bakterienarten besiedelt, mit denen er zuvor noch keinen Kontakt hatte. Für das sich gerade erst entwickelnde Immunsystem des Babys bedeutet diese Begegnung Schwerstarbeit. Es muss lernen, zwischen Freund und Feind zu unterscheiden. Die oben erwähnten HMOs, die das Baby mit der Muttermilch erhält, unterstützen es dabei.

Natürlich laufen diese erstaunlichen Prozesse zwischen Mutter und Kind völlig unbewusst ab und entziehen sich der Kontrolle durch die schwangere Frau oder ihre Ärzte. Bei der Entscheidung, wie die Geburt vonstattengehen soll, haben angehende Mütter allerdings ein Wörtchen mitzureden, und leider entscheiden sie (und ihr Umfeld einschließlich der Ärzte) sich immer häufiger dafür, ihre Babys per Kaiserschnitt auf die Welt zu bringen. Es würde hier zu weit führen, die vielfältigen Gründe für diese weltweit zu beobachtende Entwicklung zu diskutieren, Tatsache ist jedenfalls, dass Kaiserschnitt-Geburten seit Jahren stark zunehmen – eine weitere Front unseres selbstmörderischen Krieges gegen die eigenen Mikroben.

Schon 1985 stellte die Weltgesundheitsorganisation fest: »In keinem Gebiet (der Erde) gibt es eine Rechtfertigung für Kaiserschnittraten über 10 bis 15 Prozent.« Doch in 69 Staaten der Erde kommen heute deutlich mehr als 15 Prozent aller Kinder per Kaiserschnitt auf die Welt. In vielen Ländern, einschließlich der USA und der Bundesrepublik Deutschland, ist es ein Drittel, in China und Brasilien sogar fast die Hälfte und in der italienischen Hauptstadt Rom, wo der Kaiserschnitt vor 2000 Jahren wahrscheinlich erfunden wurde (damals starben die Mütter an den Folgen der Operation), sind es unglaubliche 80 Prozent, doppelt so viel wie im Rest des Landes. Im krassen Gegensatz dazu erblicken in den Niederlanden noch immer fast neun von zehn Kindern auf natürlichem Weg das Licht der Welt.[57]

Schon diese enormen Unterschiede von Land zu Land zeigen, dass es nicht um medizinische Gründe gehen kann. Nicht nur, dass diese Entwicklung viel Geld verschlingt – laut dem Weltgesundheitsbericht verursachten die mehr als 85 000 unnötigen, sprich: medizinisch nicht begründeten Kaiserschnitte, die 2008 in Deutschland durchgeführt wurden, Kosten in Höhe von gut 72 Millionen US-Dollar, in den USA waren es fast zehn Mal so viel[58] –, viele Wissenschaftler zeigen sich auch zunehmend besorgt. Denn Menschen, die per Kaiserschnitt geboren wurden, besitzen ein höheres Risiko, an Allergien, Asthma oder Typ 1 Diabetes zu erkranken, und leiden häufiger unter Fettleibigkeit, chronischen Darmentzündungen und Glutenunverträglichkeit (Zöliakie).[59]

Die Ergebnisse mehrerer großer Studien belegen, dass die Art der Geburt großen Einfluss auf die Besiedlung des Babys mit Darm- und Hautbakterien hat, und nach allem, was wir über den Symbiontenerwerb bei Kindern erfahren haben, kann das auch nicht verwundern.[60] Während das Mikrobiom nach einer natürlichen Geburt in allen Lebensraumnischen ihres kleinen Körpers vor allem der mütterlichen Scheidenflora entstammt, werden per Kaiserschnitt zur Welt gebrachte Babys vornehmlich von Hautbakterien besiedelt. Diese stammen weniger von der Mutter als von Ärzten und Krankenhauspersonal, den Personen, die mit den Neugeborenen umgehen. Die Bakteriengemeinschaft dieser Kinder hat mit der ihrer Mütter so viel gemein wie mit der eines Fremden. Die raffinierte mütterliche Vorsorge, die uns eben noch so in Erstaunen versetzt hat, wird bei Kaiserschnittgeburten schlicht ausgeschaltet. Dabei gilt als sicher, »dass wohltätige Bakterien das Immunsystem der Babys trainieren und daher entscheidend für eine gesunde immunologische und metabolische Programmierung sind«.[61]

Natürlich gleichen sich die Bakterienfloren der auf so verschiedene Weise geborenen Kinder mit der Zeit an, Unterschiede sind aber noch über Monate, mitunter sogar über Jahre nachweisbar, und vieles spricht dafür, dass diese ungleichen Startbedingungen Folgen für das ganze Leben haben können. Offenbar sind die aus der Vagina der Mutter stammenden Bakterien viel eher dazu imstande, eine Immunreifung des Neugeborenen auszulösen, als das, was Kaiserschnitt-Kinder mit auf den Lebensweg bekommen. »Wahrscheinlich haben Tausende von Jahren der Weitergabe von vaginalen und fäkalen Bakterien während der Geburt spezifische Mensch-Mikroben-Interaktionen produziert, die wichtig für die Darmentwicklung des Neugeborenen sind«, stellen Lisa Funkhouser und Seth Bordenstein fest, zwei angesehene amerikanische Mikrobiologen der Vanderbilt University in Nashville.[62] Ähnliches gilt womöglich auch für die vielen Bakterien, die das Kind mit der Muttermilch aufnimmt. Werden Babys gestillt, sinkt das Risiko von Diabetes, Fettsucht und Durchfallerkrankungen.

Es ist zu bezweifeln, dass alle Frauen, die sich für einen Kaiserschnitt entscheiden, in vollem Umfang über diese Gefahren aufgeklärt wurden. Natürlich wäre es unseriös, die später im Leben drohenden chronischen Leiden ausschließlich mit der Art des Symbiontenerwerbs in Zusammenhang zu bringen. Eine Geburt ist ein einschneidendes und komplexes Ereignis, das sicher in mehr als nur einer Hinsicht Weichen stellt.[63] Trotzdem scheint es überfällig und dringend angeraten, dass die Bedeutung der Mikrobenübertragung bei der Entscheidung für oder gegen eine natürliche Geburt größere Berücksichtigung findet. Der Mensch ist ein Holobiont, der mit Unterstützung durch die Mutter während seiner Geburt und den Wochen danach erste Gestalt annimmt. Es ist höchste Zeit, dieses neu gewonnene Wissen in medizinische Praxis umzusetzen.

Setzt sich der Trend zur Kaiserschnittgeburt weiter fort wie bisher, bleibt eigentlich nur ein Weg, um dieses Problem zu lösen. Man muss die Defizite der so geborenen Kinder durch probiotische Methoden ausgleichen. Je mehr man über die Besiedlungsprozesse während der Geburt herausfindet, je besser man das gesunde Mikrobiom von Babys und Kleinkindern kennt, desto zielgenauer könnten bestimmte Schlüsselbakterienarten verabreicht werden, um gesundheitliche Probleme im späteren Leben abzuwenden.

Die in New York arbeitende Venezolanerin Maria Dominguez-Bello, eine Expertin für das frühkindliche Mikrobiom, bevorzugt eine andere, geradezu archaisch anmutende Methode, deren Wirksamkeit sie gerade erforscht. Während des Kaiserschnitts wird der Frau eine sterile Kompresse in die Vagina eingeführt. Die dort für das Baby vorbereitete Bakteriengesellschaft wird anschließend auf das Neugeborene übertragen, indem man es nach dem Kaiserschnitt mit der kontaminierten Kompresse einreibt. Empfehlen kann Maria Dominguez-Bello diese Methode noch nicht, dazu wisse man einfach noch zu wenig. »Aber ich sag's mal so: Wenn ich das, was ich heute weiß, damals, als meine Tochter per Kaiserschnitt zur Welt kam, gewusst hätte, hätte ich es selber mit ihr gemacht.«[64]

Die Strippenzieher

In seinem Buch *Parasitus Rex* erzählt der bekannte amerikanische Wissenschaftsautor Carl Zimmer unter anderem von Wölfen und Elchen.[65] Die Kräfteverhältnisse scheinen auf der Hand zu liegen. Der Elch ist ein stattliches Tier, aber gegen ein Rudel Wölfe hat er keine Chance. Der Räuber sorgt für gesunde Populationen, indem er die schwächsten Tiere schlägt, und ist seinerseits von der Häufigkeit der Beute abhängig. Wolf frisst Elch. So ist der Lauf der Dinge – zumindest da, wo der Mensch beide am Leben gelassen hat.

Werfen wir einen Blick ins Innere der beiden Kontrahenten. Haut, Muskeln, Blutgefäße, Nerven, Knochen, Eingeweide … Da! Im Darm des Wolfs stoßen wir auf etwas Ungewöhnliches: Bandwürmer. Verwandte Arten, die auch in Menschen leben, können meterlang werden, diese hier sind aber auch im ausgewachsenen Zustand nur wenige Millimeter groß, die kleinsten ihres Geschlechts. Die Bandwurmzwerge beeinträchtigen das Raubtier kaum, sie scheiden aber Unmengen an Eiern aus, die über den Wolfskot ins Freie gelangen.

Der Elch hat keine Bandwürmer im Darm, überall in seinem Körper stoßen wir aber auf seltsame rundliche Knoten. Wir schneiden sie auf und unter dem Mikroskop finden wir sie dann wieder: winzige Babybandwürmer, Dutzende, in Wartestellung. Sie warten darauf, in einen Wolfsdarm zu gelangen, um dort erwachsen und geschlechtsreif zu werden.

Es geht also gar nicht nur um Wolf und Elch. Ein Dritter ist im Spiel, ein Parasit, und er überlässt sein Schicksal nicht dem

Zufall. Wenn ein Elch mit der Pflanzennahrung Bandwurmeier zu sich nimmt, schlüpfen in seinem Inneren winzige Larven, die sich durch die Darmwand bohren und dann durch den Körper wandern. Vor allem in der Lunge wachsen sie zu Zysten heran, jenen knotigen Gebilden, die uns bei der Präparation auffielen. Sie zerstören Bronchien und Blutgefäße und verwandeln einen kräftigen Elch früher oder später in einen kurzatmigen, keuchenden Schatten seiner selbst, in potenzielle Wolfsbeute. Vielleicht lassen die Bandwürmer den Elch mit dem Atem sogar einen Lockstoff ausstoßen, der die Wölfe zu ihrer geschwächten Beute führt.

»Das Lichten der Herde durch Raubtiere ist eine Illusion«, stellt Carl Zimmer fest und wir müssen schlucken ob dieser Zumutung. Aber es stimmt: Beide, Räuber und Beute, sind Wirte desselben Parasiten. Am Ende bekommt der Räuber seine Mahlzeit und der Parasit, der im Hintergrund die Fäden zieht, gelangt ans Ziel seiner Träume, in den Endwirt – nur für den Elch gibt es kein Happy End.

Ein Duftstoff, der Wölfe zu ihrer Elchbeute lockt, ist bislang nicht nachgewiesen, es könnte ihn aber durchaus geben. Um ihre komplizierten Lebenszyklen zu durchlaufen, stellen Parasiten mit ihren Wirten die abenteuerlichsten Dinge an. Viele benötigen neben ihrem Endwirt, in dem sie geschlechtsreif werden, ein oder zwei Zwischenwirte, und diese werden derart manipuliert, dass sie sich in lebende Köder für das nächste Glied der Kette verwandeln.

Gelangen zum Beispiel Eier des Kleinen Leberegels in Schnecken, den ersten Zwischenwirt, schlüpfen winzige Larven, die durch den Körper wandern, sich vermehren und schließlich in die Atemhöhle der Schnecke gelangen, wo sie wie alle Fremdkörper, die dort landen, eingeschleimt und in Gestalt kleiner Schleimbällchen ausgeschieden werden, ein Leckerbissen für

Ameisen, den zweiten Zwischenwirt. Ist eine Ameise so unvorsichtig, die Schleimballen zu fressen, nimmt sie damit zahlreiche Larven des Kleinen Leberegels auf, von denen eine in ihr Gehirn wandert und sich dort an die mentalen Schaltknüppel setzt. Die Ameise zeigt daraufhin ein ungewöhnliches Verhalten. Statt wie ihre Artgenossinnen abends ins Nest zurückzukehren, erklimmt sie einen Grashalm, erleidet bei kühlen nächtlichen Temperaturen an dessen Spitze einen unwiderstehlichen Beißkrampf und wird so unfreiwillig zur Frühstücksfleischbeilage für das anvisierte Ziel, ein Schaf, eine Kuh oder ein anderes grasendes Säugetier, den Endwirt. Parasiten verwandeln scheue Tiere in mutige Entdecker, erwecken bei Ratten ein starkes Interesse an Katzenurin und lassen Fische direkt unter der Wasseroberfläche übermütige Tänze ausführen, in Reichweite der Schnäbel ihrer Vogelendwirte.

Auch wir werden manipuliert. Der Medinawurm, ein bis zu ein Meter langes Parasitenungetüm, muss seine Nachkommen ins Wasser entlassen, wo in Gestalt eines kleinen Ruderfußkrebses der Zwischenwirt lebt. Also kriecht der Fadenwurm in die Beine des von ihm befallenen Menschen und erzeugt dort heftig brennende Blasen, die in seinem Wirt den Wunsch nach Kühlung wecken. Der Mensch strebt zum Wasser. Dort platzt die Blase, und die Wurmmutter entlässt ihre Nachkommen. Seit man den Bewohnern der betroffenen Gebiete erklärt hat, dass sie nicht ins Wasser gehen dürfen, wenn der Medinawurm ins Freie drängt, und dass sie ihr Trinkwasser filtrieren oder abkochen müssen, um die Aufnahme der Krebse zu vermeiden, ist der Parasit auf dem Rückzug. Gab es in den 1980er-Jahren noch mehrere Millionen infizierte Menschen, wurden im Jahr 2013 weltweit nur noch 148 Fälle registriert.[66]

Der Erreger der Malaria, weder Bakterium noch Virus, sondern ein fieser eukaryotischer Einzeller namens *Plasmodium*, manipuliert seine Wirte auf subtilere Weise. Etwa zehn bis zwanzig Tage nach der Ansteckung verändert er den Geruch seines Opfers, mit dem Ergebnis, dass besonders viele Überträgermücken angelockt werden. Forscher konnten bei Versuchsmäusen in dieser Phase der Krankheit eine erhöhte Sekretion leicht flüchtiger Substanzen nachweisen. Bei bestimmten Duftkomponenten kam es außerdem zu Mengenveränderungen. *Plasmodium* hat ein neues Opfer gefunden, sich in dessen Leber- und Blutzellen vermehrt und ruft nun, per Duftsignal, seine Überträger herbei, ohne die er sich nicht verbreiten kann. Unklar ist, ob Hautbakterien dafür verantwortlich sind, die ja in erster Linie für den Körpergeruch sorgen. Geht den Duftveränderungen ein Dialog zwischen Mikroben voraus? Manipuliert der Malaria-Erreger den Wirt, indem er sich mit dessen Mikroben in Verbindung setzt? Neueste Forschungsergebnisse deuten darauf hin, dass sich auch andere Erreger dieser Methode bedienen, um Überträger, sogenannte »Vektoren«, anzulocken. Warum also sollten es die Bandwürmer in der potenziellen Wolfsbeute nicht genauso machen? Die Entdeckung der Geruchsveränderung ist auch von medizinischem Interesse, denn möglicherweise ergeben sich daraus neue Ansatzpunkte für eine Bekämpfung und Diagnose dieser Krankheiten.[67]

•••

Zugegeben, in all diesen Fällen geht es nicht um freundliche Mikroben, sondern um vielzellige Parasiten, vom Malaria-Erreger abgesehen. Eines können wir aus diesen Geschichten aber für unser Thema lernen: Auch sehr kleine Wesen können mit vergleichsweise riesigen Wirten erstaunliche Dinge anstellen. Sie verfügen über Mittel und Wege, sie in ihrem Sinne zu manipulieren.

Von Körpermikroben ist Derartiges sicher nicht zu befürchten, schließlich gelten sie zum größten Teil als Symbiosepartner, mit denen wir und die anderen Holobionten eine Liaison zum gegenseitigen Vorteil eingegangen sind. Da werden sie uns doch nicht hintergehen und …

Aber machen wir uns nichts vor. Sie tun es, wenn auch nicht mit so katastrophalem Ausgang wie in den oben aufgezählten Beispielen. Was der Malaria-Erreger zustande bringt, schaffen natürlich auch Symbionten. Ziel ihrer Manipulation ist es nicht, die Zwischenwirte zu einer leichten Beute ihrer Endwirte zu machen. Aber erinnern Sie sich daran, was das Bakterium *Wolbachia* mit den Insekten anstellt, in deren Zellen es lebt? Es verleiht ihnen zwar eine Resistenz gegen manche Viren, bewirkt aber gleichzeitig, dass alle Nachkommen infizierter Männchen kurz nach der Befruchtung zugrunde gehen oder dass Männchen zu Weibchen werden. *Wolbachia* manipuliert das Geschlechterverhältnis ihrer Wirte zu Ungunsten der männlichen Tiere, die nichts zu ihrer Verbreitung beitragen.

Sie protestieren? Sie wenden ein, *Wolbachia* sei eben ein schwer zu durchschauendes Zwitterwesen, das mindestens so sehr als Parasit wie als wohltätiger Symbiont anzusehen sei? Gut, an dem Einwand ist etwas dran. Vielleicht ist *Wolbachia* wirklich kein ideales Beispiel. Suchen wir andere, normalere. Ich verstehe und teile natürlich Ihr Unbehagen. Wer will schon manipuliert werden? Wollen uns Mikrobiologen etwa weismachen, wir seien nichts als Marionetten, die an unsichtbaren Fäden unsichtbarer Mikroben hängen?

Vielleicht sollten wir in diesem Zusammenhang ganz auf das Wort »Manipulation« verzichten und stattdessen neutral »Einflussnahme« sagen, um den negativen Beigeschmack loszuwerden. Im Gegensatz zu den genannten Beispielen ist die Einflussnahme der Symbionten im Interesse des Ganzen, des

Holobionten, und dient nicht dem Wohl eines feindlich gesinnten Angreifers. Die meisten bekannten und näher untersuchten Fälle sind eher harmloser Natur und haben mit der Aufnahme und Beherbergung von wichtigen Partnerorganismen zu tun. Es geht dabei um die innere Organisation eines Holobionten, und um eine solche aufzubauen und zu erhalten, müssen die Partner miteinander kommunizieren und auf die biologischen Prozesse des jeweils anderen einwirken können. Im Zusammenhang mit dem Mikrobiom der Pflanzen sind wir schon einmal darauf gestoßen. Pflanzen verwenden chemische Signale ihrer Bakterien. Diese wiederum setzen Pflanzenhormone ein. Natürlich ist das ein heikler Zustand. Wie in jeder guten Beziehung müssen sich die Partner ein Stück weit öffnen und machen sich damit angreifbar. Deshalb die ausgeklügelten Vorsichtsmaßnahmen bei der Kontaktaufnahme.

Doch ein so komplexes, aus verschiedenen Organismen zusammengesetztes Gebilde funktioniert nur, wenn die biologischen Rädchen der beteiligten Arten ineinandergreifen. Ein gewisses Maß an gegenseitiger Einflussnahme oder Manipulation dürfte daher in allen Holobionten auftreten. Sie gehört zum Klebstoff, der das Ganze zusammenhält. Die Frage ist nur, ob wir erst die Spitze des Eisbergs sehen oder sich die Einflussnahme auf dem Niveau bewegt, das durch folgende Beispiele abgesteckt wird.

Der Kontakt mit Rhizobien im Boden löst bei Hülsenfrüchtlern die Bildung der charakteristischen Wurzelknöllchen aus, in denen die Bakterien zukünftig leben und Stickstoff fixieren werden. Sie geben also den entscheidenden Impuls zur Bildung von Strukturen, die ihrer eigenen Unterbringung im Wirt dienen. Produziert werden die Knöllchen aber von der Pflanze, nicht von den Bakterien. Ähnliches spielt sich bei den Riesenbartwürmern der Tiefsee ab. Auch hier ist es der Kontakt mit den Symbionten, der nach dem Festsetzen der Larven eine Umbildung ihres Körpers bewirkt. Der Darm wird zurückgebildet, und der Aufbau des Trophosoms beginnt, des großen Organs, in dem bald Massen von chemosynthetischen Bakterien leben und die *Riftia*-Würmer ernähren werden. Wie solche Prozesse ausgelöst werden, hat das Beispiel der Stummelschwanzsepie gezeigt. Der chemische Dialog von Wirt und Symbiont, das Erkennen bestimmter Oberflächenmoleküle aktiviert oder hemmt ganze Genkaskaden. Erkennen Rezeptoren im Leuchtorgan der Sepie die Zellwand von *Vibrio fischeri*, registrieren andere sein Licht, werden die Einfallstore geschlossen, fällt der Startschuss für den Rückbau der Cilienfelder, die die Bakterien eingesammelt haben. Die Manipulation des Wirts schafft in diesen Fällen erst die anatomischen Voraussetzungen der Symbiose.

Andere Beispiele zeigen, dass das enge Zusammenleben mit Mikroben auch das Verhalten der Wirte beeinflusst, vor allem um ein Zusammenfinden der Partner sicherzustellen.[68] Eine als Schädling an Hülsenfrüchtlern in Erscheinung tretende Kugelwanze deponiert für den Nachwuchs kleine Kapseln mit symbiontischen Bakterien unter ihren Eigelegen. Normalerweise werden die Kapseln nach dem Schlüpfen von den kleinen Wanzen sofort gesucht und gefressen. Danach drängen sie sich zusammen und fallen in eine mehrtägige Ruhephase. Entfernt man die Bakterienkapseln ganz oder teilweise, sind die Tiere sichtlich irritiert und zeigen ein umso dramatischeres Wanderverhalten, je kleiner die Bakterienpopulation ist, die sie abbekommen haben. Von Ruhe kann dann keine Rede sein. Erst die Anwesenheit der Symbionten löst bei den Wirten das normale Verhalten aus. Ohne sie können die Tiere kaum überleben.[69]

Jungtiere der großen Grünen Leguane (*Iguana iguana*) Mittelamerikas fressen immer wieder Erde, wahrscheinlich um ihre Darmflora alters- und standortgemäß auszustatten und zu ergänzen. Grüne Leguane gehören zu den wenigen rein vegetarischen Reptilien, und mit dieser Ernährungsweise ist für die Echsen ein großes Problem verbunden. Während junge herbivore Säugetiere in den ersten Lebenswochen von der Mutter mit extrem nährstoffreicher Muttermilch gemästet werden und erst später zu pflanzlicher Kost übergehen, müssen frisch aus dem Ei geschlüpfte Leguane vom ersten Moment an selbst für sich sorgen und mit vergleichsweise kargen Vegetabilien auskommen. Das geht nicht ohne Bakterienbeistand. Die jungen Leguane kommen wahrscheinlich ganz ohne Symbionten zur Welt, und die einzige Möglichkeit, ihre eigene Darmflora aufzubauen, besteht zunächst darin, Erde zu fressen. Die ersten Portionen verschlucken sie schon nach dem Schlüpfen in der von der Mutter gegrabenen Nestkammer, noch bevor sie sich aus dem Loch an die Oberfläche graben und beginnen, Nahrung zu sich zu nehmen. Hat die Mutter dort vielleicht etwas für sie zurückgelassen, an der Eihülle, in der Erde? In der zweiten und dritten Lebenswoche klettern die kleinen Leguane in die Baumkronen, suchen auffällig die Nähe älterer Tiere und fressen deren Kot, der genau die Mikroben enthält, die man zur Verdauung der Blätter braucht. Nach einem Monat bevorzugen sie dann niedrige Vegetation in offener Landschaft und schließen sich dort zu Gruppen zusammen.[70]

Warum eigentlich? Warum leben Tiere in Gruppen? Das ist eine Frage, die Verhaltensökologen schon lange beschäftigt. Weil Schwärme, Kolonien oder Herden einen besseren Schutz vor Raubtieren bieten, ist eine der Antworten, die am häufigsten zu hören sind. Weil man in Gruppen effektiver jagen kann, weil Ressourcen und Nachkommen besser zu schützen sind. Aber ist das wirklich alles? Auf die Leguane trifft augenscheinlich keine dieser Erklärungen zu. Die Vorteile müssen aber so groß sein, dass sie die offensichtlichen Nachteile des Gruppenlebens mehr als aufwiegen, und die sind keineswegs als gering einzuschätzen. Wo viele Tiere auf engem Raum zusammenleben, entsteht bekanntlich ein Eldorado für Parasiten und Krankheitserreger.[71]

Dass die Begegnung und der Körperkontakt mit Artgenossen natürlich auch den Austausch und die Aufnahme von wohltätigen Mikroben erleichtern, kam den Forschern lange Zeit nicht in den Sinn, bis immer deutlicher wurde, wie weit verbreitet und lebenswichtig diese Partnerschaften sind, nicht nur, aber besonders für Pflanzenfresser, die ohne Zellulose spaltende Mikroben nicht existieren könnten. Wenn man die kleinen Verdauungshelfer aus der Umwelt aufnehmen muss, weil die Mutter nicht oder nicht in ausreichendem Maße für eine vertikale Weitergabe sorgt, steht man zunächst allein auf verlorenem Posten, denn das, was man so dringend braucht, lebt nur im Gedärm von Artgenossen. Einem Elefanten, einer Giraffe oder einem Rind wird es nicht reichen, Erde zu fressen wie die vergleichsweise anspruchslosen Leguane. Schlimmstenfalls hungert und verhungert man im Angesicht der Nahrung.

Deswegen ist der Gedanke, der Symbiontenerwerb von Artgenossen sei eine starke und vielleicht sogar die entscheidende treibende Kraft bei der Entstehung des Gruppenlebens und damit auch vielfältiger Formen sozialen Verhaltens gewesen, keineswegs abwegig, im Gegenteil. Zwischen der Art und Weise, wie Tiere ihre symbiontischen Mikroben erwerben, und der Komplexität ihres Sozialverhaltens scheint es einen Zusammenhang zu geben.[72] Die Entstehung komplexerer Formen der Sozialität ist viel wahrscheinlicher, wenn Tiere ihre Symbionten, möglicherweise sogar wiederholt, von Artgenossen übernehmen müssen. Werden sie von der Mutter frei Haus geliefert, besteht wenig Veranlassung zu einem engen Miteinander.

Überlegungen dieser Art sind gemeint, wenn Margaret McFall-Ngai, Nicole Dubilier, Thomas Bosch und viele andere in den neuen Erkenntnissen einen »Aufruf an alle Lebenswissenschaftler« sehen, »ihre Sicht auf die fundamentale Natur der Biosphäre signifikant zu verändern«.[73]

•••

Bevor wir unsere althergebrachten Anschauungen über das Leben und seine Geschichte weiter über Bord werfen, muss noch kurz von erstaunlichen Entdeckungen der letzten Jahre die Rede sein, bei denen empfindlicheren Gemütern ein eisiger Schauer über den Rücken laufen könnte, weil sie von Szenarien einschlägiger Gruselliteratur nicht weit entfernt sind. War die Vorstellung von den unsichtbaren Strippen, an denen wir und andere vielzellige Lebewesen hängen könnten, am Ende gar nicht so abwegig?

Eine Methode, um den Einfluss von Körpermikroben auf die biologischen Prozesse des Wirtes zu untersuchen, ist der Vergleich mit Tieren, die frei von Mikroben sind. Als US-amerikanische Forscher genau dies taten, indem sie das Blutplasma von »normalen« und bakterienfreien Mäusen mit Massenspektrometern analysierten, fanden sie enorme Unterschiede.[74] Eine signifikant große Zahl chemischer Verbindungen zirkuliert nur im Blut konventioneller Tiere, in Holobionten also, und fehlt, wenn die Tiere mikrobenfrei sind. Zudem gab es bei etwa 10 Prozent der Stoffwechselverbindungen beträchtliche Konzentrationsunterschiede von mindestens 50 Prozent. Die Anwesenheit von Mikroben verändert den Wirt tiefgreifend, weil eine große Zahl chemischer Stoffe nur von ihnen oder in enger und äußerst komplizierter Kooperation mit dem Wirt produziert werden kann. Eine mikrobenfreie Maus mag äußerlich wie eine normale Maus aussehen, ihr chemisches Innenleben aber unterscheidet sich fundamental.

Große Überraschung löste die Entdeckung von stabilen, im Blut zirkulierenden Nukleinsäuren aus. Dass Blutplasma RNA enthält, ist schon seit den 1930er-Jahren bekannt, Ribonukleinsäure wurde aber lange als relativ instabiles Molekül angesehen, sodass es sich wohl nur um Zerfallsprodukte handeln konnte, vielleicht eine Art Rohstoff für die Eigenproduktion von Zellen, die sich aus dem Blutstrom bedienten. Nun zeigt sich aber mit jeder neuen Untersuchung, dass viele RNAs im Plasma in Wahrheit stabile Moleküle von sehr heterogener Zusammensetzung und Herkunft sind – eine Entdeckung, die eine Fülle von neuen Fragen aufwirft. Mediziner hoffen, unter diesen Verbindungen auf Biomarker zu stoßen, die sich etwa bei Krebserkrankungen als diagnostische Hilfsmittel einsetzen lassen.[75]

Eine internationale Forschergruppe aus Seattle und Luxemburg analysierte kürzlich die Mikro-RNAs im Blutplasma, kleine im Genom codierte Nukleinsäuremoleküle, deren Bedeutung erst seit einigen Jahren bekannt ist. Sie existieren in ungeahnter Vielfalt und nehmen wichtige Funktionen bei der Regulation der Genaktivität wahr. Allein beim Menschen wurden bislang mehr als tausend solcher »miRNAs« entdeckt.[76]

Doch als die Forscher die RNA-Sequenzen aus dem Blutplasma mit diesen bekannten menschlichen miRNAs und anschließend mit dem gesamten Humangenom verglichen, ließen sich mehr als 40 Prozent davon nicht zuordnen. Obwohl aus menschlichem Blutplasma gewonnen, stammten sie offenbar nicht von menschlichen Zellen.

Ein Abgleich mit den Datenbank-Sequenzen des humanen Mikrobioms sowie mit miRNAs diverser Tier- und Pflanzenarten brachte schließlich die Bestätigung: Die unbekannten

Nukleinsäuremoleküle stammten zu einem großen Teil von Mikroben, einem weiten Spektrum an Bakterien, Archaeen und vor allem Pilzen, die den größten Teil der exogenen Sequenzen stellten. Die von Bakterien stammenden miRNAs spiegelten mehr oder weniger die vielfältige Artengemeinschaft der Darmbewohner wider, bei den Pilzsequenzen fanden sich aber auch viele, die von bodenbewohnenden Formen und der Bäcker- oder Bierhefe *Saccharomyces cerevisiae* stammten. Offenbar finden kleine Nukleinsäuremoleküle auch aus der Nahrung den Weg in unser Blut. Bei genauer und sorgfältiger Analyse spürten die Forscher in geringer Menge miRNAs aus Mais, Reis, verschiedenen Getreidearten und Tomaten auf, in von Mensch zu Mensch stark schwankenden Mengen wurden sogar solche von Stubenfliegen, Mosquitos und Bienen nachgewiesen. Der menschliche Körper zeigt sich hier keineswegs als von der Umwelt isoliertes System, bewacht durch sein Immunsystem und begrenzt durch Haut, Darmepithel und Schleimhäute. Zur nicht geringen Überraschung der Wissenschaftler erweist er sich im Gegenteil als durchlässig und offen.

Seit man die kleinen Nukleinsäuremoleküle vor einigen Jahren auch in Körperflüssigkeiten außerhalb von Zellen nachgewiesen hat, geht man davon aus, dass sie als Signalstoffe zwischen Zellen wirken können. Wie Hormone sind sie offenbar Teil der Zell-zu-Zell-Kommunikation innerhalb vielzelliger Körper, und dank des Gefäßsystems, das diese Stoffe im ganzen Körper verteilt, erreichen ihre Botschaften auch weit entfernte Zellen. Gilt das auch für die nun in erheblicher Menge nachgewiesenen Fremd-RNAs? Sind auch sie eine Art chemische SMS, und wenn ja, wer kommuniziert hier in uns mit wem?

Natürlich könnten diese Moleküle auch »molekularer Abfall sein, der beim Prozess des Abbaus und der Eliminierung durch den Körper« anfällt, geben die Forscher zu bedenken,

»potenzielle Nahrung, die für weiteren Abbau und Absorption bestimmt ist«. Für einen Teil trifft das sicher zu, viele Wissenschaftler bezweifeln jedoch, dass es für alle Moleküle gilt. Sie gehen davon aus, dass auch die aus der Umwelt und vor allem die von Körpermikroben stammenden miRNAs Teil des Kommunikationssystems sind, wobei als Adressaten nicht nur Körperzellen des Wirts, sondern auch andere Mikroben infrage kommen. Dafür spricht etwa, dass diese Moleküle nicht frei im Blutplasma schwimmen, sondern an Proteine gebunden oder in winzigen Membranbläschen eingeschlossen sind und auf diese Weise transportiert werden, was sie vor der Zerstörung durch spezielle Enzyme, die RNasen, schützt. Es gibt sogar erste Hinweise, dass diese miRNAs aus dem Blut von Zellen aufgenommen werden und dort zu Veränderungen der Genaktivitätsmuster führen können.

Noch sind viele Detailprobleme zu klären, zum Beispiel die Frage, wie so große Moleküle überhaupt durch die Darmwand in die Blutbahn gelangen. Bestätigen sich diese Ergebnisse aber, hätte man es wohl tatsächlich »mit einer neuen Dimension im Spektrum der Gen-Umwelt-Interaktionen zu tun«.[77] Und zu Ihrer und meiner Beruhigung: Die Forscher sind nicht auf Marionettenfäden, sondern auf interne Kommunikationskanäle des humanen Holobionten gestoßen. Offenbar haben sich die Zellen der Organismen, die ihn bilden, ungemein viel zu sagen. Man wüsste doch zu gern, worum es bei diesem unaufhörlichen chemischen Getuschel geht.

Das zweite Gehirn

Die meisten Mikroben leben im Darm. Sind sie die Verursacher des Getuschels? An wen richten sich diese chemischen

Mitteilungen? Etwa an die Schaltzentrale des Wirtes, an das Gehirn?

Bislang kann niemand diese Fragen beantworten, gänzlich abwegig sind sie aber nicht. Zwischen Darm und Nervensystem bestehen enge Verbindungen. Jeder Mensch weiß, wie es sich anfühlt, wenn schlechte Nachrichten einem buchstäblich auf den Magen schlagen oder den Appetit verderben, wenn der Heißhunger auf Schokolade kommt oder das berühmte Kribbeln im Bauch, das einen an nichts anderes mehr denken lässt, wenn man sich satt oder gar übersättigt »fühlt« oder, um in der Sprache der Fachleute zu sprechen, wenn »Stress zu veränderter gastrointestinaler Sekretion und Beweglichkeit führt«.[78]

Kopf und Bauch – zwischen diesen beiden Polen haben Wissenschaftler in uns und unseren tierischen Verwandten ein bidirektionales Kommunikationssystem ausgemacht, eine breite und mehrspurige organisch-chemische Datenautobahn, die Darm-Mikrobiota-Gehirn-Achse. Die Forscher beginnen zu verstehen, dass im Bauch, der Mitte des Körpers, eine ganz außergewöhnliche Kontaktzone existiert, eine Region der Superlative. Vom Gehirn abgesehen befinden sich nirgendwo im Körper so viele Nervenzellen wie in der Darmwand. Etwa 500 Millionen sollen es sein und damit mehr als im Rückenmark.[79] Hauptkomponenten dieses enterischen Nervensystems (ENS) (nach dem griechischen Wort »*enteron*« für »Darm«) sind zwei in der Darmwand liegende Nervennetze[80], Strukturen, die stammesgeschichtlich uralt sind und schon bei Korallen und anderen Hohltieren auftraten. Wozu dient dieses »zweite Gehirn«, wie es manchmal genannt wird? Braucht der Mensch eine halbe Milliarde Nervenzellen, um Stoffaufnahme und Darmperistaltik zu steuern?

Die Dimension und Komplexität dieses Darm- oder Bauchhirns werden verständlich, wenn man sich klarmacht, dass in unmittelbarer Nähe die größte Ansammlung von Mikroorganismen im Körper lebt, das Mikrobiota-Organ des Darms, dessen Zellzahl in die Billionen geht, und dass zwischen ENS und Darmmikroben die mit Abstand größte Körperoberfläche liegt. Die durch feine, fingerartige Ausstülpungen der Epithelzellen stark vergrößerte innere Oberfläche des Darms ist etwa hundertmal größer als unsere Hautoberfläche. Doch damit nicht genug. Mit der Darmwand ist Lymphgewebe assoziiert, das zwei Drittel aller Immunzellen enthält und damit die höchste Konzentration derartiger Zellen im ganzen Körper. Dazu kommen Tausende von Hormondrüsenzellen im Darmepithel. Obwohl von vergleichsweise geringer Zahl, stellen sie zusammen das größte endokrine Organ des Körpers dar und produzieren mehr als zwanzig verschiedene Botenstoffe.[81]

Kein Zweifel: Dies ist im Körper eines Holobionten ein Ort von herausragender Bedeutung. Außen- und Innenwelt, Nerven- und Immunsystem, Wirt und Mikroben – all das trifft hier auf engstem Raum in hoher Dichte aufeinander und interagiert, und natürlich ist auch das Gehirn zugeschaltet, obwohl es vergleichsweise weit entfernt liegt: über den Vagus, den zehnten Hirnnerv, über Nervenleitungen, die vom enterischen Nervensystem zu Rückenmark und Gehirn ziehen, über Immunzellen und Hormondrüsen. Hier wird, durch Interaktion von Milliarden Zellen des Wirts und unzähligen Mikroben, ein wesentlicher Beitrag zu dem geleistet, was man leichthin als »Homöostase« bezeichnet, als Gleichgewicht in einem offenen dynamischen System – jener wunderbare Zustand des gesundheitlich sorgenfreien Lebens, den die meisten von uns in der Mehrzahl ihrer Tage genießen dürfen, ein Zustand, in dem der Körper reibungslos funktioniert und uns deshalb wenig Anlass bietet, darüber nachzudenken, warum das so ist und wer und was mit dazu beiträgt.

Das Mikrobiom beeinflusst den Magen-Darm-Trakt, der umgekehrt auf die Mikroorganismen einwirkt. Gleichzeitig steht die Darmmikrobengemeinschaft unter dem Einfluss von erstem und zweitem Gehirn – das ist die verwickelte holobiontische Normalität, an deren Details die Forscher sich noch lange abarbeiten werden. Aber gilt auch die Umkehrung? Beeinflussen Mikroben über die Darm-Gehirn-Achse das zentrale Nervensystem? Wirken sie auch auf Stimmung und Verhalten ein?

Unwillkürlich legt man bei dieser Frage die Stirn in Falten. Da ist es wieder, das Horrorbild der an unsichtbaren Fäden hängenden Marionette. Bei Blattläusen, primitiven Meereswürmchen und *Drosophila* könnte man sich so etwas vielleicht vorstellen, aber bei Säugetieren oder gar beim Menschen? Wissenschaftler äußern sich verständlicherweise nur sehr vorsichtig. Die Darm-Gehirn-Achse ist ein heißes Eisen, und noch stehen sie bei der Entschlüsselung der Signalwege, die bei diesen internen Abstimmungsprozessen beschritten werden, ganz am Anfang. Dass diese Verbindung existiert, wird aber kaum mehr bestritten, im Gegenteil, das Interesse daran wächst. Haftete diesem Gebiet vor wenigen Jahren noch ein zweifelhaftes Image an, weil seine Ergebnisse grundsätzlich »provozierten«[82], wird es heute von weltweit führenden Forschern, etwa Rob Knight von der University of Colorado und Peer Bork vom European Molecular Biology Laboratory in Heidelberg, als spannendste der aktuellen Entwicklungen in der Mikrobiomforschung bezeichnet, gerade weil sich hier in der Interaktion zwischen Wirt und Symbionten Wege abzeichnen, die vor Kurzem noch unvorstellbar waren.[83]

Was die Forscher herausfinden, ist allerdings im Detail so komplex, dass es den Rahmen dieses Buches bei Weitem sprengen würde.[84] Wir werden uns also auf einige wenige Beispiele beschränken müssen, die zeigen, wohin die Erkenntnisreise gehen könnte.

Wieder spielen keimfreie Mäuse eine Schlüsselrolle. Die Besiedlung durch eine einzige Bakterienart, die häufig im Darm von Menschen und Mäusen auftritt, reicht bei diesen Tieren aus, um die Produktion eines Proteins anzukurbeln, das Bestandteil synaptischer Vesikel ist. Mithilfe dieser winzigen Membranbläschen werden an den Kontaktstellen, den Synapsen, Neurotransmitter und damit die Erregung von einer Nervenzelle auf die nächste übertragen. Die Frage wäre damit im Prinzip schon beantwortet: Ja, Darmbakterien können direkt auf elementare Funktionen des Nervensystems einwirken.[85] Ihre Möglichkeiten sind damit aber noch lange nicht erschöpft, denn sie produzieren auch eine Vielzahl von neuroaktiven Stoffen; mit Serotonin und Gamma-Aminobuttersäure gehören sogar bekannte und wichtige Neurotransmitter dazu. Auch die schon mehrfach erwähnten kurzkettigen Fettsäuren, die im Dickdarm durch Fermentation von Kohlenhydraten entstehen, sind zu den neuroaktiven Substanzen zu zählen. Natriumbutyrat, ein Salz der Buttersäure, wirkt zum Beispiel auf Mäuse als Antidepressivum, ändert Stimmung und Verhalten der Tiere.[86] Wäre es bei der Raffinesse, die uns überall in der Kommunikation zwischen Wirten und ihren Mikroben entgegentritt, nicht überaus naiv zu glauben, Bakterien würden von diesen Fähigkeiten in der Interaktion mit dem Wirt keinen Gebrauch machen? Wissenschaftler haben sogar die Vermutung geäußert, dass die Gene für Neurotransmitter ursprünglich von Bakterien stammten und erst durch horizontalen Gentransfer in tierische Zellen gelangt sein könnten.

Rochellys Diaz Heijtz vom Karolinska-Institut in Stockholm weist auf die Tatsache hin, »dass Angstzustände und depressive Störungen sehr häufig zusammen mit Magen-Darm-

Erkrankungen auftreten.« Und umgekehrt: Wen chronische Darmentzündungen plagen, der hat oft auch mit Depressionen und anderen seelischen Problemen zu kämpfen.[87]

2011 konnte die Forscherin mit ihren Kollegen zeigen, dass keimfreie Mäuse ruhiger und weniger ängstlich sind als Artgenossen mit einem normalen Darmmikrobiom. Ihre Stressantwort ist abgeschwächt, und sie sind eher bereit, Risiken einzugehen. Diesen Verhaltensänderungen liegen eine veränderte Gehirnentwicklung und veränderte Genaktivitätsmuster bei den keimfrei aufgewachsenen Tieren zugrunde, Effekte, die wieder verschwinden, wenn man den Tieren frühzeitig eine Kollektion Bakterien verabreicht.

Forschern ist es mittlerweile gelungen, Verhaltensmerkmale von einem Mäusestamm auf einen anderen zu übertragen, durch Transplantation von Darmmikroben. Übertragen auf den Menschen hieße das, dass man ängstliche in mutige Menschen verwandeln könnte, indem man ihnen das Darmmikrobiom einer Entdeckerpersönlichkeit transplantiert, und umgekehrt. Mäuse überwinden ihre Angst schon, wenn man ihnen probiotisch Milchsäurebakterien verfüttert, und auch bei unglücklichen Menschen soll das die Stimmung merklich aufhellen.[88]

Bei bestimmten chronischen Darmerkrankungen haben sich Fäkaltransplantationen bewährt, ja wahre Wunder vollbracht. Die an Mäusen gewonnenen Ergebnisse mahnen aber auch zur Vorsicht, denn wer weiß, was bei einer solchen Transplantation, die eigentlich »nur« einen chronisch entzündeten Darm beruhigen soll, noch übertragen wird. Gleichzeitig sehen die Forscher Möglichkeiten, derartige Mikrobentransfers auch bei anderen Krankheiten anzuwenden. Namentlich werden Multiple Sklerose, Parkinson und Chronisches Erschöpfungssyndrom genannt. Auch manche Formen von Autismus[89] scheinen mit einem veränderten Darmmikrobiom verbunden zu sein. Bei allen diesen Krankheiten haben Studien ermutigende erste Ergebnisse geliefert, die es lohnend erscheinen lassen, in dieser Richtung weiterzuforschen.

•••

Da die Bakteriengemeinschaft im Darm von dem am Leben erhalten und genährt wird, was der Wirt zu sich nimmt, liegt es nahe, gerade hier, bei der Nahrungsaufnahme, nach Anzeichen mikrobieller Manipulation zu suchen. Verlangt es uns nach bestimmten Lebensmitteln, weil wir sie mögen oder weil sie oder ihre Bestandteile von unseren Mikroben benötigt werden?[90]

Darmbakterien verfügen jedenfalls über diverse Möglichkeiten, auf das Essverhalten ihrer Wirte einzuwirken. Fehlt ausreichend Nahrung, können sie Toxine ausscheiden und dadurch Entzündungen, Unwohlsein, schlechte Stimmung oder Schmerzen hervorrufen – und damit den dringenden Wunsch des Wirts, an diesem Zustand, zum Beispiel durch Nahrungsaufnahme, etwas zu ändern.

Eine andere Methode, dem Wirt bestimmte Nahrungspräferenzen – nennen wir es: nahezulegen, besteht in einer bei Mäusen nachgewiesenen Veränderung des Geschmackssinnes. Dazu müssen Gene für bestimmte Geschmacksrezeptoren »nur« in ihrer Aktivität gebremst oder stimuliert werden, für Mikroben in der Regel ein Kinderspiel. Eine Bakterienart erhöhte im Darm von Ratten und Mäusen, aber auch in Kulturen menschlicher Epithelzellen die Expression von Cannabinoid- und Opioidrezeptoren, andere kapern gleich den Vagusnerv, das Hauptdatenkabel der Darm-Gehirn-Achse, das nachweislich große Bedeutung für das Essverhalten hat.[91]

Jeder kennt die seltsamen Gelüste, die uns manchmal umtreiben, nach Schokolade, nach Erdnüssen, Chips oder sauren

Gurken. Und viele, zu viele Menschen geben ihnen zu oft nach. Angesichts der folgenden Überlegungen kann es nicht schaden, sich klarzumachen, dass man auch widerstehen könnte, dass wir die Möglichkeit haben, uns zu entscheiden, auch wenn Essensgewohnheiten erfahrungsgemäß nur schwer zu verändern sind.

Wir haben von einem ausschließlich bei Japanern verbreiteten Bakteriengen gehört, das zur Verdauung von Kohlenhydraten befähigt, die in Sushi-Algen enthalten sind (s. Kap. 5). Ist es möglich, dass dieses Bakterium nun, da sein Gen Teil des japanischen Hologenoms geworden ist, einen verstärkten Appetit auf Algen bewirkt? Einige Forscher bejahen diese Frage und prophezeien, dass entsprechende Versuche mit Mikroben, die spezialisierte Nahrungsanforderungen haben, zu genau diesem Ergebnis führen würden. Ein Darmbakterium, das neue Nahrungsquellen erschließt, wird seinen Wirt in dem Bestreben beeinflussen, diese Nahrung nun auch zu liefern.

Nimmt ein Wirt über längere Zeit eine bestimmte Nahrung zu sich, begünstigt er in seinem Darm die Vermehrung der Mikroben, die auf diese Nahrung und ihre Bestandteile spezialisiert sind. In der Folge, so eine weitere Vorhersage der Forscher, werden diese Mikroben versuchen, den Wirt zur Fortsetzung dieses Verhaltens zu bewegen, damit der Nachschub nicht versiegt und ihre Vormachtstellung gesichert wird. In Maßen wäre das unbedenklich, doch die Interessen des Wirtes und seiner Symbionten sind nicht identisch, im Gegenteil, beide wollen optimal versorgt werden, und es ist unwahrscheinlich, dass ihre Bedürfnisse in allen Punkten identisch sind. Es ist daher möglich, dass ein (aus Wirtssicht) Zuviel an Energie zu einem starken Wachstum, zu einer »Blüte« bestimmter Mikrobenarten führt, die im Ökosystem Darm daraufhin andere Arten mit anderen Ansprüchen in den Hintergrund drängen. Letztlich führt eine solche Entwicklung »zu einem Teufelskreis aus reduzierter Vielfalt, verstärkter Manipulation und chronischem Energieüberschuss« und zu einer Schädigung des Wirtes durch übermäßige Gewichtszunahme.[92]

Fatalerweise können solche Gelüste ansteckend sein. Wir wissen, dass sich die Mikrobiome von Menschen, die in einem gemeinsamen Haushalt leben, stärker ähneln als die von Fremden. Daher werden Mikroben, die bei einem Familienmitglied überhandnehmen, früher oder später auch bei anderen auftauchen. Ja, möglicherweise können sie sogar auf haushaltsfremde Menschen übertragen werden. Eine Untersuchung von 12 067 Personen über 32 Jahre ergab, dass die Wahrscheinlichkeit, stark übergewichtig zu werden, um 57 Prozent größer war, wenn auch ein Freund übergewichtig wurde.[93] Natürlich mischen sich hier verschiedene Einflussfaktoren, es ist aber nicht auszuschließen, dass neben sozialen Gründen auch mikrobiologische Phänomene eine Rolle spielen. Fettleibigkeit wäre dann zumindest zum Teil »wirklich infektiös, wie eine Erkältung«.[94]

Jeder hat sie schon einmal gehört, bei den eigenen Kindern oder bei anderen, die berühmt-berüchtigten Schreie verzweifelter Babys, die von schmerzhaften Darmkrämpfen oder Koliken geplagt werden und/oder der entsetzlichen Angst zu verhungern. Eine Gruppe niederländischer Forscher[95] konnte kürzlich zeigen, dass diese Kinder im Vergleich zu nicht schreienden Altersgenossen schon im ersten Lebensmonat eine artenärmere Darmmikrobengemeinschaft besitzen, bevor die Koliken ihren Höhepunkt erreichen. Natürlich befindet sich diese Gemeinschaft bei Babys noch in der Entwicklung, und im Alter von vier Monaten sind die Probleme in der Regel ausgestanden. Schreikinder (und ihre Eltern) haben aber offenbar das Pech, auf diesem Weg eine Phase durchleiden zu müssen, in der Wirt und Mikrobiom nicht besonders gut harmonieren. Milchsäurebakterien sind im Darm dieser Kinder zu selten, auch Butyrat produzierende Bakterien sind unterrepräsentiert, ein Stoff mit schmerzlindernder Wirkung. Dafür treten einige Gas produzierende Proteobakterien wie *Escherichia* und *Klebsiella* ungewöhnlich dominant auf, potenzielle Pathogene, die Entzündungen hervorrufen können.

Schmerz ist eine sehr wirksame Methode, um den eigenen Wirt zu manipulieren. Im Fall der von Koliken geplagten Babys führt das Geschrei zu größerer Aufmerksamkeit seitens der Mutter und zum Stillen, also genau zum erwünschten Effekt. Sind es die Mikroben, die das Baby gewissermaßen an ihrer statt um Nahrung betteln lassen, indem sie Blähungen und schmerzhafte Krämpfe auslösen?

7. Evolution und Ontogenese in einer Welt der Holobionten

Wissenschaftler neigen manchmal dazu, über das Ziel hinauszuschießen, wir erleben das nicht zum ersten Mal. Halten wir ihnen zugute, dass sie dies meistens aus Begeisterung für ihre Sache tun. Das Baby, das sich nicht für sich, sondern für seine Mikroben die Seele aus dem Leib schreit, ist wohl so ein Fall. Er steht für eine Sichtweise, die der Stanford-Mikrobiologe Justin Sonnenburg mit dem Satz auf den Punkt gebracht hat, der menschliche Körper sei »ein ausgeklügeltes Gefäß, optimiert für das Wachstum und die Ausbreitung seiner mikrobiellen Bewohner«.[1] Sicher meinte er auch die Körper anderer Vielzeller, aber den Menschen – uns, die Krone der Schöpfung! – zu einem besseren Mikrobenbehältnis zu degradieren, dürfte ihm besonders viel Spaß gemacht haben. Allgemeines Kopfschütteln war ihm sicher.

Mich erinnert diese Aussage an den berühmten Satz des britischen Biologen Jack Cohen: »Du bist deine fleischgewordene DNA.« Dessen genetischer Determinismus stellte sich als genauso überspitzt und unzutreffend heraus, wie wohl auch Sonnenburgs Charakterisierung des Wirt-Mikroben-Verhältnisses als übertrieben und zugespitzt anzusehen ist. Lange Zeit war die Hierarchie genau anders herum gelagert, also nutzen moderne Mikrobiologen den Aufschwung ihrer Wissenschaft, um die Verhältnisse kurzerhand von den Füßen auf den Kopf zu stellen, und sei es nur, um die Öffentlichkeit ein wenig zu provozieren.

Unwillkürlich fällt mir auch eine Szene aus einem der *Men-in-Black*-Filme ein. Will Smith und Tommy Lee Jones stehen vor einer aufgebahrten menschlichen Leiche – das glaubt zumindest der naive Betrachter. Bis das Gesicht dieses Menschen wie eine Tür zur Seite geklappt wird und sich als eine Art Cockpit entpuppt, denn dahinter, im Kopf, kommt ein vergleichsweise winziges, arg mitgenommen wirkendes Alien-Männchen zum Vorschein, das an einer Art Schaltpult sitzt. Sieht so das neue Bild von der belebten Welt aus: die großen vielzelligen Lebewesen als Behältnisse, Werkzeuge oder Marionetten der kleinen?

Ich finde, diese Sichtweise gibt die Realität der Holobiontenwelt genauso unvollkommen und verzerrt wieder wie unser ahnungsloser Zustand vor all den mikrobiologischen Entdeckungen der letzten Jahre, als wir noch glaubten, die paar Mikroben, die wir als unsere Darm-, Haut- oder Scheidenflora kannten, seien nichts anderes als primitive Trittbrettfahrer, die höchstens einen juckenden Ausschlag verursachen könnten. Von einigen ökologischen Wohltätern abgesehen hielten wir Krankheitserreger für die einzigen Mikroorganismen von Bedeutung. Sie traktierten uns seit Jahrtausenden, aber dank des medizinischen Fortschritts waren wir endlich in der Lage, sie wirksam zu bekämpfen.

Kriegsrhetorik und Hierarchiedenken – von Vorstellungen wie diesen sollten und müssen wir uns schnellstens verabschieden. Seit wenigen Jahren erst ermöglichen moderne Labortechniken neue tiefe Einblicke in den Mikrokosmos – wir stehen also noch ganz am Anfang –, und doch zeichnet sich bereits ein völlig anderes Bild von der belebten Welt ab, geprägt von einer ökologischen Sicht, die die Bedeutung von Organismengemeinschaften betont, ein Bild, in dem Kooperation und Symbiosen eine entscheidende Rolle spielen.

Die Forscher treffen auf verblüffende Parallelen im Makro- und Mikrokosmos. So spiegelt sich die Tatsache, dass »ungestörte« Bakteriengemeinschaften auf der Haut oder im Darm fremden und möglicherweise pathogenen Mikroben den Zugang verwehren, in Erkenntnissen der Invasionsbiologen, die in unberührten Wäldern eine vergleichbare Widerstandsfähigkeit gegenüber eingeschleppten Invasoren ausgemacht haben. Absichtlich oder unabsichtlich von Menschen ins Land geholte fremde Tier- und Pflanzenarten richten in ihrer neuen Heimat nicht selten verheerende ökonomische oder ökologische Schäden an – eines der größten Umweltprobleme unserer Zeit, das vor allem da beginnt, wo der Mensch durch seine Aktivitäten bereits stark gestörte Flächen geschaffen hat. Naturbelassene Ökosysteme mit weitgehend ungestörten Lebensgemeinschaften haben sich als deutlich stabiler erwiesen und widersetzen sich dem Expansionsdrang eindringender Arten, ob in den Körpern vielzelliger Lebewesen oder in der weiten Landschaft, im Mikro- wie im Makrokosmos.[2]

Wir sollten die menschliche Gesundheit »als eine kollektive Eigenschaft der mit dem Menschen assoziierten Mikrobiota denken«, sagen führende Mikrobiologen.[3] »Die Ökologie der menschlichen Mikrobiota zu managen«, so wie die zu erhaltenden Lebensgemeinschaften in einem Nationalpark, »das wird der Fokus sowohl der Prävention als auch der Therapie sein.«[4] Der Krieg gegen die Mikroben, der uns so lange beschäftigte, wird dagegen in der Mottenkiste der Wissenschaft verschwinden. *War no more* – was nicht heißt, dass Antibiotika nicht auch in Zukunft einen wichtigen Platz in unserer Apotheke einnehmen werden, natürlich mit Bedacht eingesetzt und wohldosiert.

•••

Im Lichte der in den letzten Jahren gewonnenen Erkenntnisse müssen einige Fragen neu gestellt, müssen biologische Phänomene neu betrachtet und bewertet werden. Dazu gehören so grundlegende Konzepte wie das der Evolution und der Individualentwicklung oder Ontogenese. Margaret McFall-Ngai und ihre Kollegen aus aller Welt sprechen nicht ohne Grund von »enormen und aufregenden Herausforderungen« für die Biologie. Ihr schon mehrfach zitierter Aufruf, die »Sicht auf die fundamentale Natur der Biosphäre signifikant zu verändern«, ist wohlbegründet.[5] Wissenschaftliche Revolutionen zeichnen sich dadurch aus, dass ihre Auswirkungen und Konsequenzen über ihr eigentliches Kerngebiet weit hinausreichen. Diese hier, angetrieben von einer in rasender Geschwindigkeit voranschreitenden technischen Entwicklung, dürfte in der Biologie kaum einen Aspekt unberührt lassen.

Wir haben bereits gesehen, welche Bedeutung Mikroben während der Ontogenese haben, also auf dem weiten Weg von der befruchteten Eizelle zum fertigen Organismus. In vielen Fällen sind sie zu entscheidenden Impulsgebern geworden, ohne die eine geordnete und vollständige Individualentwicklung gar nicht mehr stattfinden kann. Es entsteht ja nicht nur ein neues Säugetier, Insekt oder eine neue Korallenkolonie, es entsteht ein neuer Holobiont.

Forscher fragen sich darüber hinaus, welche Rolle Mikroben bei der Entstehung des Gruppenlebens und diverser Formen sozialen Verhaltens gespielt haben, weil lebenswichtige Symbionten an kommende Generationen weitergegeben werden müssen. Sogar ein wichtiger Teil der Kommunikation zwischen Tieren wird maßgeblich von Mikroben beeinflusst: So wurde in einer Art Outsourcing die Produktion leicht flüchtiger Duftstoffe den chemisch weitaus versierteren Bakterien überlassen.

Ein vertrautes zentrales Konzept unserer Weltsicht bleibt bei all dem auf der Strecke: die Vorstellung, unsere Welt sei von biologischen Individuen bevölkert. Diese wissenschaftliche Revolution »transformiert das klassische Konzept einer insularen Individualität in eines, in dem interaktive Beziehungen zwischen Arten die Grenzen eines Organismus verschwimmen lassen und das Konzept einer essenziellen Identität auflösen«, schreibt ein bemerkenswertes Autorentrio, das aus dem Wissenschaftshistoriker Jan Sapp, dem prominenten Entwicklungsbiologen Scott Gilbert und dem Philosophen Alfred Tauber besteht.[6] Im Verlauf ihrer Argumentation nehmen die drei alle Aspekte, anhand derer biologische Individuen bisher definiert wurden, fein säuberlich auseinander. Schon die Überschrift ihres Artikels lässt an Deutlichkeit nichts zu wünschen übrig: »Eine symbiontische Sicht des Lebens: Wir sind nie Individuen gewesen.« Ich vermute, dass dieses »wir« alle vielzelligen Lebewesen mit einschließt.

Was ist ein Lebewesen, ein Organismus? Hätten Sie es für möglich gehalten, dass uns diese Frage noch einmal beschäftigen würde?

Nicht alle Forscher wollen sich dieser Auffassung anschließen und das Konzept des biologischen Individuums aufgeben. Organismen seien immer beides, betont die Bremer MPI-Forscherin Nicole Dubilier, Individuen und Teil eines Holobionten. Es gebe hier kein Entweder-oder, die Selektion wirke auf jedes einzelne Individuum *und* auf den gesamten Holobionten. Um zu verstehen, wie Wirte und Mikroben sich aneinander und an ihre Umwelt angepasst haben, müsse man diese Ebenen sauber auseinanderhalten. Dass Symbiosen und damit die Entstehung von Holobionten von herausragender Bedeutung in der Evolution waren und sind, steht für die Forscherin aber außer Frage.[7]

Nirgends wird die veränderte Sicht deutlicher als in der Immunologie. Das Immunsystem, so haben wir es gelernt, unterscheidet zwischen Selbst und Nicht-Selbst, und mit letzterem geht es meistens nicht sehr freundlich um. Das ist sein Daseinszweck. Es verteidigt seinen Besitzer gegen Angriffe feindlicher pathogener Mikroben: Immunabwehr. Allein schon dieser Begriff erinnert an rauchende Kanonenrohre, an Minen und Geschützdonner, mit anderen Worten: Er ist ein Relikt aus den Zeiten des heißen Antimikrobenkriegs.

Doch woran orientiert sich das Immunsystem bei seiner Entscheidung? Zum Selbst, zum Holobionten, gehört viel mehr als nur unsere eigenen Zellen, das wissen wir, spätestens seit metagenomische Analysen jedes einzelne Körperbiotop erkundet haben.

Gérard Eberl, Immunologe am berühmten Institut Pasteur in Paris, hat der überkommenen Anschauung in einem viel zitierten Aufsatz »eine neue Vision der Immunität« entgegengestellt und stützt sich dabei auf die aktuellen Entwicklungen seiner Wissenschaft.[8] Die Zusammenfassung seiner Überlegungen formuliert er selbst so schön, dass ich sie hier ungekürzt zitieren kann, eine absolute Seltenheit in der wissenschaftlichen Fachliteratur und deshalb gar nicht genug zu loben: »Das Immunsystem«, schreibt Eberl, »wird gemeinhin als eine Armee von Organen, Geweben, Zellen und Molekülen wahrgenommen, die vor Krankheit schützt, indem sie Pathogene eliminiert. Wie in der menschlichen Gesellschaft ist es jedoch mitunter schwierig, Gut und Böse klar zu definieren. Wir leben nicht nur in Kontakt mit einer Vielzahl an Mikroben, wir leben auch mit Milliarden von Symbionten zusammen, die das ganze Spektrum abdecken, von Mutualisten bis zu potenziellen Killern. Zusammen bilden wir einen Superorganismus, der zu optimalem Leben fähig ist. Vor diesem Hintergrund ist das Immunsystem nicht als ein Killer anzusehen, sondern als eine Kraft, die innerhalb des Superorganismus für Homöostase sorgt.«[9]

Erinnern Sie sich an die *Hydra*-Süßwasserpolypen und ihr Arsenal an antimikrobiellen Peptiden, mit deren Hilfe sie ihre artspezifische Mikrobengemeinschaft zusammenstellen? Was Gérard Eberl allgemein formuliert, ist in Thomas Boschs winzigen Polypen mit ihrem angeborenen Immunsystem schon in einer erstaunlichen Qualität am Werke, in Organismen wohlgemerkt, die zu den ältesten und einfachsten Vielzellern auf der Erde gehören. Primär bildet dieses Immunsystem kein Abwehrbollwerk – das könnte es in einer Welt der Mikroben ohnehin nicht leisten –, sondern es organisiert Beschaffung und Erhaltung der artspezifischen Partnergemeinschaft. Es sorgt für Homöostase im *Hydra*-Holobionten, für einen selbstregulierten Gleichgewichtszustand. Die Abwehr von Pathogenen ist nur ein Aspekt seiner Aufgaben, und auch das erledigt das Immunsystem nicht allein, sondern mit Unterstützung durch die Symbionten, die ihren Platz an der Sonne verteidigen.

Den entscheidenden Wendepunkt in unserer Sicht des Immunsystems sieht Eberl in den späten 1990er-Jahren mit der Entdeckung der MAMPs gekommen, der mikrobenassoziierten molekularen Muster, denen auf der Seite des Wirts die entsprechenden Mustererkennungsrezeptoren oder PRRs (*Patternrecognition receptors*) gegenüberstehen. Mit ihrer Hilfe erkennt der Wirt, wer da an die Tür klopft, und kann sein Handeln danach ausrichten. »Konfrontiert mit Mikroben, reagiert das Immunsystem nicht, indem es den Teufel bekämpft, sondern nur, indem es eine mikrobielle Umwelt schafft, die es dem Organismus erlaubt, mit den Mikroben zu leben«, erläutert Gérard Eberl. »Es ist nicht ein Kampf zwischen Gut und Böse, es ist eher ein Gleichgewicht zwischen Mikroben und Wirt, das einen Superorganismus hervorbringt.«[10]

Säugetiere besitzen nicht nur ein angeborenes, sondern darüber hinaus ein erworbenes oder adaptives Immunsystem, eine geniale Errungenschaft der Evolution, die aus Kontakten mit Mikroben lernt, die sich an lang zurückliegende Kontakte erinnert und innerhalb kurzer Zeit eine Armee an höchst effektiven und spezifischen Abwehrzellen mobilisieren kann. Dieses adaptive Immunsystem braucht den frühen Kontakt mit Bakterien und Viren – ja, ohne ihn, das zeigen die keimfreien Mäuse, ohne das rege Mikrobenleben des Darmes, ohne die richtigen mikrobiellen Signale zum richtigen Zeitpunkt bleibt es unvollständig und erreicht nie seine volle Leistungsfähigkeit.

Margaret McFall-Ngai hat schon vor Jahren Überlegungen[11] angestellt, ob diese höchst elaborierte Erfindung der Säugetiere nicht auch demselben Ziel dienen könnte, nämlich dem Management eines höchst elaborierten und sehr artenreichen Mikrobioms. Mit den Möglichkeiten, die Süßwasserpolypen und anderen wirbellosen Tieren zur Verfügung standen, wäre eine Mikrobengemeinschaft dieser Größenordnung wohl nicht mehr zu bändigen und zu organisieren gewesen. Nur fünfzig verschiedene Mustererkennungsrezeptoren des angeborenen Immunsystems sind bisher gefunden worden, allein in seinem Darm hat es ein Säugetierwirt aber mit Tausenden von Bakterienarten und ungezählten Viren zu tun. Mit einer solchen Vielfalt kann nur das adaptive Immunsystem umgehen.[12] Michael Fischbach, ein Biochemiker von der University of California, ist sich sicher: »Der Job des Immunsystems erscheint jetzt viel nuancierter und komplexer. Es muss auch unsere Symbionten als Selbst erkennen. In der Zukunft werden wir gar nicht mehr von einem Immunsystem sprechen, sondern von einem Mikroben-Interaktionssystem.«[13]

Vom Abwehr- zum Interaktionssystem – das ist eine fundamental andere Art, der Welt außerhalb des eigenen Körpers gegenüberzutreten. Holobionten sind wachsam und durchaus nicht wehrlos, ihre Haltung gegenüber Mikroben ist aber nicht grundsätzlich auf Verteidigung und Abwehr ausgerichtet, sondern eher durch eine Bereitschaft zur Koexistenz gekennzeichnet. Vielleicht wurde diese Haltung aus der Not geboren, weil es angesichts der Omnipräsenz der Winzlinge auf der Erde gar nicht anders geht; in ungezählten Fällen ist aber aus dieser Koexistenz sogar eine Kooperation entstanden, sofern die Partner die Logistik in der Griff bekamen und sich nach langer Koevolution eine genügend große Schnittmenge gemeinsamer Interessen herausschälte. Wenn man so will, haben Organismen eine Art Willkommenskultur für Mikroben entwickelt. Nicht ein sofortiger Abwehrreflex ist die Regel, nicht die Frage: Wie kann ich dich loswerden, abwehren oder zerstören? Sondern: Wie können wir zusammenleben. Gibt es vielleicht sogar einen Weg der Koexistenz, auf dem wir voneinander profitieren? Der Pulverdampf hat sich verzogen. *War no more* – jedenfalls nicht, solange es nicht unbedingt nötig ist.

•••

Im Laufe der Erdgeschichte muss sich dieser Prozess der Annäherung von Vielzellern und Mikroben unzählige Male wiederholt haben, und er wiederholt sich bis heute. Alle komplexeren Lebewesen, die wir kennen, sind Zusammenschlüsse von einem Wirt und mehreren bis sehr vielen winzigen Mikroorganismen, und nichts spricht dafür, dass das auf Erden jemals anders war. Angefangen mit der Fusion zur eukaryotischen Zelle scheinen Zusammenschluss, Partnerschaft, Kooperation und Symbiose demnach aus evolutionärer Sicht sehr erfolgreiche Strategien zu sein – vielleicht sogar die wichtigsten und erfolgreichsten überhaupt?

Wenn Pflanzen auf nährstoffarmem Boden vor sich hin kümmern, wenn Polypenkolonien in der Wüste des weiten Ozeans ein Schattendasein führen, wenn Termiten ihre Holznahrung schwer im Magen liegt und auch andere Tiere sich mit der Verwertung ihrer Nahrung schwertun, scheint die Lösung des Problems unerreichbar oder zumindest in ferner Zukunft zu liegen. Denn molekularen Stickstoff zu fixieren, Fotosynthese zu betreiben, komplexe Kohlenhydrate abzubauen oder Vitamine und Aminosäuren zu synthetisieren – all das sind komplexe bis sehr komplexe Fähigkeiten, die man nicht durch eine oder wenige geniale Mutationen erreicht. Außerdem bietet der klassische Weg über Versuch und Irrtum, der etliche Veränderungen im eigenen Genom voraussetzt und dazu viel Zeit braucht, keine Erfolgsgarantie. Hätte es keine anderen Möglichkeiten gegeben, wären demnach viele Lebensräume unerreichbar geblieben, viele Optionen verschlossen, unzählige Ressourcen ungenutzt.

Die Aufnahme eines Symbionten kann diese Probleme mit einem Schlag lösen. Dabei wird fremde DNA zwar nicht ins Genom des Wirtes aufgenommen, wohl aber in das des ganzen Superorganismus, in sein Hologenom. Der Wirt erwirbt dadurch als Holobiont komplexe Fähigkeiten, die im Prinzip sofort funktionieren. Er muss sich »nur« mit einer neuen Mikrobenart arrangieren und sie sich mit ihm. In der Regel handelt es sich um ein Bakterium, und wie der Wirt mit diesen Lebensformen auskommt und kommuniziert, hat er schon von seinen fernen Vorfahren geerbt.

Nicht, dass diese Annäherung immer einfach und automatisch von Erfolg gekrönt wäre. Wahrscheinlich gibt es die unterschiedlichsten Wege und Verläufe. Bis die Partner sich erkennen, bis die Kommunikation und ganze Logistik des Gebens und Nehmens funktioniert, bis die Neuen in einem Organ, einem Knöllchen oder irgendeiner anderen Struktur optimal untergebracht sind und für eine sichere Weitergabe gesorgt ist, damit auch die nächste Generation in den Genuss der Symbiosevorteile kommt, kurz: bis all die erstaunlichen Details der Partnerschaft, von denen dieses Buch erzählt, geregelt sind, ist in den meisten Fällen ein langer Weg der Koevolution vonnöten.

»Koevolution« heißt hier, sich parallel so zu entwickeln, dass die symbiontische Beziehung erhalten bleibt oder sogar vertieft wird.[14] Die erst in jüngster Zeit wertgeschätzten Oligosaccharide in der Muttermilch bieten ein wunderbares Beispiel für eine derartige Entwicklung aufseiten des Wirts, denn sie sind, wie wir gehört haben, weniger für das Kind als für dessen Bakterien bestimmt. »Muttermilch, die als einzige Säugetiernahrung von der natürlichen Selektion geformt wurde, ist der Rosettastein für alles, was als Nahrung dient«, sagt Bruce German, ein Ernährungswissenschaftler an der University of California, der sich für Milch und ihre Bestandteile interessiert. »Und was sie uns sagt, ist: Wenn die natürliche Selektion Nahrung formt, dann ist sie nicht nur bestrebt, das Kind zu füttern, sondern auch dessen Darmmikroben.«[15] Eine Lektion, die man sich merken sollte, und doch nur ein Beispiel von vielen. Dass die Aufnahme einer symbiontischen Partnerschaft gelingen kann, dass solche Begegnungen in lange währende und für beide Seiten nutzbringende Beziehungen münden, beweist der Blick hinaus in unsere nun immer transparenter werdende Holobiontenwelt.

All das geschah früher und es geschieht im Hier und Jetzt, denn es ist damals wie heute eine der Möglichkeiten zur raschen Anpassung an eine sich verändernde Umwelt. Denken Sie an die Korallen und ihre *Symbiodinium*-Algenteams, die je nach den vor Ort herrschenden Bedingungen anders zusammengesetzt sind und deren Mannschaftsaufstellung sich ändern kann (s. Kap. 2).

In Nordamerika beobachten Wissenschaftler derzeit, wie sich bei einer *Drosophila*-Art eine gegen Wurmparasiten schützende Symbiose mit dem Bakterium *Spiroplasma* ausbreitet. Fadenwurmbefall[16] führt häufig zu einer Sterilisation der Weibchen und verkürzter Lebensdauer, stellt für die Fliegenzwerge also ein ernst zu nehmendes Problem dar. Vermutlich ist der Parasit noch nicht allzu lange im Land, und zunächst wütete er nahezu ungestört. Fast alle in den 1980er-Jahren in New York gefangenen Fliegenweibchen waren steril. Doch es gibt molekularbiologische Gründe für die Annahme, dass die Beziehung zwischen *Spiroplasma* und den Taufliegen schon länger besteht. Irgendwo, in irgendeiner *Drosophila*-Population, muss der Retter gelebt haben. Einige wenige der in den 1980er-Jahren gesammelten Weibchen enthielten Eier, vermutlich weil sie mit *Spiroplasma* infiziert waren. Mit dem Aufkommen des parasitischen Wurms war aber nun eine völlig neue Situation entstanden, für die Fliegen und für das Bakterium. Auf den Fliegen lastete ein großer Selektionsdruck, und plötzlich waren die im Vorteil, zu deren Holobiontenteam ein bestimmter bakterieller Partner gehörte. In weniger als zwanzig Jahren nahm die Zahl der mit *Spiroplasma* assoziierten Fliegen enorm zu, und heute liegt die Infektionsrate bei 80 Prozent. Ausgehend von der Ostküste hat der schützende Partner mittlerweile die Taufliegen in den Rocky Mountains erreicht. Dank einer Symbiose ist die Fliege mit einer großen Herausforderung fertiggeworden und hat überlebt, ohne sich selbst verändern zu müssen.

Spiroplasma, ein zellwandloses Bakterium, lebt zu Tausenden in der Körperflüssigkeit vieler Insektenarten. Einer anderen *Drosophila*-Art hilft es, Angriffe parasitischer Wespen abzuwehren. Möglicherweise sind seine segensreichen Eigenschaften also schon seit Längerem gefragt.[17]

Während manche Partner sich gerade erst aufeinander zubewegen, kennen andere Insektenarten und ihre Symbionten sich schon seit Urzeiten. Nancy Moran und Kollegen der University of Arizona beschäftigten sich zum Beispiel mit einem ungewöhnlich großen Endosymbionten von Zikaden, der von seinem Entdecker, dem deutschen Zoologen Hans Joachim Müller, schlicht »a-Symbiont« genannt wurde. Müllers Lehrer, der bis kurz vor Kriegsende an der Universität Leipzig lehrende Paul Buchner, gilt als einer der Begründer der Symbioseforschung. Zikaden (*Auchenorrhyncha*) bezeichnete er einmal als »Märchenland der Symbiosen«, so vielfältig waren die partnerschaftlichen Beziehungen, auf die er in verschiedenen Arten stieß. Die kleinen bis mittelgroßen Insekten stechen die Leitungsbahnen von Pflanzen an und saugen den Phloemsaft, der nicht viel mehr ist als eine ziemlich wässrige Zuckerlösung und nur wenige der benötigten Aminosäuren enthält. Der obligatorische a-Symbiont, der von der Mutter an die Nachkommen vererbt wird, springt ein und sorgt für den Rest, und das offenbar schon sehr lange.[18]

Vor mindestens 270 Millionen Jahren, zu Zeiten des späten Perm, als an Dinosaurier noch gar nicht zu denken war, fanden eine Urzikade und ein Bakterium aus der Gruppe der *Bacteroidetes* zusammen und blieben unzertrennlich. Das schließt Nancy Moran aus DNA-Vergleichen der Symbionten von mehr als dreißig Zikadenarten, die das gesamte Verwandtschaftsspektrum abdeckten. Aber nicht nur das: Wirt und Bakterium veränderten sich seitdem im synchronen Gleichschritt. Jede Weggabelung, an der neue Zikadenarten oder -untergruppen abzweigten, erzeugte auch neue bakterielle Varianten, jede kleine Artengruppe innerhalb der Insekten findet eine Entsprechung bei ihren endosymbiontischen Begleitern. Die beiden Stammbäume sind nahezu deckungsgleich. Auch Blattläuse, Tsetsefliegen, Schaben sowie Ameisen- und Wanzengruppen (um nur einige zu nennen) sind solche seit Langem bestehenden Verbindungen eingegangen. Oft sind im Laufe der Zeit weitere Mikrobenpartner hinzugekommen, mitunter haben sie die alten auch ersetzt, viele Primärsymbionten aber blieben mit mehr oder weniger stark reduziertem Genom (s. Kap. 6) erhalten und spiegeln heute in ihrer Stammesgeschichte die Phylogenie der Wirte. Möglich war dies nur, weil sie vertikal von den Muttertieren auf die Nachkommen weitergegeben und somit quasi vererbt wurden. Zur Koevolution kam die »Kodiversifikation«.

Indem Mikroben ihren Wirten neue Nahrungsquellen erschlossen, erlangten sie eine überragende Bedeutung für die Entstehung der biologischen Vielfalt auf der Erde, ob in der Tiefsee oder an Land. Nur mithilfe von symbiontischen Bakterien ist es Tieren möglich geworden, die häufigste organische Verbindung auf der Erde, die Zellulose, als Energiequelle zu nutzen. »Darmmikroben befähigen Tiere dazu, als Pflanzenfresser zu leben«, stellt der Wildtierökologe William Karasov fest. Die »metabolische Teamarbeit«, die mit den Symbionten möglich wurde, wirkte wie eine Initialzündung. Sie war »ein erster und entscheidender Schritt, der zu einer gewaltigen Diversifizierung der Tierarten führte«.[19] Aus diesen Ahnformen, den Symbiosepionieren, entwickelte sich eine ungeheure Artenfülle. Allein mehr als 40 000 Zikadenspezies sind bisher beschrieben worden. Dazu kommen Zehntausende, wenn nicht Hunderttausende von Arten in anderen Insektengruppen.

Diese Entwicklung betrifft jedoch nicht nur sechsbeiniges Getier. Achtzig Prozent aller Säugetiere und damit über 4000 Arten, vom Kaninchen bis zum Elefanten, sind Pflanzenfresser. Auch sie verdanken ihre Existenz der Tatsache, dass ihre Ahnen sich mit den richtigen Mikroben zusammentaten. Für uns sind sie ein selbstverständlicher Anblick und der Inbegriff ländlicher Idylle: entspannt weidende Kühe und Schafe. Aber ohne ihr Panseninnenleben gäbe es sie so nicht. Ein reiches Angebot an Pflanzenfressern war gleichzeitig die Voraussetzung für die Entstehung von so charismatischen Tiergestalten wie Löwe und Tiger, von *T. rex* und Säbelzahnkatzen, von Raubtieren allgemein. Wovon lebt die große Vielfalt an Insektenfressern unter den Vögeln, wovon leben Igel, Fleder- und Spitzmäuse und viele andere, wenn nicht von der großen Zahl an pflanzenfressenden Insekten und deren Larvenstadien? Korallenriffe, die ihre Existenz den Symbiosen der Polypen mit Algen und Bakterien verdanken, schufen die Lebensgrundlage von Tausenden unterschiedlichster Tier- und Pflanzenarten. Die staunenswerte Vielfalt der Lebensformen auf der Erde, auch der allergrößten, ist in mehrfacher Hinsicht ein Produkt der kleinsten, der Mikroben.

Auf welche subtile Weise sie die Evolution ihrer Wirte beeinflussen, haben gerade einige Studien zutage gefördert, die über Fachkreise hinaus große Aufmerksamkeit erregt haben. Zumindest bei Insekten scheinen Darmbakterien großen Einfluss auf den Fortpflanzungserfolg zu haben. Sie sind, so scheint es, sogar an der Bildung neuer Arten beteiligt. Brauchen wir nun, da wir verstanden haben, dass Lebewesen Holobionten und keine biologischen Individuen sind, eine neue Evolutionstheorie?

Israelische Forscher[20] aus dem Labor von Eugene Rosenberg in Tel Aviv fanden heraus, dass *Drosophila*-Fliegen sich bevorzugt mit Geschlechtspartnern paaren, die dieselbe Nahrung gefressen haben wie sie – ein Geschmacksurteil im wahrsten Sinne des Wortes, das über Dutzende von Generationen stabil bleibt. Nur eine Antibiotikagabe kann daran etwas ändern und auch anders ernährten Fliegen wieder eine echte Paarungschance eröffnen, die Präferenz der Tiere ist danach verschwunden. Es sind also die Darmmikroben, die hier den Ausschlag geben. Eine andere Nahrung führt zu Verschiebungen innerhalb dieser Gemeinschaft, manche Bakterienarten nehmen stark zu, andere verlieren an Bedeutung, was vermutlich zu Veränderungen der Sexuallockstoffe führt, die durch den Chitinpanzer nach außen abgegeben werden.

Die Wissenschaftler halten es für wahrscheinlich, dass diese Vorliebe der Fliegen zur Bildung neuer Arten beiträgt. Denn Tiere, die sich unterschiedlich ernähren, sind wahrscheinlich auch geografisch voneinander getrennt. Beides zusammen führt zu einer Verstärkung der sexuellen Isolierung, »dem zentralen Ereignis in der Evolution der Arten«.[21]

»Ich kann dich nicht riechen« wäre unter diesen Umständen eine Aussage mit weitreichenden Konsequenzen, zumindest in der kleinen Welt der Taufliegen. Die Forscher glauben allerdings, dass ihre Ergebnisse auch darüber hinaus von Bedeutung sind. Gerüche, darüber kann kein Zweifel bestehen, spielen bei der Partnerwahl vieler Tiere eine wichtige Rolle, auch beim Menschen, und in vielen Fällen sind sie das Ergebnis bakterieller Fermentationskünste.

Darmmikroben sind auch für das zweite Beispiel entscheidend, laut einer Studie, die 2013 von Robert Brucker und Seth Bordenstein an der Vanderbilt University in Nashville, Tennessee, durchgeführt wurde.[22] Sie hat zu einem anhaltenden

Raunen in der Fachwelt geführt, wie fast immer, wenn es jemand wagt, Hand an die Evolutionstheorie zu legen, das Allerheiligste der Biologie. »Das war ein wahnsinniger Knüller«, schwärmt der Kieler Zoologe Thomas Bosch. »Natürlich hochkontrovers. Die Evolutionsbiologen standen alle kopf. Die sind jetzt ganz schön wachsam geworden.«[23]

Diesmal stehen drei nahe verwandte Arten parasitischer Erzwespen im Mittelpunkt, metallisch glänzende Zwerge namens *Nasonia*, die in der biologischen Schädlingsbekämpfung gegen bestimmte Fliegen eingesetzt werden. Zwei dieser Wespenspezies trennten sich vor höchstens 400 000 Jahren, die dritte geht schon seit einer Million Jahren eigene Wege. Alle drei Arten können aber im Labor noch miteinander Nachwuchs zeugen, sie hybridisieren, allerdings ergibt nur die Paarung der beiden jüngeren Arten lebensfähige Nachkommen. Gehört ein Elternteil der älteren Art an, werden zwar Eier gelegt, aus denen auch winzige Larven schlüpfen, bald danach ist für die männlichen Larven aber Endstation. Sie verfärben sich und sterben ab.

Ist es nicht der Normalfall, dass Hybride verschiedener Arten steril oder nicht lebensfähig sind? Interessant ist jedoch, warum die Tiere sterben und dass es nur die Männchen trifft. Erstaunlicherweise bleiben die männlichen Tiere nämlich gesund und wachsen zu putzmunteren Imagines heran, wenn man die Kreuzungsexperimente unter keimfreien Bedingungen durchführt. Beimpft man keimfreie Larven später mit den Bakterien von Artgenossen, sterben sie. Es sind also die Darmmikroben, die über Leben und Tod der Hybride entscheiden. Als die Forscher die Genaktivitätsmuster von normalen und bakterienfreien *Nasonia*-Larven verglichen, zeigten sich deutliche Unterschiede in Genen, die mit der Immunantwort der Tiere zu tun haben.

»Die meisten Organismen brauchen ihre Mikrobiome, um

gesund und fit zu bleiben«, erläuterte Robert Brucker dem britischen New Scientist. »Wir glauben, dass es aber in Hybriden zu einem Zusammenbruch in der Interaktion zwischen den Genen des Organismus und seinem Mikrobiom kommt, der zum Tode führt. Entweder benehmen sich die guten Bakterien jetzt schlecht und verursachen eine starke Immunantwort, oder die Immungene sind nicht mehr in der Lage, die guten Bakterien als gut zu erkennen, und reagieren deshalb über.«[24]

Wie in der Untersuchung Howard Ochmans an Menschenaffen spiegelt die Zusammensetzung des Mikrobioms die Verwandtschaftsverhältnisse der drei *Nasonia*-Arten wider, das haben Brucker und Bordenstein in einer früheren Studie gezeigt.[25] Die Darmmikrobengemeinschaften zweier Wespenarten sind in ihrer Zusammensetzung umso ähnlicher, je näher die Wirte genetisch verwandt sind. In den Hybriden der beiden jüngeren *Nasonia*-Arten ähnelt die Darmmikrobengemeinschaft daher der, die man bei den Elterntieren findet. Gehören Mutter oder Vater aber der älteren Art an, weicht das Mikrobiom der Nachkommen stark ab. Wirtsgenom und Mikrobiom passen nicht mehr zueinander, und die fremde Mikrobengemeinschaft wird vom Immunsystem nicht toleriert. Warum aber sind ausschließlich die Männchen betroffen? Wie die der Honigbienen schlüpfen sie aus unbefruchteten Eiern, die nur den einfachen Chromosomensatz enthalten. Eine vorhandene Inkompatibilität mit den Darmmikroben kann also nicht wie bei den Weibchen vom zweiten Chromosomensatz kompensiert werden.

•••

Warum gehen uns diese Fortpflanzungsdetails winziger Fliegen und Wespen etwas an? Weil sie grundsätzliche Fragen an die zentrale Theorie der Biologie aufwerfen. Bei der Artbildung, einem elementaren und entscheidenden Evolutionsvorgang, ist zumindest bei den kleinen *Nasonias* mehr beteiligt als nur das eigene Genom. Es sind weniger die Immungene der Wespen, die für die Unverträglichkeit und den Tod der Hybride sorgen, als die Darmmikroben, die sich so sehr verändert haben, dass das Immunsystem des hybriden Wirts sie nicht mehr erkennt und beherrscht. Sofern genug Zeit ins Land gegangen ist, sorgen sie für eine unüberwindliche Barriere zwischen den Arten, sodass es fortan zu keinem genetischen Austausch zwischen den Wirtsgenomen kommen kann. Um diesen Prozess zu verstehen, reicht es also nicht, nur den Wirt zu betrachten. Man muss das Ganze im Blick haben, den Holobionten und sein Hologenom. Genau darin besteht die aufregende neue Erkenntnis der Experimente von Robert Brucker und Seth Bordenstein. Sie liefern den bisher überzeugendsten Beweis für die im Jahr 2007 von Eugene Rosenberg und Ilana Zilber-Rosenberg formulierte Hologenomtheorie der Evolution.[26]

Diese Theorie besagt nicht, dass die bislang geltende, von Darwin begründete Evolutionslehre falsch wäre. Sie »verändert nicht unsere Vorstellung davon, wie Arten entstehen«[27], erläutert Seth Bordenstein. »Sie erweitert jedoch unser Denken hinsichtlich der Komponenten eines Organismus, die – über die Gene im Zellkern hinaus – zum Artbildungsprozess beitragen.« Im Falle von *Nasonia* haben wir ein Beispiel von reproduktiver Isolation durch Symbiose mit Mikroorganismen vor uns. Für Seth Bordenstein steht fest: »Das Mikrobiom ist viel wichtiger, als man das bislang in der Evolutionsbiologie dachte.«[28]

•••

Wenn alle Lebewesen Holobionten darstellen, also aus Hunderten oder Tausenden von Organismen zusammengesetzt sind, kann man dann weiterhin so tun, als sei der Wirt, das Zentralgestirn eines solchen Superorganismus, alleiniges Objekt der natürlichen Selektion? So sieht es die geltende, auf biologische Individuen abzielende Evolutionstheorie bislang vor.

Fragen wir einen Wissenschaftler, der wie Brucker, Bordenstein und viele andere davon überzeugt ist, dass die alte Theorie modifiziert werden muss. Thomas Bosch, der Kieler *Hydra*-Experte, malt drei Kreise auf ein Blatt Papier. Der Kreis oben links stellt den Wirt dar, der daneben symbolisiert die mit ihm assoziierten Prokaryoten, also Bakterien und Archaeen. Der dritte Kreis unten zwischen den beiden oberen steht für die eukaryotischen Symbionten, die Pilze vieler Pflanzen, die Algen der Korallen, die Geißeltierchen der Termiten, die Wimpertierchen der Wiederkäuer. Alle Kreise sind wechselseitig durch Pfeile miteinander verbunden. Sie symbolisieren die Interaktion und Kommunikation, die innerhalb und zwischen diesen Organismengruppen stattfinden. Um die drei Kreise zeichnet Bosch ein auf der Spitze stehendes Dreieck und tippt darauf: »Über Millionen von Jahren haben sich bestimmte Communities von Mikroben mit dem Wirt zusammengetan. Entstanden ist eine Gemeinschaft, eine Einheit, und die nennen wir jetzt ›Holobiont‹.« Diese Gemeinschaft existiert, seit es die Wirte gibt. Und natürlich ist sie der Evolution unterworfen und verändert sich …

»Das ist die Einheit der Selektion«, sagt er und meint das Ganze, den Holobionten, nicht nur den Wirt. Und genau das ist das Problem. Der Holobiont, ein Kollektiv von Hunderten, ja Tausenden von Arten, als Objekt und Einheit der natürlichen Selektion, das ist in den Augen vieler eher konservativ denkender Evolutionsbiologen ein Ding der Unmöglichkeit. Denn »jetzt sind wir in der Gruppenselektion ...«, fährt Thomas Bosch fort, und nun sprudeln die Sätze nur so aus ihm heraus, »... jetzt sind wir auf der Europäischen Tagung für Evolutionsbiologie, und ich halte den Eröffnungsvortrag und sage so etwas, und es gibt einen Aufschrei, weil das ja nicht geht, weil es das nicht gibt. Über Gruppenselektion reden sie überhaupt nicht.« Thomas Bosch holt tief Luft. »Es ist aber wahr.«

Ist es wahr? Wir werden es hier nicht entscheiden können, aber die Art, wie Thomas Bosch davon erzählt, die Erregung in seiner Stimme, deutet an, wie es jemandem ergeht, der radikal neue Thesen aufstellt und sie vor den Gralshütern seines jeweiligen Faches vorträgt und verteidigt. »Es ist wichtig, dass man auch provokativ ist, dass man die Leute zum Nachdenken bringt«, sagt er.[29]

Gruppenselektion ist seit Jahrzehnten ein höchst umstrittenes Thema in der Evolutionsbiologie. Gibt es sie oder gibt es sie nicht? Wie kann man erklären, dass Lebewesen im Interesse einer Gruppe den eigenen Fortpflanzungserfolg zurückstellen? Bislang scheitert die Theorie an diesem Problem. Und nun kommt die Hologenomtheorie und behauptet, Individuen existierten gar nicht und hätten auch nie existiert und jedes Lebewesen sei in Wirklichkeit ein Holobiont, eine hochkomplexe Gruppe unterschiedlichster Organismen, und jede Selektion sei schon immer auch Gruppenselektion gewesen ... Und diese ganze Diskussion wird wieder von Neuem angefacht.

•••

Es gab einmal eine Zeit, da endeten Kinofilme gern mit einem Schlussschocker. Endlich schien alles geklärt, die Bösen lagen darnieder, die Guten hatten zwar viel einstecken müssen, aber doch gesiegt, und dann, plötzlich, als niemand mehr damit rechnet, reckt sich eine Hand aus dem Grab, ertönt ein Schrei ... und alles ist doch anders als gedacht, der Albtraum beginnt wieder von Neuem, und man trägt ihn benommen aus dem Kinositz hinaus in die wirkliche Welt.

Nun geht es hier nicht um Albträume, sondern um faszinierende neue Erkenntnisse der Biologie. Aber eine – nennen wir es: Überraschung kann ich zum Schluss tatsächlich aus dem Hut zaubern. Sie betrifft Protagonisten, die in diesem Buch zwar hin und wieder erwähnt, aber alles in allem doch arg vernachlässigt wurden. Was die Forscher über sie herausfinden, nennt Nicole Dubilier einfach nur: »Genial!«[30] Ich überlasse es Thomas Bosch[31], sie zu präsentieren.

»Jetzt wird es noch doller«, sagt er. »Die Arbeit von uns ist gestern rausgekommen. Die Virengeschichte. Wir haben gezeigt, dass jede Tierart – wir reden immer nur von der *Hydra*, aber ich behaupte, es ist bei allen so, und ich glaube, ich werde recht behalten ... Wir haben gezeigt, dass jede Tierart genauso wie bei den Bakterien ihr eigenes Virom hat.« Er zeichnet einen vierten Kreis in die Mitte seiner Zeichnung, zwischen die drei anderen. Er stellt das Virom eines Holobionten dar, die Gesamtheit aller seiner Viren. »Dieses Virom ist dynamisch, aber es ist tierartspezifisch. Von diesen Viren sind sechzig Prozent Phagen. Und was macht ein Phage? Er lebt in Bakterien. Und deshalb glauben wir – das ist unsere Arbeitshypothese –, dass die Viren eigentlich das speziesspezifische Mikrobiom kontrollieren. Viren sind überall. Und sie waren schon immer da. Dass die tatsächlich artspezifisch sein sollen, hat doch niemand geglaubt, das hat niemand ernst genommen. Ich glaube aber, die Viren bestimmen die Mikrobenzusammensetzung.«

Nun also die Viren – noch kleiner, noch zahlreicher. Und zweifellos noch unheimlicher. Auch ihre Zahl und Vielfalt kommen erst jetzt durch metagenomische Analysen ans Tageslicht, da nur die wenigsten in Kultur vermehrt werden können. Zum ersten Mal ist klar: Jede *Hydra*-Spezies, und wahrscheinlich jede andere Tierart auch, besitzt ein eigenes charakteristisches Virom, das auf Einflüsse der Umwelt, etwa auf Hitzestress, reagiert. Die meisten gefundenen Viren sind Phagen, Gegenspieler der Bakterien. Sind sie, wie Thomas Bosch vermutet, die Strippenzieher im Hintergrund? Die Bakteriengruppen, in denen diese Phagen leben, passen zu den Bakterien, die an und in *Hydra* gefunden wurden. Welchen Beitrag leisten sie für die »Evolution und Erhaltung des Holobionten«? Vollständige Viruspartikel existieren überall da, wo es auch zelluläres Leben gibt. Aber es gibt sie auch in den Zellen, als sogenannte »endogene Proviren« sind sie ein Bestandteil vieler Genome, auch des menschlichen, integriert in die schier endlose Basenfolge der DNA. Und beide, die Viren außen und innen, bilden eine »dynamische Gemeinschaft«.[32]

Das fünfzehnköpfige Forscherteam, zu dem auch Forest Rohwer gehört, der Korallenforscher, der vor Jahren den modernen Holobionten-Begriff prägte und sich später den Viren zuwandte, fasst seine Ergebnisse in folgendem Satz zusammen: »Während Viren im Allgemeinen als Pathogene angesehen werden, deutet unsere Studie auf eine evolutionär konservierte Fähigkeit von Viren hin, als Regulatoren von Holobionten zu funktionieren, und begründet daher einen beginnenden Paradigmenwechsel in den Wirt-Mikroben-Interaktionen.«[33]

Schon wieder ein Paradigmenwechsel? Oder ist es immer noch derselbe? Wenn Viren die Bakterien kontrollieren, wie kontrolliert deren Wirt die Viren?

Die Biologie macht turbulente Zeiten durch, getrieben von einer atemberaubenden technischen Entwicklung, die in rasendem Tempo ungeahnte neue Erkenntnisse produziert. Unsere Fähigkeit, daraus konsistente wissenschaftliche Theorien zu erstellen, kann kaum damit Schritt halten.

Was bleibt, ist die gespannte Erwartung auf weitere wissenschaftliche Überraschungen. Und die tröstliche Gewissheit, dass wir, auch wenn es uns manchmal nicht so scheinen mag, nie und nirgendwo wirklich allein sind.

Mögen unsere Symbionten auch künftig mit uns sein!

Anmerkungen

Motti

1 Die Bioethikerin Rosamond Rhodes ist Professorin am Graduate Center der City University of New York. Zitiert nach ZIMMER 2011

2 DOUGLAS 2010, S. IX

Einführung

1 MCFALL-NGAI 2008, S. 789

2 MCFALL-NGAI u.a. 2013, S. 3235

3 Das Zitat lautet im Original: »Nothing in biology makes sense except in the light of evolution.«, DOBZHANSKY 1973

4 GILBERT, SAPP & TAUBER 2012

1. Mikrobenwelt – In Zeiten großer Entdeckungen

1 *Laborjournal* 6/2013, S. 56

2 STREIT & SCHMITZ 2004

3 MONEY 2014, S. 13

4 Die Jahre 2013 und 2014 brachten wichtige Durchbrüche in der Erforschung dieser Extrembiotope. Erstmals gelang der Nachweis lebender Mikroben in einem See 800 Meter unter dem Eis der Antarktis und in pazifischem Basaltgestein, das unter einer 250 Meter dicken Sedimentschicht verborgen liegt. Zehn bis fünfzehn Kilometer über der Karibik und der Küste Kaliforniens fanden Forscher des Georgia Institute of Technology mithilfe von Hurrikan-Messflugzeugen der NASA über 5000 Mikrobenzellen pro Kubikmeter der kalten und dünnen Luft. Ein Großteil davon lebte. (CHRISTNER u.a. 2014, LEVER u.a. 2013, DELEON-RODRIGUEZ u.a. 2013)

5 Zitiert aus »Warum wissen wir so wenig über das Meer?« von Hans Schuh, *Die Zeit*, 22.07.2010, Nr. 30.

6 VENTER 2004, RUSCH u.a. 2007

7 YOOSEPH u.a. 2007

8 BEJA u.a. 2000, VENTER 2004

9 Siehe GROTE & O'MALLEY 2011

10 RIESENFELD u.a. 2004

11 EISEN 2007

12 Zitiert nach Ford, B. J. 2008: Antoni van Leeuwenhoek. www.ucmp.berkeley.edu/history/leeuwenhoek.html, University of California, Berkeley.

13 DEWHIRST u.a. 2010

14 Gemeint ist das 16S rRNA-Gen.

15 KEIJSER u.a. 2008

16 Der Begriff »Mikrobiom« wird in diesem Buch im Sinne von Joshua Lederberg verwendet. Der Nobelpreisträger verstand darunter »die ökologische Gemeinschaft kommensaler, symbiontischer und pathogener Mikroorganismen, mit der wir uns unseren Körperraum buchstäblich teilen.« (Lederberg, J., McCray, AT.: 'Ome Sweet 'Omics – A Genealogical Treasury of Words. *Scientist* 2001/15, S. 8) Er wollte damit die Bedeutung dieser Organismen für die Gesundheit und Krankheit des Menschen hervorheben. Folgt man dieser Definition, ist der Begriff weitgehend synonym zu dem gebräuchlichen »Mikrobiota«.

17 DEWHIRST u.a. 2012

18 THE HUMAN MICROBIOME CONSORTIUM 2012a

19 ZIMMER 2010

20 GRICE & SEGRE 2011

21 PRICE u.a. 2010

22 THE HUMAN MICROBIOME CONSORTIUM 2012a, b

23 TURNBAUGH u.a. 2007

24 *Inflammatory bowel disease*

25 QIN u.a. 2010

26 BIANCONI u.a. 2013

27 KORT u.a. 2014

28 NASIDZE u.a. 2009

29 NASIDZE u.a. 2011

30 Ob diese Vielfalt etwas mit der genetischen Vielfalt der Menschen zu tun haben könnte, die nirgendwo so groß ist wie in Afrika, der Wiege der Menschheit, wird von den Autoren der Studie nicht thematisiert.

31 NASIDZE u.a. 2011, S. 640

32 LEE u.a. 2011

33 THE HUMAN MICROBIOME CONSORTIUM 2012a, b

34 SPIEGEL ONLINE 14.6.2012

35 THE HUMAN MICROBIOME CONSORTIUM 2012a, b

36 FIERER u.a. 2008

37 FIERER u.a. 2008

38 FIERER u.a. 2010

39 COSTELLO u.a. 2009

40 FIERER u.a. 2010, S. 6479

41 Auf den Fall der Brüder Hassan und Abbas O. habe ich schon in meinem Buch »Epigenetik« Bezug genommen.

42 Eineiige Zwillinge unterscheiden sich auch epigenetisch, s. KEGEL 2009

43 TURNBAUGH u.a. 2009, 2010, LEE u.a. 2011

44 LAX u.a. 2014, Zitat nach SPIEGEL ONLINE, 30. August 2014, »Umzug mit Bakteriengepäck«

45 LEE u.a. 2011

46 TURNBAUGH u.a. 2010, S. 7508

47 BLECH 2000, das Buch ist im Jahr 2010 noch einmal in einer überarbeiteten Fassung erschienen.

48 QIN u.a. 2010

49 KUNIN u.a. 2009

50 Zu Deutsch: »operationale taxonomische Einheiten«.

51 Die Rolle, die dieser horizontale Gentransfer bei Eukaryoten spielt, ist umstritten.

52 THE HUMAN MICROBIOME CONSORTIUM 2012 a, b

2. Von Korallen und Menschen

1 In Fossilien aus dieser Zeit tauchen in den Kalkskeletten erstmals die auch für heutige Steinkorallen typischen »Jahresringe« auf. Sie entstehen, weil die Aktivität der Einzeller saisonalen Schwankungen unterliegt. Der Zusammenhang zwischen der Wassertemperatur und der Struktur des abgelagerten Kalks ist so eng, dass Korallenskelette als Klimaarchiv benutzt werden können, das weit in die Vergangenheit zurückreicht. Siehe z. B. BRACHERT u.a. 2013

2 ROHWER 2010

3 Siehe WAKEFIELD & KEMPF 2001. Eine *Symbiodinium*-Zelle mit der umgebenden Membran wird als »Symbiosom« bezeichnet.

4 PENG u.a. 2010

5 Leider ist von solchen Bedingungen immer weniger auszugehen. Korallenriffe und ihre bunte Tier- und Pflanzenwelt drohen zu verschwinden. Diese von uns Menschen verschuldete Entwicklung könnte einem Tränen der Wut in die Augen treiben, ist aber nicht Thema dieses Buches.

6 ROSENBERG u.a. 2007

7 ROHWER 2010

8 Bei Korallen sind es sechs, von denen vor allem A bis D weit verbreitet sind.

9 SILVERSTEIN u.a. 2012, LAJEUNESSE & THORNHILL 2011

10 SILVERSTEIN u.a. 2012

11 OLIVER & PALUMBI 2011, STAT u.a. 2011

12 SILVERSTEIN u.a. 2012

13 LAJEUNESSE u.a. 2010

14 Siehe z. B. COOPER u.a. 2011

15 HOEGH-GULDBERG u.a. 2007. Darin geht es auch um die zunehmende Versauerung der Ozeane, die ebenfalls eine Folge der CO_2-Emissionen des Menschen ist. Sie wird, so die Befürchtung der Experten, nicht nur Steinkorallen, sondern alle Kalk bildenden Lebewesen im Meer vor große Probleme stellen.

16 ROHWER 2010

17 ROHWER 2010

18 BAKER u.a. 2004

19 LAJEUNESSE u.a. 2010, OLIVER & PALUMBI 2011, BAKER u.a. 2004, COOPER u.a. 2011

20 BUDDEMEIER & FAUTIN 1993

21 MAYNARD u.a. 2008

22 BERKELMANS & VAN OPPEN 2006, STAT & GATES 2011

23 STAT, MORRIS & GATES 2008

24 BERKELMANS & VAN OPPEN 2006, COOPER u.a. 2011

25 STAT & GATES 2011

26 Zitiert nach GOTTSCHALK 2009, S. 72

27 MUSCATINE u.a. 1989

28 GRUBER 2005

29 FOSTER u.a. 2011

30 OLSON u.a. 2009, LEMA u.a. 2012

31 LESSER u.a. 2004

32 OLSON & LESSER 2013

33 OLSON u.a. 2009

34 LEMA u.a. 2012, OLSON & LESSER 2013. Aus der Existenz des Nitrogenase-Gens im Genom einer Bakterienart folgt nicht automatisch, dass dieses Bakterium auch tatsächlich Stickstoff fixiert. Dazu muss das Gen auch aktiv sein. Nur wenn man die entsprechende mRNA findet, heißt das, dass das Gen auch abgelesen und das Enzym produziert wird. In Zellen von Schwämmen fand man wie bei Korallen viele verschiedene Bakterienarten mit Nitrogenase-Genen, doch nur die der Cyanobakterien scheinen auch aktiv zu sein. S. MOHAMED u.a. 2008.

35 LESSER u.a. 2007, OLSON u.a. 2009

36 LESSER u.a. 2007, auch die Bremer Forscher konnten diese Veränderungen mit der Wassertiefe messen.

37 ROHWER u.a. 2002, KNOWLTON & ROHWER 2003

38 SHARP & RITCHIE 2012, BOURNE & WEBSTER 2013

39 AGOSTINI u.a. 2012

40 Z. B. in BOSCH 2012a und 2012b, zwei der wenigen deutschsprachigen Veröffentlichungen zum Thema.

41 CHAPMAN u.a. 2010

42 FRAUNE & BOSCH 2007

43 Interview mit dem Autor, 29.10.2014

44 Interview mit dem Autor, 29.10.2014

45 Interview mit dem Autor, 29.10.2014

46 Bosch, pers. Mitteilung

47 FRANZENBURG u.a. 2013 a, b

48 ROHWER u.a. 2002

49 Siehe NAUMANN u.a. 2012

3. Dreieinhalb Milliarden Jahre unter sich – Mikroben und die Urerde

1 Ob der Wirt auch ohne sie leben könnte, ist eine andere Frage, auf die in Kap. 5 eingegangen wird.

2 LANE 2009, S. 73, Übersetzung des Autors

3 »LUCA« steht für *Last Universal Common Ancestor.* Gebräuchlich ist auch die Abkürzung MRCA für *Most Recent Common Ancestor.*

4 In meinem Roman *Ein tiefer Fall* entdeckt eine der Hauptpersonen in der arktischen Tiefsee Lebensformen, die RNA statt DNA als Erbmo-

lekül enthalten. Es ist tatsächlich nicht auszuschließen, dass irgendwo auf der Welt derartige Lebewesen existieren könnten. Entdeckt hat sie aber noch niemand und in meiner Geschichte entpuppen sie sich als dreiste Fälschung.

5 Gemeint ist »Küssen kann man nicht alleine« von Max Raabe und seinem Palast-Orchester.

6 *Der Tagesspiegel* 6.1.2014, S. 1 u. 24

7 LANE 2009, S. 8

8 MARTIN u.a. 2008

9 SLEEP u.a. 1989

10 Wer sich dafür interessiert, lese die ersten Kapitel des hervorragenden Buches *Life Ascending* von Nick Lane (LANE 2009), das unter dem Titel *Leben* kürzlich in Deutsch erschienen ist. Oder die Originalarbeiten von Russel und Martin, z. B. den 2008 in *Nature Reviews Microbiology* erschienenen Übersichtsartikel (MARTIN u.a. 2008).

11 ALTERMANN & KAZMIERCZAK 2003, S. 615

12 PROTHERO 2007

13 Die fakultativen Anaerobier unter den Bakterien können sogar von aerober zu anaerober Lebensweise umschalten.

14 Eine Oxidation ist eine chemische Reaktion, bei der einer der Reaktionspartner Elektronen abgibt. Der Empfänger dieser Elektronen wird dabei reduziert.

15 Siehe LANE 2009, der sich rechtschaffen bemüht, diese überaus komplizierten Überlegungen verständlich darzustellen.

16 LANE 2009, S. 86, Übersetzung des Autors.

17 Gemeint ist Gestein aus dem Präkambrium, also älter als 500 Millionen Jahre.

18 WOESE & FOX 1977

19 Zitiert nach GOLDENFELD & PACE 2013, S. 661

20 Zitiert nach GOTTSCHALK 2009, S. 20

21 HERZOG & WIRTH 2012

22 SPANG u.a. 2013

23 Früher Prokaryonten und Eukaryonten

24 WOESE u.a. 1990

25 HOLLAND 2006

26 EMBLEY & MARTIN 2006

27 WOESE u.a. 1990

28 PISANI u. a. 2007

29 SAGAN 1967

30 Zitiert nach BROCKMAN 1995, S. 144

31 Es könnte viele Versuche gegeben haben, komplexere Zellen zu formen, die jedoch nicht überlebten. Kein solcher Übergang, das gilt für fast alle größeren Entwicklungsschritte, gelingt beim ersten Versuch.

32 Gemeint ist *Rickettsia prowazekii.*

33 RAVEN & ALLEN 2003

34 Und wie bei diesen Prokaryoten sind die Gensequenzen der Mitochondrien und Chloroplasten nicht von Introns unterbrochen.

35 Bei Algen hat man Drei- oder Vierfachmembranen um die Chloroplasten gefunden. Sie sind das Produkt einer sekundären Endosymbiose, bei der kein Prokaryot, sondern eine Rotalge, also ein Eukaryot, inkorporiert wurde, der seinerseits Organellen prokaryotischen Ursprungs enthält.

36 Diese Aussage bezieht sich auf die Modellpflanze *Arabidopsis thaliana*, s. RAVEN & ALLEN 2003, MONEY 2014.

37 LANE 2009, S. 109

38 HODGKINSON u. a. 2014, PETRILLO u. a. 2014

38 RAVEN & ALLEN 2003

40 Es gibt viele weitere Erklärungsversuche und Theorien zur Entstehung der Eukaryoten. Eine Übersicht bieten EMBLEY & MARTIN 2006.

41 MARTIN & MÜLLER 1998, PISANI u. a. 2007

42 Z. B. POOLE & PENNY 2007

42 Diese Aussage stammt von Nicole Dubilier, Direktorin des Max-Planck-Instituts für Marine Mikrobiologie, Bremen. Interview mit dem Autor, 13.6.2014.

44 Aufmerksamen Lesern dürfte nicht entgangen sein, dass die eukaryotische Zelle mit Mitochondrien und Chloroplasten noch lange nicht komplett ist. Was ist mit dem wichtigsten Zellbestandteil, dem Zellkern? Natürlich gibt es auch zu seiner Entstehung interessante Vorstellungen – und raten Sie mal, wer sich auch auf diesem Gebiet hervorgetan hat? Richtig, William Martin, diesmal zusammen mit dem Amerikaner Eugene Koonin, s. MARTIN & KOONIN 2006. Eine Zusammenfassung ihrer Argumente gibt LANE 2009.

45 Hydrogenosomen und Mitosomen

46 EMBLEY & MARTIN 2006

4. With help from our little friends – Eine Welt der Holobionten

1 Es handelt sich um Rickettsien mit dem Namen *Midichloria mitochondrii*, s. SASSERA u.a. 2006.

2 Siehe KEGEL 2009

3 MOYA u.a. 2008

4 McFALL-NGAI 2008

5 DOUGLAS 2010

6 Um diese Verwirrung zu vermeiden, wurde die neutrale Bezeichnung »Mikrobiont« vorgeschlagen. Ein Mikrobiont wäre demnach eine Mikrobe, die mit einem Wirt in Gemeinschaft lebt, über die genaue Natur dieser Beziehung wird nichts ausgesagt. Der Begriff hat sich nicht durchgesetzt.

7 McFALL-NGAI 2014

8 Interview mit dem Autor, 12.6.2014

Schwämme (Porifera)

1 Es geht um den Flecken-Querzahnmolch *Ambystoma maculatum*, s. KERNEY u.a. 2011

2 SCHMITT u.a. 2012, WEBSTER & TAYLOR 2012, WEBSTER u.a. 2010, TAYLOR u.a. 2007

3 Zitiert nach VOGEL 2008, S. 1028

4 Die Schätzungen der Autoren gehen mit 4500 Bakterienarten pro Schwammspezies sogar noch weit darüber hinaus. S. WEBSTER u.a. 2010

5 SCHMITT u.a. 2012

6 SCHMITT u.a. 2012

7 TURNBAUGH u.a. 2009

8 WEBSTER u.a. 2010, S. 2070

9 Dank ihrer Symbionten vielleicht? Leider gehen die Autoren nicht auf diese Möglichkeit ein. S. MILLS u.a. 2014

10 LENTON u.a. 2014

11 PIEL u.a. 2004, PROKSCH u.a. 2006

12 VOGEL 2008

13 Es sind die sogenannten »Polyketide«. Ähnliche Stoffe produziert erstaunlicherweise auch ein Bakterium des Käfers *Paederus fuscipes*, S. PIEL u.a. 2004.

14 VOGEL 2008

Leben ohne Mund und Darm

1 Genauer gesagt um röhrenbewohnende Vielborster, Polychaeta. Heute werden die Bartwürmer aufgrund morphologischer und molekularbiologischer Untersuchungen unter dem Namen »Siboglinidae« als eigene Familie innerhalb der Polychaeta angesehen.

2 DUBILIER, BERGIN & LOTT 2008

3 Gemeint ist das Wachstum der von den Würmern produzierten Röhren. Das Tier selbst erreicht etwa 85 Zentimeter Länge.

4 FISCHER u.a. 1997 in OTT, siehe www.promare.at/0102/feature/feature.htm

5 BRIGHT u.a. 2014

6 DUBILIER, BERGIN & LOTT 2008

7 Interview mit dem Autor, 12.6.2014

8 DUBILIER, BERGIN & LOTT 2008, S. 731

9 DUBILIER, BERGIN & LOTT 2008

10 WOYKE u.a. 2006

11 Es sind zumeist Gammaproteobakterien.

12 ROUSE u.a. 2004

13 Es handelt sich um die Gattung *Oceanospirillales*.

14 GOFFREDI u.a. 2007

15 HILARIO u.a. 2011, S. 11

Leuchtende Zwerge

1 Der tierische Held meines Romans *Der Rote* ist ein gigantischer Kolosskalmar. Der Kieler Tintenfischspezialist Hermann Pauli, dem dieses Ungetüm in Neuseeland begegnet, ist auch die Hauptperson von *Ein tiefer Fall*.

2 JONES & NISHIGUCHI 2004

3 Die folgende Darstellung fasst die Forschung von zwei Jahrzehnten zusammen. Aus Platzgründen sei hier auf jüngere zusammenfassende Darstellungen und die darin enthaltene Literatur hingewiesen: McFALL-NGAI 2014, McFALL-NGAI u.a. 2012, NORSWORTHY & VISICK 2013, NYHOLM & McFALL-NGAI 2004, ALTURA u.a. 2013.

Kleine Beschützer

1 Es gibt Schätzungen, die von 100 Millionen Insektenarten ausgehen.

2 MARTINSON u.a. 2011, ENGEL & MORAN 2013, SABREE & MORAN 2014

3 MEEUS u.a. 2013

4 SARIDAKI & BOURTZIS 2010

5 WERREN, BALDO & CLARK 2008

6 WERREN, BALDO & CLARK 2008, S. 748

7 WEEKS u.a. 2007

8 WERREN, BALDO & CLARK 2008, S. 741; Bettwanze: HOSOKAWA u.a. 2010. Kommensale sind wörtl. »Mitesser«, Arten, die von ihrem Wirt, zum Beispiel von dessen Nahrung, profitieren, ohne ihm zu schaden.

9 WERREN, BALDO & CLARK 2008, S. 749; SARIDAKI & BOURTZIS 2010

10 HEDGES u.a. 2008, TEIXEIRA, FERREIRA & ASHBURNER 2008, MARTINEZ u.a. 2014

11 FRENTIU u.a. 2014 und die darin zitierten Arbeiten.

12 Zitiert nach SPIEGEL ONLINE 26.09.2014: Bakterieninfizierte Mücken sollen Dengue stoppen.

13 WALKER u.a. 2011, HOFFMANN u.a. 2011

14 Siehe WALKER u.a. 2011 und die darin zitierte Literatur.

15 WALKER u.a. 2011, S. 452

16 HOFFMANN u.a. 2014, FRENTIU u.a. 2014

17 VAN DEN HURK u.a. 2012, MARTINEZ u.a. 2014

18 WALKER & MOREIRA 2011

19 Bei den Käfern handelt es sich um Kurzflügelkäfer der Gattung *Paederus*, NAKABACHI u.a. 2013

20 CLAY 2014, S. 294

21 DONIA u.a. 2014

22 Es geht um die zu den Actinomycetales gehörende Gattung *Pseudonocardia*. Die folgende Darstellung stützt sich auf CURRIE u.a. 2006 und die darin zitierten Arbeiten.

23 CURRIE u.a. 2006, S. 81

24 OTT u.a. 2009, ZHANG, POULSEN & CURRIE 2007

25 KALTENPOTH & ENGL 2014

26 CLAY 2014

27 KALTENPOTH & ENGL 2014

28 MORAN u.a. 2005, OLIVER u.a. 2010, KALTENPOTH & ENGL 2014

29 MORAN u.a. 2005, S. 16919

30 KALTENPOTH & ENGL 2014

31 Interview mit dem Autor, 12.6.2014

Die anderen Mikroben

1 CARON u.a. 2009

2 Zum Ausgleich haben wir ein künstlerisch verfremdetes Exemplar für den Umschlag ausgewählt.

3 Sogar unter einzelligen Algen gibt es Krankheitserreger (Protothekose).

4 PARFREY u.a. 2011

5 CARON u.a. 2009

6 PARFREY u.a. 2011

7 MOON-VAN DER STAAY u.a. 2014

8 KEGEL 2013b, 2014 und die darin zitierte Literatur.

9 HONGOH u.a. 2008 a

10 Zur Invasionsbiologie siehe KEGEL 2013 b.

11 TARTAR u.a. 2009, HONGOH 2010

12 SCHARF u.a. 2011

13 TARTAR u.a. 2009

14 HONGOH 2010

15 DESAI & BRUNE 2012

16 HONGOH u.a. 2008

17 DESAI & BRUNE 2012

18 HONGOH u.a. 2007, TAMM 1982

Grüne Kollektive – Die Pflanzen

1 VAN DER HEIJDEN u.a. 2008

2 PARTIDA-MARTINEZ & HEIL 2011

3 Es gibt auch Flechten, in denen Cyanobakterien den fotosynthetischen Part übernehmen.

4 BEGON, HARPER & TOWNSEND 1991, S. 495. Laut Wikipedia ist dieser Satz ein Zitat des amerikanischen Pflanzenpathologen Stephen William.

5 BAKKER u.a. 2013, S. 1

6 Die anschließende Darstellung stützt sich auf folgende zusammenfassende Darstellungen: LINDOW & BRANDL 2003, WHIPPS u.a. 2008, BERG u.a. 2014, MÜLLER & RUPPEL 2014, VORHOLT 2012, BULGARELLI u.a. 2013.

7 Leider ist nur noch ein Bruchteil davon vorhanden, ca. acht Prozent seiner ursprünglichen Ausdehnung. LAMBAIS u.a. 2006

8 WHIPPS u.a. 2008

9 DELMOTTE u.a. 2009

10 STAVRAKOU u.a. 2011

11 ATAMNA-ISMAEEL 2012a, b

12 ATAMNA-ISMAEEL 2012a, S. 143

13 Siehe www.icr.org/article/bacteria-share-light-spectrum-with/

14 ATAMNA-ISMAEEL 2012b

15 MÜLLER & RUPPEL 2014

16 WHIPPS u.a. 2008, BERG u.a. 2014

17 LUNDBERG u.a. 2012

18 VAN DER HEIJDEN u.a. 2008

19 LAU & LENNON 2011

20 PINEDA u.a. 2010, BERG u.a. 2014

21 MENDES u.a. 2011

22 LINDOW & BRANDL 2003, PUSEY 2002, NEWTON u.a. 2010

23 Siehe CLAY 2014 und die darin zitierte Literatur.

24 BALINT-KURTI u.a. 2010

25 PINEDA u.a. 2010, HUMPHREY u.a. 2014

26 Man spricht von »PGPRs« und »PGPFs«, *plant growth-promoting rhizobacteria* und *plant growth-promoting fungi*.

27 Dieses Phänomen wird als »induzierte systemische Resistenz« (ISR) bezeichnet.

28 HARTMANN u.a. 2014, S. 1

29 AIZENBERG-GERSHTEIN, IZHAKI & HALPERN 2013, ALEKLETT, HART & SHADE 2014, VANNETTE u.a. 2013

30 HEIL 2012

31 VANNETTE u.a. 2012, GOOD u.a. 2013

32 HEIL 2011

Hyänen, Menschen und die Macht der Düfte

1 Auf der hervorragenden Website der *Hyaena Specialist Group* der IUCN www.hyaenidae.org können Sie sich über diese Tiere informieren.

2 ARCHIE & THEIS 2011

3 ARCHIE & THEIS 2011

4 THEIS u.a. 2013

5 JAMES u.a. 2013

6 MILINSKI & WEDEKIND 2001

7 CALLEWAERT u.a. 2014

8 Zitate aus ARCHIE & THEIS 2011, S. 428

9 Zitiert nach KIPPENBERGER u.a. 2012

10 ROBERTS u.a. 2009

11 ROBERTS u.a. 2005, 2013, ARCHIE & THEIS 2011, KIPPENBERGER u.a. 2012

12 Siehe KIPPENBERGER u.a. 2012 und die darin zitierte Literatur.

13 HEPPER & WELLS 2010

14 KLAILOVA & LEE 2014

15 HAVLICEK, ROBERTS & FLEGR 2005

16 THEIS u.a. 2013

17 Vögel: WHITTAKER u.a. 2010, Fledermäuse: VOIGT, CASPERS & SPECK 2005, Erdmännchen: LECLAIRE, NIELSEN & DREA 2014.

5. Der Darm

1 LIZÉ u.a. 2013

2 LIZÉ u.a. 2014

3 DILLON, VENNARD & AKSOY u.a. 2002

4 SHI u.a. 2014

5 SMITH, MCCOY & MACPHERSON 2007

6 PICKARD u.a. 2014

7 Siehe den *Review*-Artikel von SOMMER & BÄCKHED 2013.

8 Was streng genommen auch für mikrobenfreie Tiere gilt, weswegen die Begriffe »gnotobiotisch« oder »Gnotobiont« auch im Sinne von »mikrobenfrei« verwendet werden.

9 SMITH, MCCOY & MACPHERSON 2007

10 SOMMER & BÄCKHED 2013

11 WEISS et al 2013, WANG, WEISS & AKSOY 2013

12 WILLIAMS 2014, S. 1661

13 SOMMER & BÄCKHED 2013

14 LEY u.a. 2008

15 Fälschlicherweise wird häufig der Wurmfortsatz des Blinddarms, medizinisch *Appendix vermiformis*, als »Blinddarm« bezeichnet.

16 ZHU u.a. 2011

17 NAYA & KARASOV 2011, LEY u.a. 2008

18 Zitate nach POLLAN 2013

19 OCHMAN u.a. 2010

20 Sie wurde anhand der mitochondrialen DNA ermittelt.

21 OCHMAN u.a. 2010, S. 5

22 LEY u.a. 2008, MOELLER u.a. 2014

23 SOMMER & BÄCKHED 2013

24 DAVID u.a. 2014

25 CANO u.a. 2014

26 HEHEMANN u.a. 2010

27 RAJILIC-STOJANOVIC u.a. 2012, FAITH u.a. 2013

28 TANNOCK u.a. 2013

29 SOMMER & BÄCKHED 2013

30 Das 2014 erschienene Buch *Bund fürs Leben. Warum Bakterien unsere Freunde sind.* von Hanno Charisius und Richard Friebe setzt den Schwerpunkt genau umgekehrt: viel Medizin, kaum Biologie.

31 TURNBAUGH u.a. 2007

32 TURNBAUGH u.a. 2006, 2009

33 RIDAURA u.a. 2013

34 Zitiert nach POLLAN 2013

35 TURNBAUGH u.a. 2009

36 BLASER 2014

37 BLASER 2014, S. 6, Übersetzung des Autors

38 Interview mit dem Autor, 29.10.2014

39 http://cordis.europa.eu/news/rcn/27379_de.html

40 LYNCH u.a. 2014, S. 593

41 BLASER 2014

42 Mit einem Body-Mass-Index über 30.

43 Im ARD-Magazin »Fakt«.

44 BLASER 2014, S. 3, Übersetzung des Autors

45 BLASER 2014, S. 3, Übersetzung des Autors; auch alle anderen Angaben stammen aus Blasers Buch.

46 COX u.a. 2014

47 MUELLER u.a. 2014

48 DETHLEFSEN u.a. 2008, DETHLEFSEN & RELMAN 2011

49 YATSUNENKO u.a. 2012

50 Zitiert nach POLLAN 2013

51 COX u.a. 2014, CANI u.a. 2008

52 Zitiert nach POLLAN 2013

53 SONNENBURG & SONNENBURG 2014

6. Holobionten intern

1 McFALL-NGAI u.a. 2013, S. 3232

2 FUNKHOUSER & BORDENSTEIN 2013

3 WATANABE u.a. 2014
4 Interview mit dem Autor, 13.6.2014
5 HARMER u.a. 2008
6 HARMER u.a. 2008, S. 3897
7 BRIGHT & BULGHERESI 2010
8 NUSSBAUMER, FISHER & BRIGHT 2006
9 ROBIDART u.a. 2011, S. 1
10 BRIGHT & BULGHERESI 2010
11 MOYA u.a. 2008
12 Interview mit dem Autor, 13.6.2014
13 Interview mit dem Autor, 13.6.2014. Siehe z. B. KOGA & MORAN 2014.
14 WEBSTER u.a. 2010, TAYLOR u.a. 2013
15 SHARP & RITCHIE 2012, SHARP u.a. 2010
16 McFALL-NGAI u.a. 2012
17 McFALL-NGAI 2014, S. 3
18 SHAH u.a. 2009
19 Man bezeichnet solche Erkennungsstrukturen allgemein als »MAMPs«, als »mikrobenassoziierte molekulare Muster«, engl.: *pattern*, und ihr Pendant aufseiten des Wirts als »PRRs«, als »Mustererkennungsrezeptoren«.
20 ALTURA u.a. 2013
21 Siehe RADER & NYHOLM 2012 und die darin zitierten Studien.
22 KREMER u.a. 2013
23 Siehe McFALL-NGAI 2014 und die darin zitierten Studien, PEYER u.a. 2014.
24 Dabei spielt programmierter Zelltod eine wichtige Rolle.
25 WIER u.a. 2010, NORSWORTHY & VISICK 2013
26 SACHS, ESSENBERG & TURCOTTE 2011
27 SILVER u.a. 2007
28 Siehe SACHS u.a. 2011 und die darin zitierten Studien.
29 LINDOW & BRANDL 2003
30 Siehe McFALL-NGAI 2014 und die darin zitierten Studien.
31 PINEDA u.a. 2010
32 MUKHERJI u.a. 2013
33 THAISS u.a. 2014
34 Die Darstellung stützt sich auf folgende Arbeiten: FRANZENBURG u.a. 2013a,b, FRAUNE u.a. 2010, BOSCH 2013, 2014.

35 *Toll-like-* und NOD-*like*-Rezeptoren
36 AUGUSTIN u.a. 2009
37 Interview mit dem Autor, 29.10.2014
38 BOSCH 2013, 2014
39 SOMMER & BÄCKHED 2013
40 FUNKHOUSER & BORDENSTEIN 2013
41 FUNKHOUSER & BORDENSTEIN 2013, S. 2
42 Siehe Literatur in FUNKHOUSER & BORDENSTEIN 2013, GOSALBES u.a. 2013, JIMÉNEZ u.a. 2008.
43 GOSALBES u.a. 2013
44 JIMÉNEZ u.a. 2008
45 RESCIGNO u.a. 2001
46 PEREZ u.a. 2007
47 DOMINGUEZ-BELLO u.a. 2010
48 Siehe FUNKHOUSER & BORDENSTEIN 2013 und die darin zitierte Literatur.
49 BLASER 2014
50 BODE 2012, eine gut lesbare Darstellung findet sich auch in SHUGART 2014.
51 GOEHRING u.a. 2014, SHUGART 2014
52 SHUGART 2014
53 SHUGART 2014
54 KOREN u.a. 2012
55 AAGAARD u.a. 2012
56 SUBRAMANIAN u.a. 2014
57 BLASER 2014, SONG, DOMINGUEZ-BELLO & KNIGHT 2013
58 Siehe GIBBONS u.a. 2010. Es gibt allerdings auch viele Länder, in denen die Kaiserschnittrate unter zehn Prozent liegt, ein Zeichen eklatanter medizinischer Unterversorgung.
59 Siehe SONG, DOMINGUEZ-BELLO & KNIGHT 2013, FUNKHOUSER & BORDENSTEIN 2013 und die darin zitierten Studien.
60 Siehe SONG, DOMINGUEZ-BELLO & KNIGHT 2013, DOMINGUEZ-BELLO u.a. 2010, FUNKHOUSER & BORDENSTEIN 2013 und die darin zitierten Studien.
61 SONG, DOMINGUEZ-BELLO & KNIGHT 2013, S. 373
62 FUNKHOUSER & BORDENSTEIN 2013, S. 4, siehe auch ROMERO & KORZENIEWSKI 2013
63 Siehe ROMERO & KORZENIEWSKI 2013 und die darin zitierten Stu-

dien. Von großer Bedeutung könnten auch epigenetische Veränderungen im Genom des Kindes sein, die durch die Geburt ausgelöst werden.

64 Zitiert nach CHARISIUS & FRIEBE 2014, S. 109

65 ZIMMER 2000. Ich gebe hier die amerikanische Originalausgabe an, da die deutsche Übersetzung dieses großartigen Buches leider von Fehlern nur so wimmelt.

66 Nach Angaben des Carter Centers: www.cartercenter.org/news/pr/gw-worldwide-cases-Jan2014.html

67 DE MORAES u.a. 2014

68 EZENWA u.a. 2012

69 HOSOKAWA u.a. 2008

70 TROYER 1984

71 Welche dramatischen Konsequenzen das für Tierkolonien haben kann, beschreibe ich in meinem Buch *Tiere in der Stadt. Eine Naturgeschichte*, KEGEL 2013a.

72 LOMBARDO 2008

73 McFALL-NGAI u.a. 2013, S. 3235

74 WIKOFF u.a. 2009

75 ETHERIDGE u.a. 2013, KOSAKA u.a. 2013

76 WANG u.a. 2012

77 Zitate aus WANG u.a. 2012, S. 10

78 FORSYTHE & KUNZE 2012

79 Manche Autoren behaupten, die Zahl der Nervenzellen in der Darmwand übertreffe die des Rückenmarks um ein Vielfaches. Das Problem dürfte wieder darin bestehen (siehe Kap. 1), dass es sich bei diesen Zahlen um grobe Schätzungen handelt.

80 Der *Plexus myentericus* und *Plexus submucosus*, der zwischen Schleimhaut und Muskulatur liegt.

81 Siehe MAYER 2011, FORSYTHE & KUNZE 2012

82 COLLINS & BERCIK 2009, S. 2006

83 BLASER u.a. 2013

84 Nachzulesen in den Übersichtsdarstellungen von MAYER 2011, FORSYTHE & KUNZE 2012, GONZALES u.a. 2011, COLLINS & BERCIK 2009, STILLING u.a. 2014 und der darin zitierten Literatur.

85 COLLINS & BERCIK 2009

86 Siehe ALCOCK u.a. 2014

87 Zitiert nach CHARISIUS & FRIEBE 2014, S. 157

88 HEIJTZ u.a. 2011, COLLINS, KASSAM & BERCIK 2013, ALCOCK u.a. 2014

89 COLLINS, KASSAM & BERCIK 2013, KANG u.a. 2013, GILBERT u.a. 2013

90 Siehe ALCOCK u.a. 2014 und die darin zitierte Literatur.

91 Die Forscher sprechen in diesem Zusammenhang tatsächlich von »*hijacking*«.

92 ALCOCK u.a. 2014, S. 945

93 CHRISTAKIS & FOWLER 2007

94 ALCOCK u.a. 2014, S. 945

95 DE WEERTH u.a. 2013

7. Evolution und Ontogenese in einer Welt der Holobionten

1 Zitiert nach POLLAN 2013

2 Eine aktuelle Darstellung der Invasionsbiologie finden Sie in meinem Buch *Die Ameise als Tramp*, KEGEL 2013b.

3 Zitiert nach POLLAN 2013

4 ROBINSON, BOHANNAN & YOUNG 2010, S. 46

5 MCFALL-NGAI u.a. 2013, S. 3235

6 GILBERT, SAPP & TAUBER 2012, S. 326

7 Interview mit dem Autor, 12.6.2014

8 EBERL 2010

9 EBERL 2010, S. 450

10 EBERL 2010, S. 461

11 McFALL-NGAI 2007

12 EBERL 2010

13 Zitiert nach POLLAN 2013

14 MORAN 2006, 2007

15 Zitiert nach POLLAN 2013

16 Der Parasit ist ein Nematode mit dem schönen Namen »*Howardula aoronymphium*«, s. JAENIKE u.a. 2010, HURST & HUTCHENCE 2010.

17 HURST & HUTCHENCE 2010

18 MORAN, TRAN & GERARDO 2005

19 KARASOV & CAREY 2009, S. 323

20 SHARON u.a. 2010, 2011

21 SHARON u.a. 2010, S. 20055

22 BRUCKER & BORDENSTEIN 2012a, b, 2013

23 Interview mit dem Autor, 29.10.2014

24 Zitiert nach GEDDES, LINDA: Gut bacteria vital in evolution of new animal species. New Scientist 19.7.2013, www.newscientist.com/article/dn23902.

25 BRUCKER & BORDENSTEIN 2012a

26 *Hologenome theory of evolution*: ROSENBERG u.a. 2007, ROSENBERG & ZILBER-ROSENBERG 2013

27 Charles Darwin wusste zu diesem Thema übrigens, dem Titel seines berühmten Werkes *Die Entstehung der Arten* zum Trotz, herzlich wenig zu sagen.

28 Zitate nach www.newscientist.com/article/dn23902.

29 Interview mit dem Autor, 29.10.2014

30 Interview mit dem Autor, 13.6.2014

31 Interview mit dem Autor, 29.10.2014

32 GRASIS u.a. 2014

33 Zitiert nach GRASIS u.a. 2014, S. 1

Literatur

Aagaard, Kjersti u.a. 2012: A Metagenomic Approach to Characterisation of the Vaginal Microbiome Signature in Pregnancy. *PLoS ONE 7*, e36466

Agostini, S. u.a. 2012: Biological and chemical characteristics of the coral gastric cavity. *Coral Reefs* 31, 147–156

Aizenberg-Gershtein, Yana; Izhaki, Ido & Halpern, Malka 2013: Do Honeybees Shape the Bacterial Community Composition in Floral Nectar? *PLoS ONE 8*, e67556

Alcock, Joe u.a. 2014: Is eating behavior manipulated by the gastrointestinal microbiota? Evolutionary pressures and potential mechanisms. *Bioessays* 36, 940–949

Aleklett, Kristin; Hart, Miranda & Shade, Ashley 2014: The microbial ecology of flowers: an emerging frontier in phyllosphere research. *Botany* 92, 253–266

Altermann, Wladyslaw & Kazmierczak, Josef 2003: Archean microfossils: a reappraisal of early life on Earth. *Res. in Microbiol.* 154, 611–617

Altura, Melissa u.a. 2013: The first engagement of partners in the Euprymna scolopes-Vibrio fischeri symbiosis is a two-step process initiated by a few environmental symbiont cells. *Environ. Microbiol.*, doi:10.1111/1462-2920.12179

Archie, Elizabeth A. & Theis, Kevin R. 2011: Animal behaviour meets microbial ecology. *Animal Behaviour* 82, 425–436

Atamna-Ismaeel, Nof u.a. 2012a: Microbial rhodopsins on leaf surfaces of terrestrial plants. *Environm. Microbiol.* 14, 140–146

Atamna-Ismaeel, Nof u.a. 2012b: Bacterial anoxygenic photosynthesis on plant leaf surfaces. *Environm. Microbiol. Reports 2012*, doi:10.1111/j.1758-2229.2011.00323.x

Augustin, René u.a. 2009: Activity of the Novel Peptide Arminin against Multiresistant Human Pathogens Shows the Considerable Potential of Phylogenetically Ancient Organisms as Drug Sources. *Antimicrobial Agents and Chemotherapy* 53, 5245–5250

Baker, Andrew C. u.a. 2004: Corals' adaptive response to climate change. *Nature* 430, 741

Bakker, Peter A. H. M. u.a. 2013: The rhizosphere revisited: roots microbiomics. *Front. Plant Science* 4, Article 165

Balint-Kurti, Peter u.a. 2010: Maize Leaf Epiphytic Bacteria Diversity Patterns Are Genetically Correlated with Resistance to Fungal Pathogen Infection. *Mol. Plant-Microbe Interactions* 23, 473–484

Begon, Michael; Harper, John L. & Townsend, Collin. R. 1991: Ökologie. Birkhäuser, Basel

Beja, Oded u.a. 2000: Bacterial Rhodopsis: Evidence for a New Type of Phototrophy in the Sea. *Science* 289, 1902–1906

Berg, Gabriele u.a. 2014: Unraveling the plant microbiome: looking back and future perspectives. *Front. Microbiol.* 5, Article 148

Berkelmans, Ray & van Oppen, Madelaine J. H. 2006: The role of zooxanthellae in the thermal tolerance of corals: a ›nugget of hope‹ for coral reefs in an era of climate change. *Proc. R. Acad. London B* 273, 2305–2312

Bianconi, E. u.a. 2013: An estimation of the number of cells in the human body. *Ann. Human Biol.* 40, 463–471

Blaser, Martin 2014: Missing Microbes. How Killing Bacteria Creates Modern Plagues. Oneworld, London

Blaser, Martin; Bork, Peer; Fraser, Claire; Knight, Rob & Wang, Jun 2013: The microbiome explored: recent insights and future challenges. *Nature Reviews Microbiology* 11, 213–217

Blaser, Martin J. & Falkow, Stanley 2009: What are the consequences of the disappearing human microbiota? *Nature Reviews Microbiology* 7, 887–894

Blech, Jörg 2000: Leben auf dem Menschen. Die Geschichte unserer Besiedler. rororo science, Reinbek

Bode, Lars 2012: Human milk oligosaccharides: Every baby needs a sugar mama. *Glycobiology* 22, 1147–1162

Bosch, Thomas C.G. 2012a: What Hydra Has to Say About the Role and Origin of Symbiotic Interaction. *Biol. Bull.* 223, 78–84

Bosch, Thomas C.G. 2012b: Bakterien – eher Partner als Feinde. *BIUZ* 5, 302–309

Bosch, Thomas C.G. 2012c: Understanding complex host-microbe interactions in Hydra. *Gut Microbes* 3:4, 345–351

Bosch, Thomas C. G. 2013: Cnidarian-Microbe Interactions and the Origin of Innate Immunity in Metazoans. *Ann. Rev. Microbiol.* 67, 499–518

Bosch, Thomas C.G. 2014: Rethinking the role of immunity: lessons from Hydra. *Trends in Immunology* 35, 495–502

Bourne, David G. & Webster, Nicole S. 2013: Coral Reef Bacterial Communities. In: Rosenberg, Eugene u.a. (Eds.): The Prokaryotes – Prokaryotic Communities and Ecophysiology. Springer, Berlin, Heidelberg, 163–187

Brachert, Thomas u.a. 2013: Density banding in corals: barcodes of past and current climate change. *Coral Reefs* 32, 1013–1023

Bright, Monica u.a. 2014: The giant ciliate Zoothamnium niveum and its thiotrophic epibiont Candidatus Thiobios zoothamnicoli: a model system to study interspecies cooperation. *Front. Microbiol.* 5, Article 145

Bright, Monika & Bulgheresi, Silvia 2010: A complex journey: transmission of microbial symbionts. *Nature Reviews Microbiol.* 8, 218–230

Brockman, John; The Third Culture. New York, Touchstone, 1995

Brucker, Robert M. & Bordenstein, Seth R. 2012a: The roles of host evolutionary relationships (Genus: Nasonia) and development in structuring microbial communities. *Evolution* 66, 349–362

Brucker, Robert M. & Bordenstein, Seth R. 2012b: Speciation by symbiosis. *Trends Ecol. Evol.* 27, 443–451

Brucker, Robert M. & Bordenstein, Seth R. 2013: The Hologenomic Basis of Speciation: Gut Bacteria Cause Hybrid Lethality in the Genus *Nasonia. Science* 341, 667–669

Buddemeier, Robert W. & Fautin, Daphne G. 1993: Coral Bleaching as an Adaptive Mechanism. *BioScience* 43, 320–326

Bulgarelli, Davide u.a. 2013: Structure and Functions of Bacterial Microbiota of Plants. *Ann. Rev. Plant Biol.* 64, 807–838

Callewaert, Chris u.a. 2014: Microbial odor profile of polyester and cotton clothes after a fitness session. *Appl. Environ. Microbiol.*, doi:10.1128/AEM.01422-14

Cani, Patrice D. u.a. 2008: Changes in Gut Microbiota Control Metabolic Endotoxemia-Induced Inflammation in High-Fat Diet-Induced obesity and Diabetes in Mice. *Diabetes* 57, 1470–1481

Cano, Raul J. u.a. 2014: Paleomicrobiology: Revealing Fecal Microbiomes of Ancient Indigenous Cultures. *PLoS ONE* 9, e106833

Caron, David A. u.a. 2009: Protists are microbes too: a perspective. *The ISME J.* 3, 4–12

Chapman, Jarrod A. u.a. 2010: The dynamic genome of Hydra. *Nature* 464, 591–596

Charisius, Hanno & Friebe, Richard 2014: Bund fürs Leben. Warum Bakterien unsere Freunde sind. Hanser, München

Christakis, Nicholas A. & Fowler, James 2007: The Spread of Obesity in a Large Social Network over 32 Years. *N. Engl. J. Med.* 357, 370–379

Christner, Brent C. u.a. 2014: A microbial ecosystem beneath the West Antarctic ice sheet. *Nature* 512, 310–313

Clay, Keith 2014: Defensive symbiosis: a microbial perspective. *Funct. Ecol.* 28, 293–298

Collins, Stephen M. & Bercik, Premysl 2009: The Relationship Between Intestinal Microbiota and the Central Nervous System in Normal Gastrointestinal Function and Desease. *Gastroenterology* 136, 2003–2014

Collins, Stephen M. u.a. 2012: The interplay between the intestinal microbiota and the brain. *Nature Reviews Microbiology* 10, 735–742

Collins, Stephen M.; Kassam, Zain & Bercik, Premysl 2013: The adoptive transfer of behavioral phenotype via the intestinal microbiota: experimental evidence and clinical implications. *Curr. Op. Microbiol.* 16, 240–245

Cooper, Timothy F. u.a. 2011: Environmental Factors Controlling the Distribution of Symbiodinium Harboured by the Coral Acropora millepora on the Great Barrier Reef. *PLoS ONE* 6, e25536

Costello, Elizabeth K. u.a. 2009: Bacterial Community Variation in Human Body Habitats Across Space and Time. *Science* 326, 1694–1697

Cox, Laura M. u.a. 2014: Altering the Intestinal Microbiota during a Critical Developmental Window Has Lasting Metabolic Consequences. *Cell* 158, 705–721

Currie, Cameron R. u.a. 2006: Coevolved Crypts and Exocrine Glands Support Mutualistic Bacteria in Fungus-Growing Ants. *Science* 311, 81–83

David, Lawrence A. u.a. 2014: Diet rapidly and reproducibly alters the human gut microbiome. *Nature* 505, 559–563, Epub 2013

De Moraes, Consuelo M. u.a. 2014: Malaria-induced changes in host odors enhance mosquito attraction. *PNAS* 111, 11079–11084

de Weerth, Carolina u.a. 2013: Intestinal Microbiota of Infants With Colic: Development and Specific Signatures. *Pediatrics* 131, e550–558

DeLeon-Rodriguez, Natasha u.a. 2013: Microbiome of the upper troposphere: Species composition and prevalence, effects of tropical storms, and atmospheric implications. *PNAS* 110, 2575–2580

Delmotte, Nathanael u.a. 2009: Community proteomics reveals insights into physiology of phyllosphere bacteria. *PNAS 106*, 16428–16433

Desai, Mahesh S. & Brune, Andreas 2012: Bacteriodales ectosymbionts of gut flagellates shape the nitrogen-fixing community in dry-wood termites. *The ISME J.* 6, 1302–1313

Dethlefsen, Les u.a. 2008: The Pervasive Effects of an Antibiotic on the Human Gut Microbiota, as Revealed by Deep 16S rRNA Sequencing. *PLoS Biology* 6, e280

Dethlefsen, Les; McFall-Ngai, Margaret & Relman, David A. 2007: An ecological and evolutionary perspective on human-microbe mutualism and disease. *Nature* 449, 811–818

Dethlefsen, Les & Relman, David A. 2011: Incomplete recovery and individualized responses of the human distal gut microbiota to repeated antibiotic perturbation. *PNAS 108*, 4554–4561

Dewhirst, Floyd E. u.a. 2010: The Human Oral Microbiome. *J. Bacteriology* 192:5002

Dewhirst, Floyd E. u.a. 2012: The Canine Oral Microbiome. *PLoS ONE 7*, e36067

Dillon, R. J.; Vennard, C. T. & Charnley, A. K. 2002: A Note: Gut bacteria produce components of a locust cohesion pheromone. *J. Appl. Microbiol.* 92, 759–763

Dobzhansky, Theodosius 1973: Nothing in Biology Makes Sense Except in the Light of Evolution. *American Biology Teacher* 35, 125–129

Dominguez-Bello, Maria G. u.a. 2010: Delivery mode shapes the acquisition and structure of the initial microbiota across multiple body habitats in newborns. *PNAS 107*, 11971–11975

Donia, Mohamed S. u.a. 2014: A Systematic Analysis of Biosynthetic Gene Clusters in the Human Microbiome Reveals a Common Family of Antibiotics. *Cell* 158, 1402–1414

Douglas, Angela E. 2010: The Symbiotic Habit. Princeton University Press, Princeton, London

Dubilier, Nicole; Bergin, Claudia & Lott, Christian 2008: Symbiotic diversity in marine animals: the art of harnessing chemosynthesis. *Nature Reviews Microbiology* 6, 725–740

Eberl, G. 2010: A new vision of immunity: homeostasis of the superorganism. *Mucosal Immunol.* 3(5), 450–460

Eisen, Jonathan A. 2007: Environmental Shotgun Sequencing: Its Potential and Challenges for Studying the Hidden World of Microbes. *PLoS Biology* 5, e82

Embley, T. Martin & Martin, William 2006. Eukaryote evolution, changes and challenges. *Nature* 440, 623–630

Engel, Philipp & Moran, Nancy A. 2013: Functional and evolutionary insights into the simple yet specific gut microbiota of the honey bee from metagenomic analysis. *Gut Microbes* 4:1, 60–65

Etheridge, Alton u.a. 2013: The complexity, function, and applications of RNA in circulation. *Front. Genetics* 4, Article 115

Ezenwa, Vanessa O. u.a. 2012: Animal Behavior and the Microbiome. *Science* 338, 198–199

Faith, Jeremiah J. u.a. 2013: The Long-Term Stability of the Human Gut Microbiota. *Science* 341, doi: 10.1126/science.1237439

Fierer, Noah u.a. 2008: The influence of sex, handedness, and washing on the diversity of hand surface bacteria. *PNAS* 107, 17994–17999

Fierer, Noah u.a. 2010: Forensic identification using skin bacterial communities. *PNAS* 107, 6477–6481

Forsythe, Paul & Kunze, Wolfgang A. 2012: Voices from within; gut microbes and the CNS. *Cell. Mol. Life Sci.* 70, 55–69

Foster, Rachel A. u.a. 2011: Nitrogen fixation and transfer in open ocean diatom-cyanobacterial symbiosis. *The ISME J.* 5, 1484–1493

Franzenburg, Sören u.a. 2013a: Distinct antimicrobial peptide expression determines host species-specific bacterial associations. *PNAS* 110, E3730–E3738

Franzenburg, Sören u.a. 2013b: Bacterial colonization of Hydra hatchlings follows a robust temporal pattern. *The ISME J.* 7, 781–790

Fraune, Sebastian & Bosch, Thomas C. G. 2007: Long-term maintenance of species-specific bacterial microbiota in the basal metazoan Hydra. *PNAS* 104, 13146–13151

Fraune, Sebastian u.a. 2010: In an early branching metazoan, bacterial colonization of the embryo is controlled by maternal antimicrobial peptide. *PNAS* 107, 18067–18072

Fredericks, David N. (Ed.) 2013: The Human Microbiota. How Microbial Communities Affect Health and Disease. John Wiley & Sons, Hoboken

Frentiu, Francesca D. u.a. 2014: Limited Dengue Virus Replication in Field-Collected Aedes aegypti Mosquitoes Infected with Wolbachia. *PLoS Neglected Tropical Diseases* 8, e2688

Funkhouser, Lisa J. & Bordenstein, Seth R. 2013: Mom Knows Best: The Universality of Maternal Microbial Transmission. *PLoS Biology 11*, e1001631

Gibbons, Luz u.a. 2010: The Global Numbers and Costs of Additionally Needed and Unnecessary Caesarean Sections Performed per Year: Overuse as a Barrier to Universal Coverage. World Health Report. Background Paper, No 30

Gilbert, Jack A. u.a. 2013: Toward Effective Probiotics for Autism and Other Neurodevelopmental Disorders. *Cell* 155, 1446–1448

Gilbert, Scott; Sapp, Jan & Tauber, Alfred I. 2012: A Symbiotic View of Life: We Have Never Been Individuals. *Quat. Rev. Biol.* 87, 325–341

Goehring, Karen C. u.a. 2014: Direct Evidence for the Presence of Human Milk Oligosaccharides in the Circulation of Breastfed Infants. *PLoS ONE* 9, e101692

Goffredi, Shana K. u.a. 2007: Genetic Diversity and Potential Function of Microbial Symbionts Associated with Newly Discovered Species of Osedax Polychaete Worms. *Appl. Environm. Microbiol.* 73, 2314–2323

Goldenfeld, Nigel & Pace, Norman 2013: Carl Woese (1928–2012). *Science* 339, 661

Gonzales, Antonio u.a. 2011: The mind-body-microbial continuum. *Dialogues in Clin. Neuroscience* 13, 55–62

Good, Ashley P. u.a. 2014: Honey Bees Avoid Nectar Colonized by Three Bacterial Species, But Not by a Yeast Species, Isolated from the Bee Gut. *PLoS ONE* 9, e86494

Gosalbes, M. J. u.a. 2013: Meconium microbiota types dominated by lactic acid or enteric bacteria are differentially associated with maternal eczema and respiratory problems in infants. *Clin. Exp. Allergy* 43, 198–211

Gottschalk, Gerhard 2009: Welt der Bakterien. Die unsichtbaren Beherrscher unseres Planeten. Wiley-Blackwell, Weinheim

Grasis, Juris A. u.a. 2014: Species-Specific Viromes in the Ancestral Holobiont Hydra. *PLoS ONE* 9, e109952

Grice, Elizabeth A. & Segre, Julia A. 2011: The skin microbiome. *Nature Rev. Microbiol.* 9, 244–253

Grote, Mathias & O'Malley, Maureen 2011: Enlightning the life sciences: the history of halobacterial and microbial rhodopsin research. FEMA *Microbiol. Rev.* 35, 1082–1099

Gruber, Nicolas 2005: A bigger nitrogene fix. *Nature* 436, 786–787

Gündüz, E. Akman & Douglas, A. E. 2009: Symbiotic bacteria enable insect to use a nutritionally inadequate diet. *Proc. R. Soc. B 276*, 987–991
Harmer, Tara L. u.a. 2008: Free-Living Tube Worm Endosymbionts Found at Deep-Sea Vents. *Appl. Environ. Microbiol. 74*, 3895–3898
Hartmann, Anton u.a. 2014: Bacterial quorum sensing compounds are important modulators of microbe-plant interactions. *Front. Plant Science* 5, Article 131
Havlicek, Jan; Roberts, S. Craig & Flegr, Jaroslav 2005: Women's preference for dominant male odour: effects of menstrual cycle and relationship status. *Biol. Lett. 1*, 256–259
Hedges, Lauren M. u.a. 2008: Wolbachia and Virus Protection in Insects. *Science 322*, 702
Hehemann, Jan-Hendrik u.a. 2010: Transfer of carbohydrate-active enzymes from marine bacteria to Japanese gut microbiota. *Nature 464*, 908–912
Heijtz, Rochellys Diaz u.a. 2011: Normal gut microbiota modulates brain development and behavior. *PNAS 108*, 3047–3052
Heil, Martin 2011: Nectar: generation, regulation and ecological functions. *Trends in Plant Science 16*, 191–200
Hepper, Peter G. & Wells, Deborah L. 2010: Individually Identifiable Body Odors Are Produced by the Gorilla and Discriminated by Humans. *Chemical Senses* 35, 263–268
Herzog, Bastian & Wirth, Reinhard 2012: The Swimming Behavior of Selected Species of Archaea. *Appl. Environm. Microbiol. 78*, 1670–1674
Hilario, Ana u.a. 2011: New Perspectives on the Ecology and Evolution of Siboglinid Tubeworms. *PLoS ONE 6(2)*, e16309
Hodgkinson, Alan u.a. 2014: High-Resolution Genomic Analysis of Human Mitochondrial RNA Sequence Variation. *Science 344*, 413–415
Hoegh-Guldberg, O. u.a. 2007: Corals Reefs Under Rapid Climate Change and Ocean Acidification. *Science 318*, 1737–1742
Hoffmann, Ary A. u.a. 2011: Successful establishment of Wolbachia in Aedes populations to suppress dengue transmission. *Nature 476*, 454–459
Hoffmann, Ary A. u.a. 2014: Stability of the wMel Wolbachia Infection Following Invasion into Aedes aegypti Populations. *PLoS Negl. Trop. Diss. 8(9)*, e3115

Holland, Heinrich D. 2006: The oxygenation of the atmosphere and oceans. *Phil. Trans Royal Soc. B* 361, 903–915

Hongoh, Yuichi 2010: Diversity and Genomes of Uncultured Microbial Symbionts in the Termite Gut. *Biosci. Biotechnol. Biochem.* 74, 1145–1151

Hongoh, Yuichi u.a. 2007: The Motility Symbiont of the Termite Gut Flagellate Caduceia versatilis Is a Member of the »Synergistes« Group. *Appl. Environ. Microbiology* 73, 6270–6276

Hongoh, Yuichi u.a. 2008: Genome of an Endosymbiont Coupling N2 Fixation to Cellulolysis Within Protist Cells in Termite Gut. *Science* 322, 1108–1109

Hosakawa, Takahiro u.a. 2008: Symbiont acquisition alters behaviour of stinkbug nymphs. *Biol. Letters* 4, 45–48

Hosakawa, Takahiro u.a. 2010: Wolbachia as a bacteriocyte-associated nutritional mutualist. *PNAS* 107, 769–774

Hsiao, Elaine Y. u.a. 2013: Microbiota Modulate Behavioral and Physiological Abnormalities Associated with Neurodevelopmental Disorders. *Cell* 155, 1451–1463

Humphrey, Parris T. u.a. 2014: Diversity and abundance of phyllosphere bacteria are linked to insect herbivory. *Molecular Ecology* 23, 1497–1515

Hurst, Gregory D. D. & Hutchence, Kate J. 2010: Host Defence: Getting By with a Little Help from Our Friends. *Current Biology* 20, R806–808

Jaenike, John u.a. 2010: Adaption via Symbiosis: Recent Spread of a Drosophila Defensive Symbiont. *Science* 329, 212–215

James, A. Gordon u.a. 2013: Microbiological and biochemical origins of human axillary odour. *FEMS Microbiol. Ecol.* 83, 527–540

Jiménez, Esther u.a. 2008: Is meconium from healthy newborns actually sterile? *Res. Microbiol.* 159, 187–193

Jones, B. W. & Nishiguchi, M. K. 2004: Counterillumination in the Hawaiian bobtail squid, Euprymna scolopes Berry (Mollusca: Cephalopoda). *Marine Biology* 144, 1151–1155

Kaltenpoth, Martin & Engl, Tobias 2014: Defensive microbial symbionts in Hymenoptera. *Functional Ecol.* 28, 315–327

Kang, Dae-Wook u.a. 2013: Reduced Incidence of Prevotella and Other Fermenters in Intestinal Microflora of Autistic Children. *PLoS ONE* 8, e68322

Karasov, William H. & Carey, Hannah V. 2009: Metabolic Teamwork between Gut Microbes and Hosts. *Microbe* 4, 323–328

Kegel, Bernhard 2009: Epigenetik. Wie Erfahrungen vererbt werden. DuMont, Köln

Kegel, Bernhard 2013a: Tiere in der Stadt. Eine Naturgeschichte. DuMont, Köln

Kegel, Bernhard 2013b: Die Ameise als Tramp. Von biologischen Invasionen. Aktualisierte und erweiterte Neuausgabe, DuMont Taschenbuch, Köln

Kegel, Bernhard 2014: Biologische Invasionen. *Biologie in unserer Zeit* 44, 2–9

Keijser, B. J. F. u.a. 2008: Pyrosequencing Analysis of the Oral Microflora of Healthy Adults. *J. Dent. Res. 87*, 1016–1020

Kerney, Ryan u.a. 2011: Intracellular invasion of green algae in a salamander host. *PNAS 108*, 6497–6502

Kippenberger, Stefan u.a. 2012: ›Nosing around‹ the human skin: What information is concealed in skin odour? *Exp. Dermatol. 21*, 655–659

Klailova, Michelle & Lee, Phyllis C. 2014: Wild Western Lowland Gorillas Signal Selectivity Using Odor. *PLoS ONE* 9, e99554

Knowlton, Nancy & Rohwer, Forest 2003: Multispecies Microbial Mutualisms on Coral Reefs: The Host as a Habitat. *Am. Naturalist 162 Suppl.*, S51–S62

Koga, Ryuichi & Moran, Nancy A. 2014: Swapping symbionts in spittlebugs: evolutionary replacement of a reduced genome symbiont. *The ISME J. 8*, 1237–1246

Koren, Omry u.a. 2012: Host Remodeling of the Gut Microbiome and Metabolic Changes during Pregnancy. *Cell 150*, 470–480

Koropatnick, Tanya u.a. 2014: Identifying the Cellular Mechanisms of Symbiont-Induced Epithelial Morphogenesis in the Squid-Vibrio Association. *Biol. Bull. 226*, 56–68

Kort, Remco u.a. 2014: Shaping the oral microbiota through intimate kissing. *Microbiome* 2:41

Kosaka, Noboyoshi u.a. 2013: Trash or Treasure: extracellular microRNAs and cell-to-cell communication. *Front. Genetics 4*, Article173

Kremer, Natacha u.a. 2013: Initial Symbiont Contact Orchestrates Host-Organ-wide Transcriptional Changes that Prime Tissue Colonization. *Cell Host & Microbe 14*, 183–194

Kunin, Victor u.a. 2010: Wrinkles in the rare biosphere: pyrosequencing errors can lead to artificial inflation of diversity estimates. *Environm. Microbiol. 12*, 118–123

LaJeunesse, Todd C. u.a. 2010: Host-symbiont recombination versus natural selection in the response of coral-dinoflagellate symbiosis to environmental disturbance. *Proc. R. Soc. London B 277*, 2925–2934

LaJeunesse, Todd C. & Thornhill, Daniel J. 2011: Improved Resolution of Reef-Coral Endosymbiont (Symbiodinium) Species Diversity, Ecology, and Evolution through psbA Non-Coding Region Genotyping. *PLoS ONE 6(12)*, e29013

Lambais, M. R. u.a. 2006: Bacterial Diversity in Tree Canopies of the Atlantic Forest. *Science 312*, 1917

Lane, Nick 2009: Life Ascending. The Ten Great Inventions of Evolution. W. W. Norton, New York

Lau, Jennifer A. & Lennon, Jay T. 2011: Evolutionary ecology of plant-microbe interactions: soil microbial structure alters selection on plant traits. *New Phytologist* 192, 215–224

Lax, Simon u.a. 2014: Longitudinal analysis of microbial interaction between humans and the indoor environment. *Science* 345, 1048–1052

Leclaire, Sarah; Nielsen, Johanna F. & Drea Christine M. 2014: Bacterial communities in meerkat anal scent secretions vary with host sex, age, and group membership. *Behav. Ecol.*, doi:10.1093/beheco/aru074

Lee, Sunghee u.a. 2011: Comparison of the Gut Microbiotas of Healthy Adult Twins Living in South Korea and the United States. *Appl. Environm. Micrbiol. 77*, 7433-7437

Lee, Yun Kyung & Mazmanian, Sarkis K. 2010: Has the Microbiota Played a Critical Role in the Evolution of the Adaptive Immune System? *Science* 330, 1768–1773

Lema, Kimberley A.; Willis, Bette L. & Bourne, David G. 2012: Corals Form Characteristic Associations with Symbiotic Nitrogen-Fixing Bacteria. *Appl. Environm. Microbio. 78*, 3136–3144

Lenton, Timothy M. u.a. 2014: Co-evolution of eukaryotes and ocean oxygenation in the Neoproterozoic era. *Nature Geoscience* 7, 257–265

Lesser, Michael P. u.a. 2004: Discovery of Symbiotic Nitrogen-Fixing Cyanobacteria in Corals. *Science* 305, 997–1000

Lesser, Michael P. u.a. 2007: Nitrogen fixation by symbiotic cyanobacteria provides a source of nitrogen for the scleractinian coral Montastraea cavernosa. *Mar. Ecol. Prog. Ser.* 346, 143–152

Lever, Mark A. u.a. 2013: Evidence for Microbial Carbo and Sulfur Cycling in Deeply Buried Ridge Flank Basalt. *Science* 339, 1305–1308

Ley, Ruth E. u.a. 2008: Evolution of Mammals and Their Gut Microbes. *Science* 320, 1647–1651

Lindow, Steven E. & Brandl, Maria T. 2003: Microbiology of the Phyllosphere. *Appl. Environ. Microbiol.* 69, 1875–1883

Lizé, Anne u.a. 2013: Gut microbiota and kin recognition. *Trends Ecol. Evol.* 28, 325–326

Lizé, Anne u.a. 2014: Kin recognition in Drosophila: the importance of ecology and gut microbiota. *The ISME J.* 469–477

Lombardo, H. P. 2008: Access to mutualistic endosymbiotic microbes: an underappreciated benefit of group living. *Behav. Ecol. Sociobiol.* 62, 479–497

Lundberg, Derek S. u.a. 2012: Defining the core Arabidopsis thaliana root microbiome. *Nature* 488, 86–90

Lynch, Susan V. u.a. 2014: Effects of early-life exposure to allergens and bacteria on recurrent wheeze and atopy in urban children. *J. Allergy Clin. Immunol.* 134, 593–601

Martin, William & Koonin, Eugene V. 2006: Introns and the origin of nucleus-cytosol compartimentalization. *Nature* 440, 41–45

Martin, William & Müller, Miklos 1998: The hydrogen hypothesis for the first eukaryote. *Nature* 392, 37–41

Martin, William u.a. 2008: Hydrothermal vents and the origin of life. *Nature Reviews Microbiology* 6, 805–814

Martinez, Julien u.a. 2014: Symbionts Commonly Provide Broad Spectrum Resistance into viruses Insects: A Comparative Analysis of Wolbachia Strains. *PLoS Pathogens* 10(9), e1004369

Martinson, Vincent G. u.a. 2011: A simple and distinctive microbiota associated with honey bees and bumble bees. *Mol. Ecol.* 20, 619–628

Martinson, Vincent G.; Moy, James & Moran, Nancy A. 2012: Establishment of Characteristic Gut Bacteria during Development of the Honeybee Worker. *Appl. Environ. Microbiol.* 78, 2830–2840

Mayer, Emeran A. 2011: Gut feelings: the emerging biology of gut-brain communication. *Nature Reviews Neuroscience* 12, 453–466

Maynard, J. A.; Baird, A. H. & Pratchett, M. S. 2008: Revisiting the Cassandra syndrome; the changing climate of coral reef research. *Coral Reefs* 27, 745–749

McFall-Ngai, Margaret 2007: Adaptive immunity: care for the community. *Nature* 445, 153

McFall-Ngai, Margaret 2008: Are biologists in future shock? Symbiosis integrates biology across domains. *Nature Reviews Microbiology 6*, 789–792

McFall-Ngai, Margaret 2014: Divining the Essence of Symbiosis: Insights from the Squid-Vibrio Model. *PLoS Biology 12*, e1001783

McFall-Ngai, Margaret u.a. 2012: The secret language of coevolved symbioses: Insights from the Euprymna scolopes-Vibrio fischeri symbiosis. *Semin. Immunol. 24*, 3–8

McFall-Ngai, Margaret u.a. 2013: Animals in a bacterial world, a new imperative for the life science. *PNAS 110*, 3229–3236

Meeus, Ivan u.a. 2013: Assessment of mutualism between Bombus terrestris and its microbiota by use of microcolonies. *Apidologie 44*, 708–719

Mendes, Rodrigo u.a. 2011: Deciphering the Rhizosphere Microbiome for Disease-Suppressive Bacteria. *Science 332*, 1097–1100

Milinski, Manfred & Wedekind, Claus 2001: Evidence for MHC-correlated perfume preferences in humans. *Behav. Ecol. 12*, 140–149

Mills, Daniel B. u.a. 2014: Oxygen requirements of the earliest animals. *PNAS 111*, 4168–4172

Moeller, u.a. 2012: Chimpanzees and Humans Harbor Compositionally Similar Gut Enterotypes. *Nature Commun. 3*, 1179

Mohamed, Naglaa M. u.a. 2008: Diversity and quorum-sensing signal production of Proteobacteria associated with marine sponges. *Environ. Microbiol. 10*, 75–86

Mohamed, Naglaa M. u.a. 2008: Diversity and expression of nitrogen fixation genes in bacterial symbionts of marine sponges. *Environ. Microbiol. 10*, 2510–2521

Money, Nicholas P. 2014: The Amoeba in the Room. Lives of the Microbes. Oxford University Press, Oxford

Moon-van der Staay, Seung Yeo u.a. 2014: The symbiotic intestinal ciliates and the evolution of their hosts. *Eur. J. Protistology 50*, 166–173

Moran, Nancy A. 2006: Symbiosis. *Curr. Biology 16 (20)*, R866

Moran, Nancy A. 2007: Symbiosis as an adaptive process and source of phenotypic complexity. *PNAS 104*, 8627–8633

Moran, Nancy A. u.a. 2005: The players in a mutualistic symbiosis: Insects, bacteria, viruses, and virulence genes. *PNAS 102*, 16919–16926

Moran, Nancy A.; Tran, Phat & Gerardo, Nicole M. 2005: Symbiosis and Insect Diversification: an Ancient Symbiont of Sap-Feeding Insects from the Bacterial Phylum Bacteroidetes. *Appl. Environm. Microbiol.* *71*, 8802–8810

Moya, Andres u.a. 2008: Learning how to live together. Genomic insight into prokaryote-animal symbiosis. *Nature Rev. Genetics* 9, 218–229

Mueller, N. T. u.a. 2014: Prenatal exposure to antibiotics, cesarean section and risk of childhood obesity. *Int. J. Obesity*, doi:10.1038/ijo.2014.180.

Müller, Thomas & Ruppel, Silke 2014: Progress in cultivation-independent phyllosphere microbiology. *FEMS Microbiol. Ecol. 87*, 2–17

Mukherji, Atish u.a. 2013: Homeostasis in intestinal epithelium is orchestrated by the circadian clock and microbiota cues transduced by TLRs. *Cell* 153: 812–827

Muscatine, L. u.a. 1989: The Effect of External Nutrient Resources on the Population Dynamics of Zooxanthellae in a Reef Coral. *Proc. R. Soc. London B* 236, 311–324

Nakabachi, Atsushi u.a. 2013: Defensive Bacteriome Symbiont with a Drastically Reduced Genome. *Curr. Biology* 23, 1478–1484

Nasidze, Ivan u.a. 2009: Global diversity in the human salivary microbiome. *Genome Research* 19, 636–643

Nasidze, Ivan u.a. 2011: High diversity of the saliva microbiome in Batwa Pygmies. *PLoS ONE* 6, e23352

Naumann, Malik u.a. 2012: Budget of coral-derived organic carbon in a fringing coral reef of the Gulf of Aqaba, Red Sea. *Journal of Marine Systems 105–108*, 20–29

Naya, Daniel E. & Karasov, William H. 2011: Food Digestibility by Microbes in Wild Ruminants: The Effect of Host Species and Dietary Substrate. *Rangelands* 33, 31–34

Newton, A. C. u.a. 2010: Managing the ecology of folar pathogens: ecological tolerance in cropts. *Ann. Appl. Biol.* 157, 343–359

Norsworthy, Allison N. & Visick, Karen L. 2013: Gimme shelter: how Vibrio fischeri successfully navigates an animal's multiple environments. *Front. Microbiol.* 4, Article 356

Nussbaumer, Andrea D.; Fisher, Charles R. & Bright, Monika 2006: Horizontal endosymbiont transmission in hydrothermal vent tubeworms. *Nature* 441, 345–348

Nyholm, Spencer V. & McFall-Ngai, Margaret J. 2004: The Winnowing: Establishing the Squid-Vibrio symbiose. *Nature Reviews Microbiology* 2, 632–642

Ochmann, Howard u.a. 2010: Evolutionary Relationships of Wild Hominids Recapitulated by Gut Microbial Communities. *PLoS Biology 8*, e1000546

Oh, Dong-Chan u.a. 2009: Dentigerumycin: a bacterial mediator of an ant-fungus symbiosis. *Nature Chemical Biology* 5, 391–393

Oh, Julia u.a. 2014: Biogeography and individuality shape function in the human skin metagenome. *Nature* 514, 59–64

Oliver, Kerry M. u.a. 2010: Facultative Symbionts in Aphids and the horizontal Transfer of Ecologically Important Traits. *Ann. Rev. Entomol.* 55, 247–266

Oliver, Kerry M.; Smith, Andrew H. & Russel, Jacob A. 2014: Defensive symbiosis in the real world – advancing ecological studies of heritable, protective bacteria in aphids and beyond. *Funct. Ecol. 28*, 341–355

Oliver, T. A. & Palumbi, S. R. 2011: Many corals host thermally resistant symbionts in high-temperature habitat. *Coral Reefs 30*, 241–250

Olson, N. D. u.a. 2009: Diazotrophic bacteria associated with Hawaiian Montipora corals: Diversity and abundance in correlation with symbiotic dinoflagellates. *J. Exp. Mar. Biol. Ecol. 371*, 140–146

Olson, Nathan D. & Lesser, Michael P. 2013: Diazotrophic diversity in the Caribbean coral, Montastraea cavernosa. *Arch. Microbiol. 195*, 853–859

Parfrey, Laura Wegener u.a. 2011: Microbial eukaryotes in the human microbiome: ecology, evolution, and future directions. *Front. Microbiol.* 2, Article 153

Parfrey, Laura Wegener u.a. 2014: Communities of microbial eukaryotes in the mammalian gut within the context of environmental eukaryotic diversity. *Front. Microbiol.* 5, Article 298

Partida-Martinez, Laila P. & Heil, Martin 2011: The microbe-free plant: fact or artifact? *Front. Plant Science 2,* Article 100

Peng, Shao-En u.a. 2010: Proteomic analysis of symbiosome membranes in Cnidaria-dinoflagellate endosymbiosis. *Proteomics 10*, 1002–1016

Perez, P. F. u.a. 2007: Bacterial imprinting of the neonatal immune system: lessons from maternal cells? *Pediatrics 119*, e724-732

Petrillo, Ezequiel u.a. 2014: A Chloroplast Retrograde Signal Regulates Nuclear Alternative Splicing. *Science* 344, 427-430

Peyer, S. u.a. 2014: Eye-specification genes in the bacterial light organ of the bobtail squid Euprymna scolopes, and their expression in response to symbiont cues. *Mechanisms of Development* 131, 111–126

Pickard, Joseph M. u.a. 2014: Rapid fucosylation of intestinal epithelium sustains host-commensal symbiosis in sickness. *Nature* 514, 638–641

Piel, Jörn u.a. 2004: Antitumor polyketide biosynthesis by an uncultivated bacterial symbiont of the marine sponge Theonella swinhoei. *PNAS* 101, 16222–16227

Pineda, Ana u.a. 2010: Helping plants to deal with insects: the role of beneficial soil-borne microbes. *Trends Plant Sci.* 15, 507–514

Pisani, Davide; Cotton, James A. & McInerney 2007: Supertrees Disentangle the Chimerical Origin of Eukaryotic Genomes. *Mol. Biol. Evol.* 24, 1752–1760

Pollan, Michael 2013: Some of My Best Friends Are Germs. *The New York Times Magazine* 15.05.2013

Poole, Anthony M. & Penny, David 2006: Evaluating hypotheses for the origin of eukaryotes. *BioEssays* 29, 74–84

Price, Lance B. u.a. 2010: The Effects of Circumcision on the Penis Microbiome. *PLoS ONE* 5, e8422

Proksch, Peter u.a. 2006: Apotheke am Meeresgrund. Bioaktive Naturstoffe aus marinen Schwämmen. *Biologie in unserer Zeit* 36, 150–159

Prothero, Donald R. 2007: Evolution. What the Fossils Say and Why It Matters. Columbia University Press, New York

Pusey, P. L. 2002: Biological Control Agents for Fire Blight of Apple Compared Under Conditions Limiting Natural Dispersal. *Plant Dis.* 86, 639–644

Qin, Junjie u.a. 2010: A human gut microbial gene catalogue established by metagenomic sequencing. *Nature* 464, 59–65

Rader, Bethany A. & Nyholm, Spencer V. 2012: Host/Microbe Interactions Revealed Through »Omics« in the Symbiosis Between the Hawaiian Bobtail Squid Euprymna scolopes and the Bioluminescent Bacterium Vibrio fisheri. *Biol. Bull.* 223, 103–111

Rajilic-Stojanovic, Mirjana u.a. 2012: Long-term monitoring of the human intestinal microbiota composition. *Environmental Microbiology 2012*, doi:10.1111/1462-2920.12023

Raven, John A. & Allen, John F. 2003: Genomics and chloroplast evolution: what did cyanobacteria do for plants? *Genome Biol.* 4:209

Rescigno, Maria u.a. 2001: Dendritic cells express tight junction proteins and penetrate gut epithelial monolayers to sample bacteria. *Nature Immunology* 2, 361–367

Rhodes, Rosamond; Gligorov, Nada & Schwab, Abraham Paul 2013: The Human Microbiome. Ethical, Legal and Social Concerns. Oxford University Press, Oxford, New York

Ridaura, Vanessa K. u.a. 2013: Cultured gut microbiota from twins discordant for obesity modulate adiposity and metabolic phenotypes in mice. *Science* 341, doi:10.1126/science.1241214

Riesenfeld u.a. 2004: Metagenomics: Genomic Analysis of Microbial Communities. *Ann. Rev. Genetics* 38, 525-552

Roberts, S. Craig u.a. 2005: Body Odor Similarity in Noncohabiting Twins. *Chem. Senses* 30, 651–656

Roberts, S. Craig u.a. 2009: Manipulation of body odour alter men's self-confidence and judgements of their visual attractiveness by women. *Int. J. Cosmetic Sci.* 31, 47–54

Roberts, S. Craig; Havlicek, Jan & Petrie, Marion 2013: Repeatability of odour preferences across time. *Flavour Fragr. J.* 28, 245–250

Robidart, Julie C. u.a. 2011: Linking Hydrothermal Geochemistry to Organismal Physiology: Physiological Versatility in Riftia pachyptila endosymbiont from Sedimented and Basalt-hosted Vents. *PLoS ONE* 6, e21692

Robinson, Courtney J. u.a. 2010: From Structure to Function: the Ecology of Host-Associated Microbial Communities. *Microbiol. Mol. Biol. Rev.* 74, 453–476

Rohwer, Forest 2010: Coral Reefs in the Microbial Seas. Plaid Press, Breinigsville

Rohwer, Forest u.a. 2002: Diversity and distribution of coral-associated bacteria. *Mar. Ecol. Progr. Ser.* 243, 1–10

Romero, Roberto & Korzeniewski, Steven J. 2013: Are infants born by elective cesarean delivery without labor at risk for developing immune disorders later in life? *AJOG April*, 243–246

Rosenberg, Eugene u.a. 2007: The role of microorganisms in coral health, disease and evolution. *Nature Reviews* 5, 355–362

Rosenberg, Eugene & Zilber-Rosenberg, Ilana 2013: The Hologenome Concept: Human, Animal, and Plant Microbiota, Springer International, Publishing Switzerland, doi: 10.1007/978-3-319-04241-1_4

Rouse, G. W. u.a. 2004: Osedax: Bone-Eating Worms with Dwarf Males. *Science* 305, 668–671

Rusch, Douglas B. u.a. 2007: The Sorcerer II Global Ocean Sampling Expedition: Northwest Atlantic through Eastern Tropical Pacific. *PLoS Biology 5(3)*, e77

Sabree, Zakee L. & Moran, Nancy A. 2014: Host-specific assemblages typify gut microbial communities of related insect species. *SpringerPlus* 3:138

Sachs, Joel L.; Essenberg, Carla J. & Turcotte, Martin M. 2011, New paradigms for the evolution of beneficial infections. *Trends Ecol. Evol. 26*, 202–209

Sagan, Lynn 1967: The Origin of Mitosing Cells. *J. Theor. Biology 14*, 255–274

Sagan, Dorion (Ed.) 2002: Lynn Margulis. The Life and Legacy of a Scientific Rebel. Basic Books

Saridaki, Aggeliki & Bourtzis, Kostas 2010: Wolbachia: more than just a bug in insects genitals. *Curr. Opin. Microbiol. 13*, 67–72

Sassera, Davide u.a. 2006: ›Candidatus Midichloria mitochondrii‹, an endosymbiont of the tick Ixodes ricinus with a unique intramitochondrial lifestyle. *Int. J. Syst. Evol. Microbiology* 56, 2535–2540

Scharf, Michael E. u.a. 2011: Multiple Levels of Synergistic Collaboration in Termite Lignocellulose Digestion. *PLoS ONE* 6, e21709

Schmitt, Susanne u.a. 2012: Assessing the complex sponge microbiota: core, variable and species-specific bacterial communities in marine sponges. *The ISME J.* 6, 564–576

Shah, Alok S. u.a. 2009: Motile Cilia of Human Airway Epithelia Are Chemosensory. *Science* 325, 1131–1134

Sharon, Gil u.a. 2010: Commensal bacteria play a role in mating preference of Drosophila melanogaster. *PNAS 107*, 20051–20056

Sharon, Gil u.a. 2011: Symbiotic bacteria are responsible for diet-induced mating preference in Drosophila melanogaster, providing support for the hologenome concept of evolution. *Gut Microbes* 2, 190–192

Sharp, Koty H. u.a. 2010: Bacterial Acquisition in Juveniles of Several Broadcast Spawning Coral Species. *PLoS ONE* 5, e19898

Sharp, Koty H. & Ritchie, Kim B. 2012: Multi-Partner Interactions in Corals in the Face of Climate Change. *Biol. Bull. 223*, 66–77

Shi, Wangpeng u.a. 2014: Unveiling the mechanism by which microsporidian parasites prevent locust swarm behavior. *PNAS 111*, 1343–1348

Shugart, Jessica 2014: Mother Lode. *Science News*, January 11, 22–26

Silver, A.C. u.a. 2007: Interaction between innate immune cells and a bacterial type III secretion system in mutualistic and pathogenic associations. *PNAS 104*, 9481–9486

Silverstein, Rachel N. u.a. 2012: Specificity is rarely absolute in coral-algal symbiosis: implications for coral response to climate change. *Proc. R. Soc. London B*, 2609–2618

Sleep, Norman u.a. 1989: Annihilation of the ecosystems by large asteroid impacts on the early Earth. *Nature* 342, 139–142

Smith, Karen; McCoy, Kathy D. & Macpherson, Andrew J. 2007: Use of axenic animals in studying the adaption of mammals to their commensal intestinal microbiota. *Sem. Immunology 19*, 59–69

Sommer, Felix & Bäckhed, Fredrik 2013: The gut microbiota – masters of host development and physiology. *Nature Rev. Microbiol. 11*, 227–238

Song, Se Jin; Dominguez-Bello, Maria G. & Knight, Rob 2013: How delivery mode and feeding can shape the bacterial community in the infant gut. *CMAJ 185*, 373–374

Sonnenburg, Erica D. & Sonnenburg, Justin L. 2014: Starving our Microbial Self: The Deleterious Consequences of a Diet Deficient in Microbiota-Accessible Carbohydrates. *Cell Metabolism 20*, 779–786

Spang, Anja u.a. 2013: Close Encounters of the Third Domain: The Emerging Genomic View of Archaeal Diversity and Evolution. *Archaea 2013*, ID 202358

Stat, Michael; Morris, Emily & Gates, Ruth D. 2008: Functional diversity in coral-dinoflagellate symbiosis. *PNAS 105*, 9256–9261

Stat, Michael & Gates, Ruth D. 2011: Clade D Symbiodinium in Scleractinian Corals: A »Nugget« of Hope, a Selfish Opportunist, an Ominous Sign, or All of the Above? *J. Mar. Biol. 2011*, ID 730715

Stat, Michael u.a. 2011: Variation in Symbiodinium in ITS2 Sequence Assemblages among Coral Colonies. *PLoS ONE 6*, e15854

Stavrakou, T. u.a. 2011: First space-based derivation of the global atmospheric methanol emission fluxes. *Atmos. Chem. Phys. 11*, 4873–4898

Stilling, R.M.; Dinan, T.G. & Cryan, J.F. 2014: Microbial genes, brain & behaviour – epigenetic regulation of the gut-brain axis. *Genes, Brain and Behavior 13*, 69–86

Streit, Wolfgang & Schmitz, Ruth A. 2004: Metagenomics – the key to the uncultured microbes. *Curr. Opin. Microbio. 7*, 492–498

Subramanian, S. u.a. 2014: Persistent gut microbiota immaturity in malnourished Bangladeshi children. *Nature* 510, 417–421

Tamm, Sidney L. 1982: Flagellated Ectosymbiotic Bacteria Propel a Eucaryotic Cell. *J. Cell Biol.* 94, 697–709

Tannock, Gerald W. u.a. 2013: Comparison of the Compositions of the Stool Microbiotas of Infants Fed Goat Milk Formula, Cow Milk-Based Formula, or Breast Milk. *Appl. Evironm. Microbiol.* 79, 3040–3048

Tartar, Aurelien u.a. 2009: Parallel metatranscriptome analyses of host and symbiont gene expression in the gut of the termite Reticulitermes flavipes. *Biotech. Biofuels* 2:25

Taylor, Michael W. u.a. 2007: Sponge-Associated Microorganisms: Evolution, Ecology, and Biotechnical Potential. *Microbiol. Mol. Biol. Rev.* 71, 295–347

Taylor, Michael W. u.a. 2013: ›Sponge-specific‹ bacteria are whitespread (but rare) in diverse marine environments. *The ISME Journal* 7, 438–443

Teixeira, Luis; Ferreira, Alvaro & Ashburner, Michael 2008: The Bacterial Symbiont Wolbachia Induces Resistance to RNA Viral Infections in Drosophila melanogaster. *PLoS Biology 6(12)*, e1000002

Thaiss, Christoph A. u.a. 2014: Transkingdom Control of Microbiota Diurnal Oscillations Promotes Metabolic Homeostasis. *Cell* 159, 514–529

The Human Microbiome Consortium 2012a: Structure, function and diversity of the healthy human microbiome. *Nature* 486, 207–214

The Human Microbiome Consortium 2012b: A framework for human microbiome research. *Nature* 486, 215–221

Theis, Kevin R. u.a. 2013: Symbiotic bacteria appear to mediate hyena social odors. *PNAS* 110, 19832–19837

Troyer, Katherine 1984: Behavioral acquisition of the hindgut fermentation system by hatchling Iguana iguana. *Behav. Ecol. Sociobiol.* 14, 189–193

Turnbaugh, Peter J. u.a. 2006: An obesity-associated gut microbiome with increased capacity for energy harvest. *Nature* 444, 1027–1031

Turnbaugh, Peter J. u.a. 2007: The Human Microbiome Project. *Nature* 449, 804–810

Turnbaugh, Peter J. u.a. 2009: A core gut microbiome in obese and lean twins. *Nature* 457, 480–484

Turnbaugh, Peter J. u.a. 2010: Organismal, genetic, and transcriptational variation in the deeply sequenced gut microbiomes of identical twins. *PNAS 107*, 7503–7508

van den Hurk, Andrew u.a. 2012: Impact of Wolbachia on Infection with Chikungunya and Yellow Fever Viruses in the Mosquito Vector Aedes aegypti. *PLoS Neglected Tropical Diseases 6*, e1892

van der Heijden, Marcel G. A. u.a. 2008: The unseen majority: soil microbes as drivers of plant diversity and productivity in terrestrial ecosystems. *Ecol. Lett. 11*, 296–310

Vannette, Rachel L. u.a. 2013: Nectar bacteria, but not yeast, weaken a plant-pollinator mutualism. *Proc. R. Soc. B* 280, 20122601

Venter, J. Craig u.a. 2004: Environmental Genome Shotgun Sequencing of the Sargasso Sea. *Science 304*, 66–74

Vogel, Gretchen 2008: The Inner Lives of Sponges. *Science 320*, 1028–1030

Voigt, C. C.; Caspers, B. & Speck, S. 2005: Bats, bacteria, and bat smell: sex-specific diversity of microbes in a sexually selected scent organ. *Journal of Mammalogy 86*, 745e749

Vorholt, Julia A. 2012: Microbial life in the phyllosphere. *Nature Rev. Microbiol. 10*, 828–840

Wakefield, Timothy S. & Kempf, Stephen C. 2001: Development of Host- and Symbiont-Specific Monoclonal Antibodies and Confirmation of the Origin of the Symbiosome Membrane in a Cnidarian-Dinoflagellate Symbiosis. *Biol. Bull. 200*, 127–143

Walker, Thomas u.a. 2011: The wMel Wolbachia strain blocks dengue and invades caged Aedes aegypti populations. *Nature 476*, 450–453

Walker, Thomas & Moreira, Luciano Andrade 2011: Can Wolbachia be used to control malaria? *Mem. Inst. Oswaldo Cruz, Rio de Janeiro, 106*, 212–217

Walter, Jens & Ley, Ruth 2011: The Human Gut Microbiome: Ecology and Recent Evolutionary Changes. *Ann. Rev. Microbiol.* 65, 411–429

Wang, Jingwen; Weiss, Brian L. & Aksoy, Serap 2013: Tsetse fly microbiota: form and function. *Front. Cellular and Infection Microbiology* 3, Article 69

Wang, Kai u.a. 2012: The Complex Exogeneous RNA Spectra in Human Plasma: An Interface with Human Gut Biota. *PLoS ONE 7*, e51009

Watanabe, Kenji u.a. 2014: Intrasperm vertical symbiont transmission. *PNAS 111*, 7433–7437

Webster, Nicole S. u.a. 2010: Deep sequencing reveals exceptional diversity and modes of transmission for bacterial sponge symbionts. *Environ. Microbiol.* 12, 2070–2082

Webster, Nicole S. & Taylor, Michael W. 2012: Marine Sponges and their microbial symbionte: love and other relationships. *Environ. Microbiol.* 14, 335–346

Weeks, A. R. u.a. 2007: From parasite to mutualist: rapid evolution of Wolbachia in natural populations of Drosophila. *PLoS Biol.* 5, e114

Weiss, Brian L. u.a. 2013: Trypanosome Infection Establishment in the Tsetse Fly Gut is Influenced by Microbiome-Regulated Host Immun Barriers. *PLoS Pathogens* 9, e1003318

Werren, John H.; Baldo, Laura & Clark, Michael E. 2008: Wolbachia: master manipulators of invertebrates biology. *Nature Reviews Microbiology* 6, 741–751

Whipps, J. M. u.a. 2008: Phyllosphere microbiology with special reference to diversity and plant genotype. *J. Appl. Microbiol.* 105, 1744–1755

Whittaker, Danielle J. u.a. 2010: Songbird chemosignals: volatile compounds in preen gland secretions vary among individuals, sexes, and populations. *Behavioral Ecol.* 21, 608–614

Wier, Andrew M. u.a. 2010: Transcriptional patterns in both host and bacterium underlie a daily rhythm of anatomical and metabolic change in a beneficial symbiosis. *PNAS* 107, 2259–2264

Wikoff, William R. u.a. 2009: Metabolomics analysis reveals large effects of gut microflora on mammalian blood metabolites. *PNAS* 106, 3698–3703

Williams, Sarah C. P. 2014: Gnotobiotics. *PNAS* 111, 1661

Woese, Carl R. & Fox, George E. 1977: Phylogenetic structure of the prokaryotic domain: The primary kingdoms. *PNAS* 74, 5088–5090

Woese, Carl R.; Kandler, Otto & Wheelis, Mark L. 1990: Towards a natural system of organisms: Proposal for the domains Archaea, Bacteria, and Eucarya. *PNAS* 87, 4576–4579

Woyke, Tanja u.a. 2006: Symbiosis insights through metagenomic analysis of a microbial consortium. *Nature* 443, 950–955

Yatsunenko, Tanya u.a. 2012: Human gut microbiome viewed across age and geography. *Nature* 486, 222–227

Yooseph, Shibo u.a. 2007: The Sorcerer II Global Ocean Sampling Expedition: Expanding the Universe of Protein Families. *PLoS Biology* 5(3), e16

Zhang, Mingzi M.; Poulsen, Michael & Currie, Cameron R. 2007: Symbiont recognition of mutualistic bacteria by Acromyrmex leaf-cutting ants. *The ISME J. 1*, 313–320
Zhu, Lifeng u.a. 2011: Evidence of cellulose metabolism by the giant panda gut microbiom. *PNAS 108*, 17714–17719
Zilber-Rosenberg, Ilana & Rosenberg, Eugene 2008: Role of microorganisms in the evolution of animals and plants: the hologenome theory of evolution. *FEMS Microbiol. Rev.* 32, 723–735
Zimmer, Carl 2000: Parasite Rex. Simon & Schuster, New York
Zimmer, Carl 2010: How Microbes Defend and Define us. *New York Times 21.07.2010*
Zimmer, Carl 2011: Our Microbiomes, Ourselves. *New York Times 03.12.2011*

Index

Achselhöhle, 198
Actinobacteria, 225
Adipositas, 230, 234, 264
Aedes aegypti, 156
Aggregationspheromon, 211
Akaba, 68
Akkretionskeil, 139
Algen, 226
Alkaloide, 192
Allergien, 230, 279
Alvin, 136
Ameisen, 284
Amerikanisch-Samoa, 65
Ammonium, 72
Animalcules, 27
Anopheles, 160
Antibiotika, 234, 237
Antibiotika-Resistenz, 47
Aqaba Marine Science Station, 49
Archaea, 110
Archaebakterien, 110
Archaeen, 174, 177
Artbegriff, 46
Asthma, 279
a-Symbiont, 317
ATP, 100
Australien, 174
Autismus, 230
Bacteroides plebeius, 227
Bacteroidetes, 225
Baker, Andrew C., 64
Bakterien, 170
Bakterienchlorophyll, 103
Bakteriocyten, 141, 219
Bakteriom, 219
Bakteriophagen, 168
Bakteriorhodopsin, 187
Bakteriozyten, 219
Bandwürmer, 282
Barros, John, 21
Bartwürmer, 136
Batwa-Pygmäen, 38
Bauchhirn, 295
Beja, Oded, 188
Bergkiefernkäfer, 165
Beschneidung, 31
Bestäubung, 193
Bewegungssymbiose, 179
Biosphäre, seltene, 252
Biosphäre, tiefe, 21
Blaser, Martin, 232
Blätter, 184
Blattschneiderameisen, 163
Blaualgen, 80
Blinddarm, 221
Blüher, Matthias, 235

Blütennektar, 193
Bode, Lars, 274
Boden, 190
Boetius, Antje, 22
Bordenstein, Seth, 280, 320
Bork, Peer, 297
Bosch, Thomas, 86, 265, 324
Brucker, Robert, 320
Buchner, Paul, 317
Buddemeier, Robert, 66
Buschratten, 165

Cani, Patrice, 239
Cassiopeia, 53
Cellulasen, 176
Census of Marine Life, 21
Chemosynthese, 137
Chitobiose, 258
Chloroplasten, 114
Cilien, 255
Clamydomonas, 172
Cnidarier, 82
Cohen, Jack, 305
Colitis ulcerosa, 230
Coptotermes formosanus, 175
Corynebacterium, 199
Counter-illumination, 146
Crocuta crocuta, 195
Cyanobakterien, 75, 79, 80, 97, 104

Darm, 207, 263, 264
Darmentzündungen, 279
Darmepithel, 239
Darmflora, 273
Darm-Gehirn-Achse, 297
Darmmikroben, 212, 320
Darmschleimhaut, 212, 215
Dawkins, Richard, 115
de Bary, Anton, 128
Denguefieber, 156
Diabetes, 230, 264, 279
Diaphorina citri, 162
Diaz Heijtz, Rochellys, 298
Dobzhansky, Theodosius, 16, 124
Domänen, 112
Dominguez-Bello, Maria Gloria, 238, 281
Drosophila, 263, 316, 320
Drosophila ananassae, 155
Drosophila melanogaster, 210
Dubilier, Nicole, 129, 140, 169, 246, 267, 309
Dysbiose, 229, 265

Eberl, Gerard, 310
Eilat, 74
Einsle, Oliver, 72
Eisen, 106
Eiszeit, Huronische, 107
El Niño, 63
Elch, 282
Endosymbionten, 152, 246, 317
Endosymbiontentheorie, 115
Enterobacter, 38
Enterococcus, 271
Erbsenblattlaus, 166
Erderwärmung, 62
Erdmännchen, 204
Erzwespen, 168
Escarpia, 139
Eucarya, 112
Eukaryoten, 125
Euprymna scolopes, 145, 254
Evolution, 319

Fäkaltransplantationen, 299
Fautin, Daphne, 66
Fermentationshypothese, 197
Fettleibigkeit, 230, 234, 279
Fettsäuren, kurzkettige, 298
Fierer, Noah, 41
Firmicutes, 225
Fischbach, Michael, 312
Flagellaten, 176
Flaschenhals, 250
Flechten, 181
Flecken-Querzahnmolch, 129
Fledermäuse, 204
Fodor, Anthony, 39
Fotosynthese, anoxygene, 103, 188
Fotosynthese, oxygene, 101
Fototrophie, 187
Frankia, 72
Fungia, 54
Funkhouser, Lisa, 280

Gamma-Aminobuttersäure, 298
Gaschromatograf, 68
Gastrodermis, 56
Gates, Ruth, 67
Geburt, 273
Gehirn, 295
Genom von Eukaryoten, 171
Genregulation, 292
Gentransfer, horizontaler, 47, 155, 162, 227
German, Bruce, 315
Geruchssignale, 196
Gilbert, Scott, 309
Glynn, Peter W., 64
Gnotobionten, 216
Gorilla, 201
Great Barrier Reef, 55, 67
Gründüngung, 73
Grüne Leguane, 288
Grün-Erle, 71

Haber-Bosch-Verfahren, 71
Halichondrin B, 134
Hamiltonella defensa, 167
Hämoglobin, 138
Harnstoff, 273
Haut, 39
Hawaii, 67, 145
Heterozysten, 80
Hill, Russel, 134
Holobiont, 83
Hologenom, 83, 314
Hologenomtheorie, 323
Holz, 178
Homöostase, 296
Honigbiene, 151, 194
Hormondrüsen, 296
Hülsenfrüchtler, 73, 247
Human Microbiome Project, 32
Human Milk Oligosaccharides, HMOs, 274
Human Oral Microbiome Database, 28
Humangenomprojekt, 19
Hummeln, 152
Hunde, 29
Hydra, 86, 311
hydrothermale Quellen, 95

Iguana iguana, 288
Immunsystem, 267
Immunsystem, adaptives, 312
Immunzellen, 296
Insekten, 150, 219

International Price for Biology, 166
Inzucht, 210

Japaner, 226

Kaiserschnitt, 278
Kamele, 174
Kandler, Otto, 114
Karasov, William, 318
Kasuarinen, 72
Kieselalgen, 75
Knight, Rob, 222, 297
Knöllchenbakterien, 73, 181, 247
Knowlton, Nancy, 83
Kodiversifikation, 318
Koevolution, 204, 315
Kohlenstoff, 55, 70
Kolibri, 194
Kolostrum, 277
Kommunikation, 243f., 293
Kopulation, 210
Korallen, 49, 253
Korallenbleiche, 63
Korallenriffe, 51
Korallenriff-Paradoxon, 55
Kultivare, 190
Kutikula, 185

Lactobacillus, 276
Lagunen, 65
Lane, Nick, 92
Lane, William Arbuthnot, 214
Leberegel, Kleiner, 283
Leguminosen, 73, 181
Lesser, Michael P., 79
L-Fucose, 215
Lignocellulose, 175
Lipopolysaccharide, 259, 263
Lost City, 96
LUCA, Last Universal Common Ancestor, 93, 98, 100, 110
Lymphgewebe, 215

Malaria, 160, 284
Manzamin A, 134
Margulis, Lynn, 115, 120, 168
Mars, 93
Martin, William, 96, 121
Max-Planck-Institut für Evolutionäre Anthropologie, 37
Max-Planck-Institut für Marine Mikrobiologie, 140
McFall-Ngai, Margaret, 15, 128, 145, 169, 254, 263, 308, 312
Medinawurm, 384
Mekonium, 270
Mensch, 27, 198, 255, 263, 269
Menschenaffen, 223
Mereschkowski, Konstantin Sergejewitsch, 115
Metabolisches Syndrom, 239
Metabolite, sekundäre, 165
Metagenomik, 20
MetaHIT, 33, 44
Metaorganismus, 83
Methan, 106, 174
Methanol, 186
Microsporidium, 211
Mikroben, 169
mikrobenfrei, 216
Mikrobiom, 29, 292
Mikrobiom, orales, 29
Mikro-RNA, 292
Milchsäurebakterien, 73
Mitochondrien, 113, 125

Moran, Nancy A., 166, 169, 184, 317
Morbus Crohn, 230
Mundflora, 273
Muttermilch, 228, 273, 315
Mykorrhiza, 181

Nasonia, 321
National Institutes of Health, 32
Naumann, Malik, 52
Nekrotisierende Enterokolitis, 275
Nektarin-Proteine, 195
Nervensystem, enterisches, ENS, 295
Nervensystem, zentrales, 297
Nesseltiere, 82
Neurotransmitter, 298
Nitrogenase, 72, 76, 80

Ochman, Howard, 167, 223
Oligosaccharide, 274, 315
Osedax, 143
Osedax mucofloris, 143
OTU, Operational Taxonomic Units, 46
Oxidationsereignis, großes, 106

Paläofäzes, 225
Panama, 63
Pansen, 173, 220
Parasiten, 282
Penis, 31
Peptide, antimikrobielle, 265
Peptidoglycane, 259, 263
Pferde, 221
Pflanzen, 180
Pflanzenfresser, 191
Pflanzenhormone, 192
Phage, 326
Phagozytose, 57, 120
Phyllosphäre, 183
Piel, Jörn, 130, 134
Pilze, 181, 293
Pilzkoralle, 54
Pionierarten, 72
Plasmodium, 284
Pogonophora, 136
Pollan, Michael, 222
Polydnaviren, 168
Polyester, 199
Polysaccharide, 220
Porphyra, 226
Primaten, 223
Priming, 257
probiotisch, 223
Prokaryoten, 112
Proteobacteria, 225
Protisten, 169
Proviren, endogene, 327
Pseudomonas syringae, 262
Pseudotrichonympha grassii, 178
Puerto Rico, 224
Purpurbakterien, 103

Quellen, kalte, 139
Quorum sensing, 257

Raucher, schwarze, 135
Redundanz, 238
Refluxösophagitis, 230
Rescigno, Maria, 271
Rhizobien, 79, 181, 287
Rhizobium, 73
Rhizosphäre, 73, 183, 190

Rhodopsin, 24, 187
Rhythmen, biologische, 264
Ribosomen, 109
Rickettsien, 117, 153, 246
Riesenbartwürmer, 287
Riftia, 136, 246, 288
Rinder, 173
Ringelwürmer, 136
RNA, 292
Rohwer, Forest, 83, 327
Rosenberg, Eugene, 320, 323
Rotes Meer, 50
Rotfüchse, 197
Royal Society, 27
Ruby, Edward, 150, 254
Russel, Michael, 96

Saccharomyces cerevisiae, 293
Sanddorn, 72
Sapp, Jan, 309
Sargassosee, 22
Sauerstoff, 105
sauerstoffproduzierender
Komplex, OEC, 104
Schabe, 151
Scheidenflora, 276
Schichtarbeiter, 264
Schimpansen, 223
Schlupfwespen, 167, 168
Schneeball-Erde, 107
Schröder, Jens, 266
Schwämme, 130, 252
Schwangerschaft, 276
Schwarz-Erle, 72
Schwefelbakterien,
grüne, 103
Schwefelverbindungen, 106
Serotonin, 298
shotgun sequencing, 22
Singvögel, 204
Sonnenburg, Justin, 305
Speichel, 37
Spiroplasma, 316
Staphylococcus aureus
(MRSA), 266
Stat, Michael, 67
Steinkorallen, 53
Steinman, Ralph, 272
Stickstoff, 70
Stickstofffixierung, 72, 75
Stickstoffmangel, 178
Stoneking, Mark, 37
Stromatolithen, 97
Stuhlproben, 42
Stummelschwanzsepie, 145,
248, 254, 288
Superorganismus, 83
Sushi, 226
Symbiodinium, 56, 74, 80, 125,
129, 248, 254
Symbiodinium clade A, 66
Symbiodinium clade D, 65
Symbiontenerwerb, 248
Symbiose, 56, 115, 126
Symbiose, Definition, 128
Symbiosen, chemosynthetische,
139
Syringomycin, 262

Taylor, Michael W., 130
Termiten, 174
Theis, Kevin, 198
Thiopeptide, 163
Tigermücke, Ägyptische, 156
Tintenfische, 145
Toxämie, intestinale, 214

Toxine, 167
Trichonympha, 176
Trophosom, 137, 249, 288
Troposphäre, 21
Tsetsefliegen, 218
Tüpfelhyänen, 195

Vaginalflora, 273
van Leeuwenhoek, Antoni, 27
van Oppen, Madeleine, 67
Venter, Craig, 21
Vibrio fischeri, 147, 254
Vielfalt, biologische, 318
Viren, 168, 226
Virom, 326

Walknochen, 143
Wanderheuschrecke, 211
Wasserstoffhypothese, 121
Weitergabe, vertikale, 245
Wespen, 321
whale falls, 144
Wheelis, Mark, 114
Wiederkäuer, 173, 220
Wigglesworthia, 218
Wild, Christian, 51
Wimpern, 255
Wolbachia, 153, 286
Wölfe, 282
wood falls, 141

Zahnbelag, 27
Zellorganellen, 113
Zikaden, 317
Zilber-Rosenberg, Ilana, 323
Zimmer, Carl, 282
Zitrusblattfloh, 162
ZMT, Leibniz-Zentrum für Marine Tropenökologie, 50
Zobellia galactanivorans, 227
Zöliakie, 230, 279
Zuckerrohr, 73
Zwergzikade, 246
Zwischenwirte, 283

Danksagung

Die Idee zu diesem Buch kam mir während eines dreimonatigen Fellowships am Hanse-Wissenschaftskolleg in Delmenhorst, einem Institute for Advanced Studies, das normalerweise nur Wissenschaftlern (und einigen wenigen bildenden Künstlern) offen steht. Ich danke Prof. Dr. Reto Weiler und allen Mitarbeitern des HWK für die freundliche Unterstützung und Aufnahme an diesem besonderen Ort.

In Vorbereitung dieses Fellowships hatte ich Anfang 2013 Gelegenheit, fünf junge Wissenschaftler des Bremer Leibniz-Zentrums für Marine Tropenökologie (ZMT) nach Akaba, Jordanien, zu begleiten. Im Flugzeug, auf dem Weg dorthin, las ich zum ersten Mal das Wort »Holobiont«, das mich seitdem nicht mehr losgelassen hat. Frau Prof. Dr. Hildegard Westpfahl, Direktorin des ZMT, danke ich für ihren Enthusiasmus und die großartige Unterstützung, die diese (und eine weitere) Expeditionsteilnahme möglich machten. Ich danke Prof. Dr. Christian Wild, dem Leiter der ZMT-Arbeitsgruppe Korallenökologie, für die Möglichkeit, mir vor Ort in der Marine Science Station Aqaba einen Eindruck von der Arbeit seiner Gruppe zu verschaffen. Dr. Malik Naumann, Vanessa Bednarz, Ulisse Cardini, Laura Rix und Nanne van Hoytema teilten dort mit mir für eine Woche ihren Forschungsalltag. Für ihre weitere wissenschaftliche Karriere wünsche ich ihnen viel Glück und Erfolg.

Prof. Dr. Nicole Dubilier, Max-Planck-Institut für Marine Mikrobiologie, Bremen, und Prof. Dr. Thomas C. G. Bosch, Zoologisches Institut der Christian-Albrechts-Universität, Kiel, haben sich Zeit genommen, um mit mir über ihre Arbeit und das Holobionten-Konzept zu sprechen. Dafür danke ich ihnen noch einmal herzlich.

Großer Dank gilt natürlich auch meiner Familie, die für Wochen ohne mich auskommen musste. Und, *last but not least*, Susan Gaines, ohne die es weder ein Fellowship noch eine Expedition gegeben hätte.